本书获得国家自然科学基金面上基金项目资助

页岩多尺度各向异性力学行为

李英杰　王炳乾　张　亮　编著

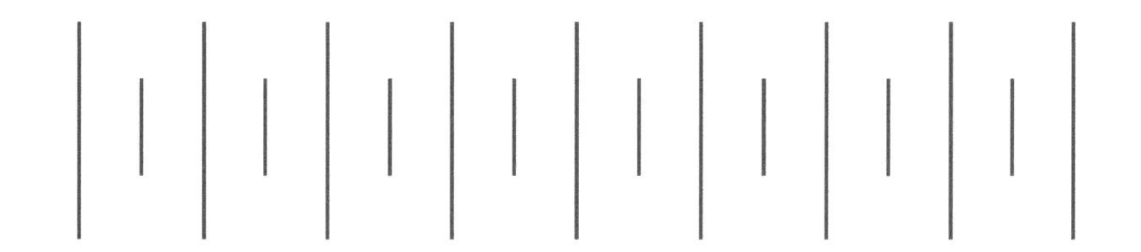

机械工业出版社
CHINA MACHINE PRESS

本书系统介绍了页岩在微细观矿物尺度、宏观层理结构尺度以及考虑有天然裂缝影响的岩体尺度下的各向异性力学行为。本书主要内容包括：页岩微观结构各向异性定量化表征、不同深度及不同层理角度下页岩的裂隙演化过程及破坏特征、层理页岩的变形场演化规律、页岩损伤破坏机制的层理效应、层理页岩的Hoek-Brown修正准则及页岩裂纹遇层理起裂扩展准则、页岩天然裂缝和层理的发育特征、页岩岩体的力学参数尺寸效应以及层理面和裂隙对尺寸效应的影响。

同时，本书详细介绍了相关研究采用的试验、理论和数值模拟方法，包括：扫描电子显微成像技术（SEM）、全自动矿物分析系统AMICS、单轴加载高分辨率CT同步扫描技术、巴西劈裂试验、三点弯力学试验以及数字散斑相关方法（DSCM）和数字体积相关（DVC）变形分析方法、岩石力学和断裂力学理论推导以及含天然裂缝的层理页岩岩体三维离散元数值模拟方法。

本书可供高等院校力学、土木工程、矿业工程等专业的师生以及从事相关领域研究的工程技术人员、科技工作者参考。

图书在版编目（CIP）数据

页岩多尺度各向异性力学行为 / 李英杰，王炳乾，张亮编著. -- 北京：机械工业出版社，2024.6.
ISBN 978-7-111-76031-3

Ⅰ. TU45

中国国家版本馆CIP数据核字第2024E3Y184号

机械工业出版社（北京市百万庄大街22号　邮政编码100037）
策划编辑：李　彤　　责任编辑：李　彤
责任校对：龚思文　王　延　　封面设计：王　旭
责任印制：刘　媛
涿州市般润文化传播有限公司印刷
2024年8月第1版第1次印刷
169mm×239mm · 11.25印张 · 229千字
标准书号：ISBN 978-7-111-76031-3
定价：89.00元

电话服务　　网络服务
客服电话：010-88361066　机　工　官　网：www.cmpbook.com
010-88379833　机　工　官　博：weibo.com/cmp1952
010-68326294　金　书　网：www.golden-book.com
封底无防伪标均为盗版　机工教育服务网：www.cmpedu.com

前　言

页岩气因其储量丰富已成为世界能源开发领域备受关注的焦点之一。页岩由多种矿物组成，内部含大量的微裂缝、微孔隙，宏观上层理结构特征显著，属于典型非均质材料。我国页岩气储层埋深大，地质条件复杂，页岩气开采遇到水平井井壁易失稳和水力压裂效果不理想等技术瓶颈。目前，其中一个关键的问题则是页岩非均质性以及考虑地质构造和天然裂缝影响下所带来的多尺度下的力学行为各向异性。针对此问题，在国家自然科学基金面上基金项目（42277167）“水化动力学过程对页岩井壁开挖扰动细观损伤特性影响研究”资助下，编者围绕细观变形损伤演化规律、宏观破裂机理、层状页岩的强度准则和断裂准则，考虑层理和天然裂缝页岩岩体力学参数的离散元数值模拟方法等对基础岩石力学问题开展了深入研究，在总结凝练近年来取得的研究成果基础上完成了本书编写。

本书共 7 章。第 1 章介绍了研究背景及意义、国内外研究现状以及存在的问题，同时概述了本书的研究内容和方法；第 2 章介绍了层状页岩矿物微观结构，分析了矿物颗粒朝向和分布的非均质性，推导出微观结构的定量化表征参数，内容包括试验方法、基本矿物特征、矿物颗粒朝向特征及空间分布的非均质性定量化表征；第 3 章介绍了层状页岩细观各向异性破坏过程及强度准则，分析了单轴加载条件下层状页岩细观裂纹的演化及宏观破坏特征，讨论了细观结构对各向异性破坏行为的影响，建立了考虑各向异性断裂行为的强度准则，内容包括试验方法、不同深度页岩各向异性细观破坏过程、不同微观结构页岩破坏后裂隙特征及强度准则的各向异性修正；第 4 章介绍了层状页岩细观各向异性变形过程，定量化分析了单轴加载条件下裂隙的细观演化过程，讨论了层状页岩各向异性变形场演化规律和损伤局部化机理，内容包括数字体积图像相关方法、裂隙演化的定量化表征和页岩内部各向异性变形场分析；第 5 章介绍了层状页岩宏观各向异性断裂和破坏行为，分析了在巴西劈裂和三点弯曲加载条件下层状页岩表面变形场的演化规律及损伤程度因子局部化过程，内容包括试验方法、巴西劈裂试件的破裂模式、三点弯曲试件的断裂模式和位移场演化，以及损伤程度因子的定义和演化规律；第 6 章介绍了页岩各向异性起裂扩展准则，在层状页岩宏观断裂行为和最大周向应力判据的基础上，建立了考虑 T 应力的层状页岩 Ⅰ 型裂纹沿层理面起裂和扩展条件，内容包括裂纹尖端应力场的推导、T 应力影响下裂纹遇层理扩展判据、Ⅰ 型裂纹遇层理面扩展规律分析和实验验证；第 7 章介绍了应用于工程尺度的考虑层理和天然裂缝的离散元模拟方法，建立了含天然裂缝的层理页岩岩体三维离散元模型，分析了岩体力学参数尺寸效应以及层理面和裂隙对尺寸效应的影响，内容包括页岩岩体的天然裂缝和层理特征、岩体离散元模型的建立、加载路径设计、力学参数尺寸效应以及层理面和裂隙共同作用对表征单元体 REV 的影响。

本书由李英杰、王炳乾、张亮共同编著，具体分工为：李英杰负责统稿和第 1 章、第 4～7 章内容的编写工作，王炳乾负责编写第 3 章，张亮负责编写第 2 章。

本书旨在为页岩气开采工程提供深入的理论研究和实践指导，希望能对相关领域的学者、工程师和决策者具有一定的参考价值。由于编者水平有限，书中难免存在不妥之处，恳请读者批评指正。

编　者

目　录

前　言

第1章 绪论

1.1 页岩的非均质性和各向异性

页岩气是一种以吸附或游离态赋存于低孔、低渗泥页岩中的非常规天然气，在我国储量丰富并且清洁高效，是助力我国实现碳中和碳达峰目标的重要非常规油气资源。国家能源局在2021年页岩油气勘探开发推进会上将加强页岩油勘探开发列入“十四五”能源、油气发展规划。非均质性是页岩岩体的重要属性之一，从岩石的物质组成到结构特征，再到岩体的宏观表现，非均质性现象普遍存在。岩体非均质性使得页岩在不同尺度上表现出复杂的力学行为特征。因此，对不同尺度下的页岩力学行为进行探究，是系统解决页岩气开发涉及的水平钻井和水力压裂关键技术瓶颈的先决条件。

页岩主要包括高岭石、伊利石、蒙脱石等黏土矿物，并且会夹杂石英或长石等较大的矿物颗粒，因此其天然沉积属性决定了页岩是一种非均质性较强的复合材料。根据页岩矿物组成、孔隙分布和夹杂特征，可将其分为四个尺度：由单晶黏土矿物颗粒和纳米孔隙组成的基本单元；由黏土矿物和粒间孔隙组成的多孔介质的微观尺度，尺度大小为10^{-8}m ~ 10^{-6}m；由多孔黏土与非黏土矿物夹杂形成的复合介质的细观尺度，该尺度的页岩尺寸大小为10^{-5}m ~ 10^{-4}m；以及尺寸大于10^{-3}m常规可见岩样的宏观尺度[1-3]。另外，从岩体尺度上，页岩存在明显的层理和天然裂缝，是典型的节理岩体，节理岩体最重要的特征是力学参数具有明显的尺寸效应[4]。

页岩不同尺度的非均质性使得不同尺度页岩的力学性质具有各向异性，比如在宏观尺度上大量研究已经表明，页岩的渗透率[5-8]、纵波波速[9-11]、导热系数[12-14]、声发射特征[15-17]、弹性参数[18-20]、破坏强度[21-23]、破坏模式[24-26]和脆性系数[27-30]等物理、力学性质均会表现出各向异性特征。在页岩气开采工程中，大量工程实践表明，页岩的各向异性会影响井筒塑性区的分布形态和分布范围，进而容易引起井壁沿层理方向的垮塌失稳[31-33]；同时，受页岩各向异性特征的影响，其压裂裂缝的扩展方向会产生显著偏转[34-36]。因此，研究页岩的各向异性及其对变形破坏特征的影响，对页岩气开采工程具有重要的理论意义和工程实践指导价值。

1.2 页岩多尺度力学行为研究进展

1.2.1 页岩微细观尺度各向异性力学特征

1. 页岩微细观结构的观测方法

许多学者借鉴材料学的研究方法，利用无损检测试验手段如扫描电子显微成像（SEM）技术、核磁共振波谱法（NMR）和X射线计算机断层扫描（CT）技术等来分析页岩的微细观结构特征，探索页岩各向异性的形成机理。扫描电子显微镜具有很强的局部观察能力，能够直观反映孔隙类型和形态；核磁共振可以精确地测定孔隙度；CT扫描能够反映孔隙的形态和空间特征[37]。陈天宇等[38]利用扫描电镜观察了牛蹄塘组黑色页岩的微观结构，结果显示页岩具有明显的层状沉积特征和层状薄片矿物结构，认为页岩的这种特殊结构是其表现出各向异性特征的内因。侯振坤等[39]也利用同样的方法对龙马溪组页岩的微观结构进行了研究，结果发现，页岩平行和垂直于层理方向的微观结构具有显著差异，从而从微观角度解释了页岩各向异性的根源。Josh等[40]结合X射线计算机断层扫描（CT）技术和扫描电子显微成像（SEM）技术分析了层状页岩各向异性的微细观机理，认为页岩的各向异性特征既是其内在固有特性，也与应力的诱导有关，其中应力诱导的各向异性取决于其内部微结构与最大主应力的方向。Jizhen Zhang等[41]结合场发射扫描电子显微镜、纳米CT、气体吸附等技术和压汞试验，对湖相页岩微孔及其分形特征进行了研究，发现嫩江页岩富含黏土矿物同时拥有复杂的孔洞结构，分形维数反映了很强的非均质性和复杂的孔洞系统。鲍衍君等[42]综合运用场发射扫描电子显微镜、TIMA集成矿物分析系统和有机地球化学分析等多种分析测试手段，研究了加拿大奥陶系Utica海相页岩的矿物成分、有机质特征和孔隙特征的影响因素。结果显示孔隙类型主要为基质孔隙、有机质孔隙和裂隙，平均孔隙度随埋深增加呈现降低的趋势。尹晓萌等[43]采用偏光显微镜和扫描电子显微镜对武当群片岩的微观组构和断面形貌特征进行了观察，构建了多个描述片岩微观组成和结构特征的指标。Y.Wang等[44]利用超声波透射试验和CT试验结合，研究了围压对黑色页岩力学和超声波特性的影响，P波和S波呈现出两种不同的应力敏感性，生成裂隙的几何学特征受围压和层理面的影响。伍宇明等[45]引入矿物变异系数对页岩细观结构各向异性的进行了定量化表征，并且研究了龙马溪组页岩矿物颗粒分布与弹性各向异性之间的联系，结果表明，宏观波速和微观变异系数有明显相关性，岩石的各向异性特征是微观矿物分布的宏观表现。

2. 页岩损伤及裂隙演化

CT 技术以其无损性探测岩石内部裂纹、损伤状况被广泛用于研究岩石在不同载荷作用下的细观力学行为[46-48]。对于页岩，刘俊新等[49]基于 CT 扫描技术研究了页岩在单轴压缩下裂纹的扩展与演化规律，马天寿、陈平[50-51]采用了 CT 技术研究了页岩水化裂纹的发展机理。

随着原位加载实时 CT 扫描试验在页岩力学性质研究中的应用，一方面，可对 CT 扫描的数字体积图像进行三维重构，分析页岩裂缝网络的动态演化特征。例如，王萍等[52]利用 CT 扫描技术分析了泥页岩内部结构细观损伤断裂行为的分形特征，研究泥页岩的内部损伤与断裂行为的分形维数量化表征。Hou 等[53]利用 CT 扫描技术分析了不同压裂方式下页岩裂缝网络的动态演化特征。另一方面，基于 CT 图像试验结果研究页岩细观损伤演化的定量化表征。例如，Duan 等[54]分别利用微米 CT 进行了页岩岩样的原位单轴压缩扫描试验，基于 CT 图像定义了页岩的损伤变量，分析了页岩在单轴压缩条件下的损伤演化。基于 CT 扫描技术考虑页岩的各向异性层理效应，刘圣鑫等[55]利用CT扫描技术研究了页岩细观组构特征对裂缝网络形成的影响，发现层理、细观孔隙结构发育越好的样品，形成的裂缝网络越复杂。Gupta 等[56]利用 CT 扫描试验研究了层理面和差应力对 Marcellus 页岩内部微裂纹扩展的影响，发现层理面仅影响页岩中微裂纹的传播方向。Chen 等[57]使用 X 射线计算机断层扫描技术，分析了单轴压缩下具有不同层理方向的页岩试件的失效模式和裂纹复杂性，结合声发射试验分析了裂缝网络的形成机制和特征。

为了分析页岩内部微裂隙等结构在加载过程中演化引起的变形特性，可利用微米 CT 获取不同加载阶段高精度三维数字体积图像并与数字体积相关（digital volume correlation，简称 DVC）法结合实现试件内部变形场测量[58]。该方法在岩石力学中的应用最早由 Lenoir 等[59]提出，并将其应用于研究泥岩变形的局部化特性。毛灵涛[60-61]、袁则循[62]等利用自行设计的原位加载装置，结合 DVC 法获得了红砂岩、泥岩、煤及混凝土等试件在受载条件下的内部变形场，分析了应变局部化产生区域及演化特征。对于页岩，Rassouli 等[63]在 CT 系统内将 Barnnet 页岩在恒定单轴应力下开展蠕变试验，采用 DVC 方法测量样品的微尺度，研究页岩蠕变变形机制。Saif 等[64]使用 X 射线断层扫描技术对油页岩热解过程中的微裂缝网络演化进行分析，并利用 DVC 方法进行油页岩热解过程中的全三维应变和变形分析。

研究发现，页岩各向异性损伤演化特征研究的较少，不同层理角度页岩从弥散变形到应变局部化的过程转变，以及单轴加载的裂缝扩展演化规律都需要更深入的研究。虽然 DVC 法与 CT 技术结合在岩石三维变形场的计算中得到了广泛应用，但开展此类研究使用的 CT 设备多为工业 CT，扫描图像分辨率远远不及微米 CT，而图像质量的好坏对 DVC 测量精度影响显著[65]。

1.2.2 页岩试件尺度各向异性力学特征

页岩在沉积过程中黏土矿物颗粒会择优取向，导致页岩具有明显的层理结构特点，因此具有各向异性特征[66-67]。页岩的层理性是水平井壁变形破坏的重要因素。因此许多学者开展考虑层理效应的页岩各向异性室内试验研究，包括对巴西劈裂试验、单轴压缩试验、三轴压缩试验和三点弯曲试验等在不同加载条件和层理面倾角下试件的各向异性力学特性进行深入研究[68-73]。

进行单轴或三轴压缩试验时，首先将页岩岩芯按不同层理角度（加载方向与页岩层理面之间的夹角）制备成 50mm × 100mm 标准试件，然后利用岩石压力机进行单轴与三轴压缩试验，分析其强度、变形参数及破坏模式随层理角度的变化规律。通过实验研究，衡帅等[67]发现，弹性模量平行于层理方向最大，垂直于层理方向最小。强度随着层理角度呈现先降低后增加的 U 形特征；桑宇等[66]认为层理页岩破坏模式有两种：一种是岩石内部发生的剪切破坏，剪切面穿过层理，另一种是沿着层理面的滑动失效；陈天宇等[74]认为围压对页岩各向异性有弱化趋势；此外刘俊新等[75]认为较高的应变加载速率会使页岩开裂速度加快，形成数量有限的大裂缝，较低的应变速率易使页岩形成细小、数量多、连通性好的网状裂纹。

针对层状岩石巴西劈裂各向异性力学特性的研究，目前国内外学者已经开展了大量工作。刘运思等[76]、杨志鹏等[77]、谭鑫等[78]分别对各向异性的板岩、页岩和片麻岩进行了不同层理倾角的巴西劈裂试验，探讨了层理倾角对岩石抗拉强度的影响，以及破坏方式的不同。Jung-Woo 等[79]开展了不同层理倾角下的 Boryeong 页岩巴西劈裂试验，发现层理面与轴向加载线成 75° 角附近抗拉强度值最大，在层理面与加载线成 0° 角时值最小，且在层理倾角 $\theta \leqslant 60°$ 时裂纹沿着层理面扩展，在 $75° \leqslant \theta \leqslant 90°$ 时裂纹沿着加载方向扩展。邓华锋等[80]开展了不同层理面倾角砂岩的巴西劈裂试验，研究表明，层状砂岩的抗拉强度表现出明显的各向异性，不同层理面倾角的巴西圆盘的破坏模式可以分为直线形、折线形和弧线形。Simpson 等[81]对 Mancos 页岩进行了巴西圆盘试验，研究了层理对裂纹起裂和扩展的影响，表明层理面与加载方向之间的夹角影响试件的破坏模式。衡帅等[82]进行了不同层理方位的三点弯曲试验，认为层理面是引起岩石材料断裂各向异性的主要原因，会导致裂纹发生分叉、转向，易沿层理面扩展延伸，层理对页岩形成裂缝网络影响显著。杨仁树等[83]开展了不同层理面倾角砂岩的动态巴西劈裂试验，并基于数字图像相关方法获得了巴西圆盘试件表面变形场演化云图，发现层理面与加载方向之间的夹角对砂岩的变形破坏特征有显著影响。

层理面对岩石内裂纹扩展具有重要影响，因此页岩断裂力学特性引起了诸多学者的关注。李江腾等[84]通过板岩单轴压缩及双扭试验，发现其抗压强度与断裂韧度变化规律：断裂韧度在层理角度 45° 时最小，且最容易出现裂纹扩展。N. R. Warpinski

等[85-87]研究了水力裂缝在界面处的扩展方式，发现弱界面具有止裂作用，裂纹易沿界面偏转，强界面一般不会影响水力裂纹的走向，水力裂缝沿之前方向扩展。周扬一[88]研究了薄层灰岩抗弯特性，将裂纹扩展模式分为裂纹垂直穿层理、斜穿层理及层理处转折等，并给出了裂纹在弱面处止裂的条件。程建龙等[89]研究了层理面倾角与复合岩层试件强度变形参数之间的关系，讨论了试件的破坏模式，发现试件会沿层理面滑移破坏，且其极限承载强度随层理面倾角的增加而改变。代树红等[90]利用数字散斑方法研究了裂纹在层状岩石中的扩展规律，发现岩石会沿层理面滑移，裂纹扩展到层理时出现止裂，载荷曲线出现双峰等。孙可明、王永辉等[91-92]研究了水力裂纹与层理面相交时的扩展规律，建立了水力裂缝受层理面影响的裂纹扩展条件，并得出应力状态对水力裂缝的扩展路径具有很大影响。

在目前的裂纹扩展理论中，较为经典的是最大周向应力理论（MTS）、应变能密度因子理论（MSED）、最大能量释放率理论（MERR）等[93-98]。脆性岩石的裂纹扩展会严重影响岩体工程稳定性，因此众多学者针对脆性岩石裂纹扩展准则进行了研究。E. Hoek[99]建立了双轴压应力场条件下含单个裂纹的岩石起裂扩展应力准则，并讨论了该准则对压应力场岩石断裂预测的适用性。黎立云等[100]用最大周向拉应力及最大周向拉应变断裂准则对双向加载含单个裂纹的岩石材料进行了分析，并对裂纹的初始开裂角以及开裂载荷做出理论预测。在上述裂纹扩展准则中，认为裂纹尖端的应力是由应力强度因子代表的奇异项控制的，而研究结果表明[101]，应力强度因子并不是控制裂纹尖端应力场的唯一参数，裂纹尖端应力场函数的 Williams 级数展开式更高阶项，即平行于裂纹方向的常数项 T 应力同样具有很大影响。Aliha MRM[102]等研究了三点弯曲混合加载条件下花岗岩的断裂特性，结果显示 T 应力对断裂韧性具有较大影响，并且证明了 GMTS 准则和试验结果符合得较好。Ayatollahi 等[103-104]采用有限元方法计算了Ⅰ型及Ⅰ-Ⅱ复合型裂纹尖端的 T 应力，并表明无论远端 T 应力是正值还是负值，均影响裂纹尖端的最大切应力。Tang 等[105]分析了 T 应力对裂纹扩展的影响，通过奇异项和常数项相关的两个断裂参数确定了分支裂纹角，表明 T 应力对裂纹尖端场和分支裂纹角度具有影响。赵艳华等[106]在考虑 T 应力情况下应用最大周向应力准则研究了Ⅰ-Ⅱ复合型裂纹扩展规律，结果表明 T 应力对Ⅰ-Ⅱ复合型裂纹扩展断裂的影响不可忽略。Smith 等[107]研究了 T 应力对脆性材料断裂破坏的影响，还强调在Ⅱ型条件下，在没有奇异应力的情况下，当 T 应力达到破坏的临界应力时，仍会发生断裂。

1.2.3 页岩岩体天然裂缝及岩体力学参数的各向异性

1. 页岩储层天然裂缝的发育特征及三维裂缝网络的建模

岩体中的天然裂缝是由于岩体在应力作用下形成的。在页岩岩体中存在大量的天然裂缝，Curtis[108]和张金川[109]等研究表明，目前为止，世界范围内所发现的具有良好开采价值的页岩气藏，其储层裂缝发育都较为良好。Bowker[110]等通过对 Barnett 页岩进行研究，发现页岩气储层中不连续结构面的发育程度决定了页岩气产量。李英杰等[111]研究发现，岩体中的复杂多样且大小不一的空隙和裂缝是页岩气形成及成藏的先决条件。丁文龙[112]研究表明，在实际工程中，页岩储层容易在外力下形成复杂的裂缝系统，进而在工程应用中获得较好的产量。根据地质成因和识别特征，有学者将泥页岩中裂缝分为构造缝（张性缝和剪性缝）、层间页理缝、层面滑移缝、成岩收缩微裂缝和有机质演化异常压力缝[113]。同一时期、相同应力作用产生的方向大体一致的多条裂缝称为1个裂缝组，2个或2个以上的裂缝组则称为1个裂缝系，多套裂缝系在一起称为裂缝网络。页岩储层中的天然裂缝可以起到两方面的作用，聂海宽[114]等认为，一方面天然裂缝可以作为页岩气的储存空间及输送管道。由于页岩本身具有低孔、低渗特点，裂缝对页岩气的富集和运移起着非常重要的控制作用[115-118]。天然裂缝的存在某种程度上改善了页岩的渗流能力和水力压裂的有效性。F.W.Gale 指出为了提高页岩气产量，要尽可能地采取适当的压裂方式多沟通页岩基质与天然裂缝[119]。另一方面，大型开启的天然裂缝对页岩气成藏和压裂改造会带来不利的影响。对美国第一大气田——福特沃斯盆地 Barnett 页岩气藏特征分析中发现，该页岩中含有天然裂缝，但是大型开启裂缝发育的地方页岩气产量往往比较低，高产量区一般都分布在天然裂缝对人工压裂改造响应较好的地区，因此裂缝规模过大，可能会导致天然气的散失。因此，岩体裂缝研究是页岩气开发的首要条件。岩体中的裂缝发育程度，决定了页岩气储层的含气性、渗透性等特性，进而决定了页岩储层的储藏能力。

在天然裂缝建模方面，国内外学者开展了大量的理论和技术研究。由于岩体内部存在大量产状复杂且大小不一的结构面，岩体内部结构面信息难以直接获取。在现有技术下，对于页岩内发育的规模较大的节理和断层可以通过地震信息确定其方位，但对于中小型的裂缝群，因其分布于岩体内部，只能通过岩芯、露头裂缝观测、测井成像等手段有限地获得这些裂缝群的几何参数信息（如分布密度、长度、方位、张开度等），但要确定其具体分布，在理论和实践中都很难做到。研究发现，一般岩体内的裂缝多为透入性结构面，且其分布具有随机性，可以利用裂缝的几何参数统计规律进而采用蒙特卡洛（Monte-Carlo）随机模拟方法生成裂隙网络数学模型，实践证明这种方法生成的裂缝网络模型比较接近真实地层的裂缝体系[120-123]。随着数值模拟方法发展，离散元软件 3DEC（3 Dimension Distinct Element Code）中的离散裂隙网络（DFN）模块，可以基于蒙特卡洛原理，很好地还原实际结构面的分布规律，通过实际测量法测量岩体表面的天然裂缝分布情况，利用此数据可构建反映岩体内部裂隙分布情况的可视三维模型。

2. 岩体力学参数数值模拟研究现状

节理岩体力学参数既是一切岩石相关理论研究的基础，也是实际岩石工程分析、评价和设计时必须要考虑的重要因素。因此，正确认识节理岩体的力学性质，进而合理地确定节理岩体的力学参数具有重要的理论及现实意义。尺寸效应是节理岩体力学参数的重要特征。目前能够对节理岩体力学参数尺寸效应进行研究的方法包括试验法、解析法和数值模拟法 [124]。随着计算机技术的发展，实际地质资料越详细，数值模拟越能接近实际概况，因此，数值实验方法已经成为岩石和岩体工程研究中重要的研究方法之一。

分析节理岩体力学行为的数值模拟方法主要基于连续介质理论和非连续介质理论。其中，基于连续介质理论的数值模拟方法如有限元法、边界元法和拉格朗日差分法，在模拟中将岩体节理看作特殊的节理单元、滑移面或边界面单元。这些方法由于理论上的限制，适合处理岩体中包含较少数量的不连续结构面。相比之下，对于多结构面的节理岩体，非连续变形分析（DDA）和离散单元法显示了更大的优越性。但目前非连续变形分析只有二维程序比较成熟，用于分析节理性岩体地下工程围岩稳定性 [125-126]。离散单元法最早由 Cundall 在 1971 年提出，是解决非连续问题的一个重要方法。它将岩体视为被节理面切割而成的若干个块体组合体，节理面为离散的块体边界相互作用面，块体可以平移、转动或者变形，节理面可以被压缩、分离、滑动。计算时通过显示差分格式求解，这一求解格式可以解决岩体工程的大位移、大变形，并且避开了方程组求解过程中对矩阵的存储和处理，计算效率大大提高。UDEC（Universal Distinct Element Code）、3DEC（3 Dimension Distinct Element Code）是离散单元法的计算软件，开发初衷是为了满足节理岩体分析的需要，其强大的后处理功能能够实现节理岩体的力学分析，被广泛地应用到地下工程围岩稳定性分析中 [127-129]。

利用离散单元法分析节理岩体的力学行为，前提是岩体中的节理具有贯通性，能将岩体划分为明显的多面体块体组合，所以对于含有非贯通节理岩体，应用离散单元法进行分析存在困难。1992 年 Kulatilake[130] 提出引入虚拟节理的方法有效解决了这一困难。虚拟节理是为了实现多面体分割而虚设的结构面，其强度参数与实际岩块相同，法向刚度和切向刚度等变形参数要通过数值试验给出合理的建议值，保证虚拟节理与块体单元在外力作用下的强度和变形特征相同。Kulatilake 和他的团队经过多年的努力发展了利用离散单元法来分析含裂隙网络岩体力学的计算理论和方法 [131-133]。

节理岩体的等效力学参数具有明显的尺度依赖性和各向异性 [134-135]。一般来说，岩体的等效参数随岩体尺度增大而降低，只有岩体模型达到其表征单元体 REV（Representative Element Volume）尺度，岩体等效参数才能反映实际岩体力学性质。Kulatilake 基于离散单元法，确定了含非贯通节理岩体强度参数和变形参数的体积表征单元体 REV，得到了裂隙岩体等效力学参数，研究了岩体力学参数的尺度依赖性。自此，许多专家学者基于离散单元法从多角度对岩石及其内部裂缝进行了研究，取得了众多重要成果。例如，郑松青等 [136] 提出处理裂缝中心位置和产状的两种方法：空间变概率和循环统计法，进一步采用球形正态分布描述裂缝几何特性。该方法可以较好降低建模过程中由于采用统一分布统计模式所造成的误差。狄圣杰等 [137] 利用三维离散元软件开展了玄武岩数值模型的三轴压缩模拟试验，分析了玄武岩岩体在不同条件下的强度变化规律，获取了玄武岩岩体在不同倾角下的等效力学参数。王贺等[138]通过室内岩石结构面直接剪切试验所得数据，得到表征刚度参数的经验公式，然后利用3DEC软件模拟岩石结构面直剪实验。对比两种方法计算结果，证明根据实验数据建立的经验公式所选的刚度参数比较符合结构面在破坏前的实际变形特征。吴琼等[139]基于三维离散单元法对实际工程应用中的节理岩体的力学参数进行了详细研究，提出了如何处理在节理岩体数值模拟中所出现问题的方法，并确定该工程地区岩体的表征单元体。葛云峰等[140]提出适用于3DEC软件中计算裂缝网络模型内部裂缝连通情况的方法，该方法能够帮助建立大数量非贯通节理岩体数值模型并进行力学性质的研究。李玉梅等[141]基于DFN-渗流-应力耦合理论，建立了考虑人工裂缝与天然裂缝的综合裂缝网络模型，并利用该模型研究了裂缝特性对模型中裂缝扩展和贯通特性影响规律。

综上所述，目前已有大量学者对多尺度页岩力学各向异性特征进行了研究，但是微细观试验研究大多集中于孔隙与矿物结构特征分析，对于页岩矿物和孔隙细观结构的非均质性的定量表征及其对破坏形式和强度影响的研究还很少。层状页岩强度准则的各向异性修正大多从宏观的物理数学或者经验出发，缺乏微观的物理力学解释，不便于进一步深入理解和拓展修正的各向异性准则。页岩各向异性细观损伤演化特征研究得较少，不同层理角度页岩从弥散变形到应变局部化的过程转变，以及单轴加载的裂缝扩展演化规律都需要更深入的研究。虽然DVC与CT技术结合在岩石三维变形场的计算中得到了广泛应用，但开展此类研究使用的CT设备多为工业CT，扫描图像分辨率远远不及微米CT，而图像质量的好坏对DVC测量精度影响显著。对于试件尺度，目前国内外关于层理弱面对页岩裂缝扩展规律影响的研究多限于试验分析和定性评价，应用断裂力学理论建立页岩的沿层理面裂纹起裂扩展准则鲜有报道。在页岩岩体尺度，层理及天然裂缝共同作用下，页岩岩体力学性质的各向异性和尺度依赖性的研究较少，Kulatilake提出的方法针对的是均质性较好的岩石，虚拟节理的刚度参数基于各向同性本构方程给出，不适用于层理性页岩。所以，页岩层理裂缝的离散元数值模拟方法还有待深入研究。

1.3 本书主要内容

（1）基于扫描电子显微镜和全自动矿物分析系统，对深部页岩的层状结构和矿物各向异性特征进行了定量化表征研究。对不同层理角度和不同深度层状页岩进行单轴加载试验，并对加载过程和破坏后层状页岩试件进行CT扫描，分析矿物各向异性特征对层状页岩破坏形态和强度各向异性的影响。基于断裂力学和微细观试验发现的层状页岩断裂特征，引入具有物理意义的微观系数，得到层状页岩各向异性破坏准则。

（2）以原位Micro-CT扫描获得的不同层理角度页岩开展单轴压缩的数字图像作

为变形信息载体，基于局部 DVC 和全局 DVC 方法计算单轴压缩条件下层理页岩变形场，研究页岩变形演化的层理效应，描述其应变局部化的过程，分析层状页岩的损伤变形机制以及层理角度对页岩裂缝演化的影响。

（3）开展不同层理角度的页岩巴西劈裂和三点弯曲试验，结合数字散斑相关方法测定加载过程中试件表面的全场位移，获取页岩位移场、变形场演化规律。研究不同层理角度试件破坏过程、试件裂纹的扩展路径，获取页岩的损伤断裂特征。

（4）利用裂纹尖端应力场 Williams 解，获得沿层理分叉裂纹尖端应力场；在考虑 T 应力情况下，基于最大周向应力判据建立了层理性页岩的 Ⅰ 型裂纹沿层理面起裂与扩展条件；对比不考虑 T 应力的 Ⅰ 型裂纹沿层理弱起裂扩展准则，研究不同层理角度下裂纹沿层理面起裂与扩展规律，分析 T 应力对裂纹扩展角、起裂和扩展临界强度比影响；将理论预测结果和文献中颗粒流程序（PFC）数值模拟结果进行对比分析，验证裂纹沿层理起裂扩展准则的合理性。

（5）层理和天然裂缝共同作用下页岩岩体力学参数尺寸效应和 REV 研究。利用三维离散元软件 3DEC 中 DFN 实现非贯通裂缝在离散元中的模拟；将层状页岩视为横观各向同性体，研究页岩虚拟节理刚度参数取值范围；基于野外实测和统计分析的页岩层理和天然裂缝几何特征参数建立页岩三维裂缝网络模型；发展页岩层理裂缝在离散单元中的数值模拟方法，研究不同应力状态下页岩强度参数和变形参数随岩体尺寸的变化规律，探讨页岩力学性质的尺度依赖性；计算层理、裂缝页岩的表征单元体，继而确定页岩的宏观岩体等效力学参数。

第2章 页岩微观结构各向异性定量化表征

层状页岩由于沉积作用形成了较为复杂的层理结构，引起了层状页岩力学性质上的各向异性。为了建立矿物微观结构和各向异性力学特征之间的联系，需要定量描述微观结构各向异性程度。本章利用扫描电子显微镜和全自动矿物分析系统，获得页岩表面矿物形貌和分布特征，提出了两种矿物分布异质性参数，并对不同深度层状页岩的主要矿物形状、空间分布的各向异性进行了多角度的定量统计分析和研究。

2.1 层状页岩基本矿物特征

1. 样品制备

页岩样品采自川南地区埋深为4300～4327m高产页岩气井，为龙马溪组黑色层状页岩（见图2.1）。开展不同深度全自动矿物分析样品的制备流程如图2.2所示：首先从获取的岩芯样品中钻取不同层理角度的页岩试件；然后切割页岩样品两端，利用不同粒径的金刚石砂纸进行圆柱端面的打磨，使圆柱两端平行光滑，完成直径4mm、高度8mm的圆柱形样品的制作（见图2.3）；最后将试件垂直层理的一个端面进行3h的氩离子抛光并做喷碳处理。样品编号及几何尺寸见表2.1。样品编号命名规则为：数字代表样品深度，sp、cz、qx分别代表水平、垂直和45°层理，ct代表进行加载过程CT扫描试件。

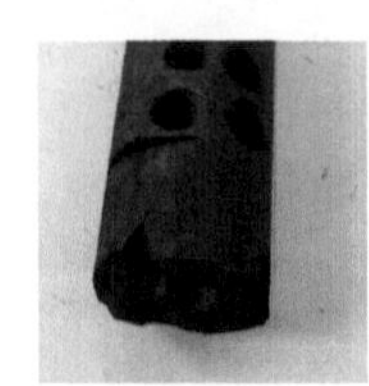
a) 4301m

b) 4314m

c) 4327m

图2.1 页岩样品图

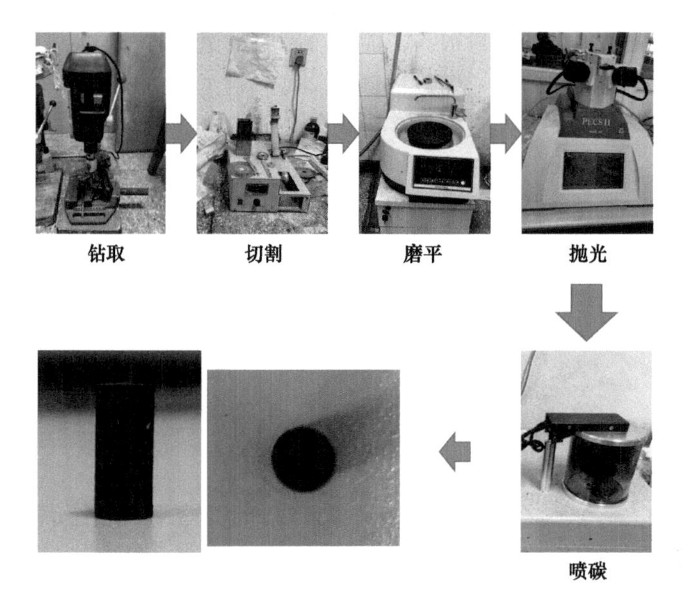

图 2.2 样品加工流程图

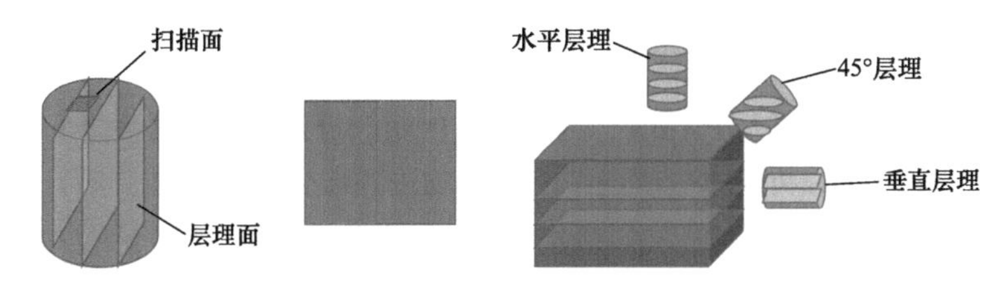

图 2.3 样品示意图

表 2.1 样品编号及几何尺寸

样品编号	直　径/mm	高　度/mm
4301-cz-ct	4.14	7.77
4314-cz-ct	4.15	7.87
4314-sp-ct	4.14	8.25

2. 试验方法

页岩是具有一定层理结构的沉积岩，为了研究不同深度页岩矿物颗粒的层状结构，分析其构成和影响因素，定量化表征和描述页岩层理及其初始各向异性程度，对不同深度层状页岩进行了扫描电子显微镜和全自动矿物分析试验。

扫描电子显微镜及其原理如图 2.4 所示。扫描电子显微镜中的灯丝发射电子束轰击样品表面，使得样品表面反射和散射出不同的电子，最后通过传感器与分析软件采集、分析和成像。二次电子具有样品表面形貌敏感的特点，因此可以用来观察样品的表面形貌特征。背散射电子能量很高，能够得到大量稳定的电子能谱信号，因此能够较好地区分不同矿物。

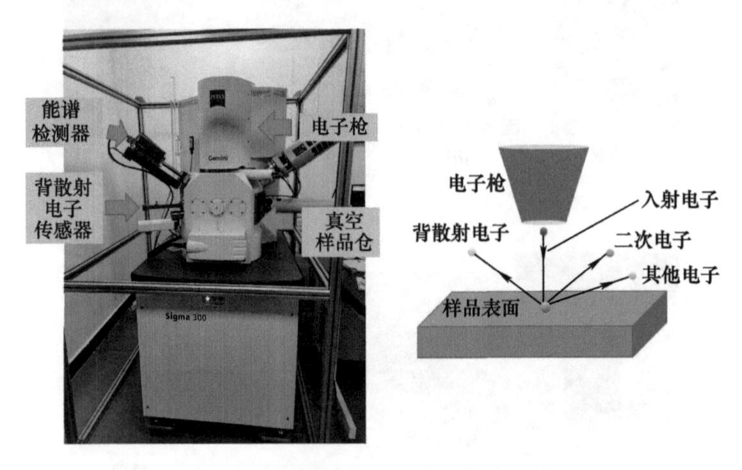

图 2.4 扫描电子显微镜及其原理图

全自动矿物分析系统（Advanced Mineral Identification and Chararcterization System，AMICS）是一种基于扫描电子显微镜的样品矿物分析系统（见图 2.5）。第一代矿物自动分析技术起源于 1982 年，如澳大利亚的 QEMSCAN，是基于 X 射线点阵分析的，分析像素尺寸面积大于 1μm²，且分析速度随分析精度的提高而降低。2001 年出现了第二代全自动分析技术，改进了灰度矿物边界区分和 X 射线分析，并且分析精度对分析速度影响不大。全自动矿物分析系统作为第三代全自动矿物分析系统，运用了新的矿物边界区分法，使得矿物的区分能力更强，并在稀土的研究中得到了广泛应用[142-144]。

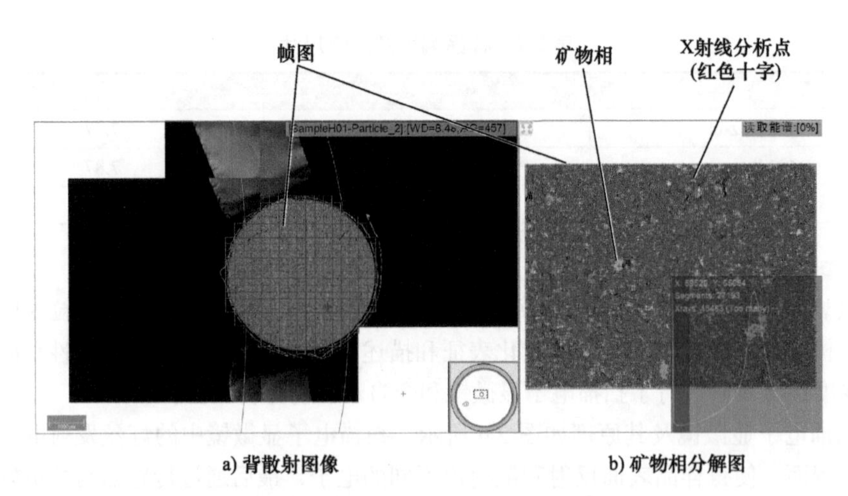

图 2.5 全自动矿物分析系统图

全自动矿物分析系统工作原理如图 2.6 所示。第一步，进行样品的背散射扫描，该过程通过读取扫描电子显微镜数据完成，读取数据以帧图（图 2.5 中蓝色网格）为单位，最终的背散射与矿物分布图由帧图拼接形成；第二步，通过设置背景阈值和自动边界识别去除背景；第三步，将分析区域颗粒化，为后续矿物颗粒相分析做准备；第四步，进行分析区域的矿物颗粒相分离，将颗粒分离成不同的矿物颗粒相；第五步，对分离的矿物颗粒相进行 X 射线分析点设置（矿物边界处 X 射线点密集，以获得准确的矿物相边界）和分析，对比分析点处的 X 射线能谱与分析系统矿物库中的能谱，获得 X 射线分析点的矿物信息，从而得到样品的矿物分布情况。

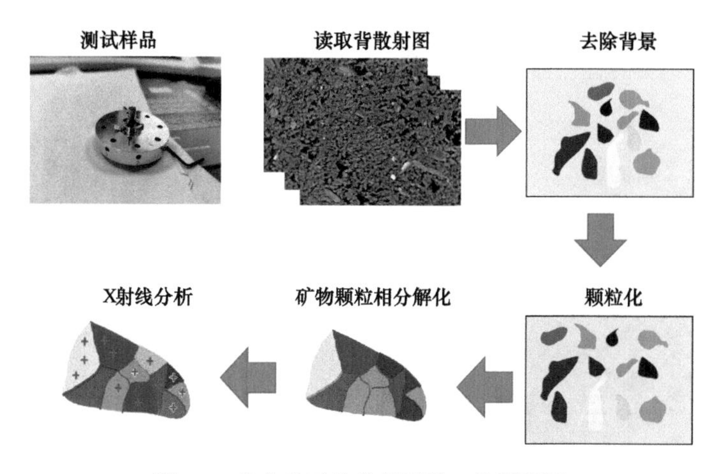

图 2.6　全自动矿物分析系统工作原理图

该试验利用中国地质科学院地质力学研究所古地磁与古构造重建重点实验室的蔡司 Sigma300 扫描电子显微镜进行扫描分析。为了观察到层理面各向异性效果，选取 4301-cz-ct、4314-cz-ct、4327-cz-ct 的样品的垂直层理横截面进行扫描。在 AMICS 试验前对样品进行二次电子图像采集，观察样品表面形貌，然后进行 AMICS 矿物分析。扫描电子显微镜参数设置为：电压 20kV，光栅直径 120μm，工作距离 8.5mm。全自动矿物分析系统参数设置为：扫描范围为整个样品圆形横截面，可靠度系数为 50%，计数率大于 2000，X 射线分辨率为 5，帧图尺寸为 117.734μm × 250.000μm。

3. 基本矿物特征

在对页岩矿物特征进行分析前，利用二次电子图像对不同层理页岩样品表面打磨抛光的效果和矿物赋存情况进行观察，如图 2.7 ~ 图 2.9 所示。可以发现所有样品经过机械磨平和氩离子抛光后表面平整，有利于得到准确有效的矿物 X 射线能谱信息。在所有深度中都能观察到有机质的赋存，而草莓状黄铁矿往往也与有机质堆积在一起，呈现伴生的特点[145]，这些都应证了样品富含有机质，属于高产页岩井段，具有重要的研究价值。矿物颗粒的分布在定性观察中没有明显的方向性。

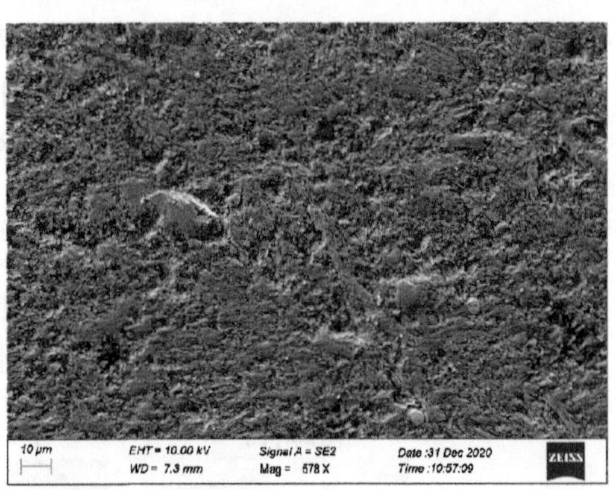

图 2.7　4301-cz-ct 二次电子图

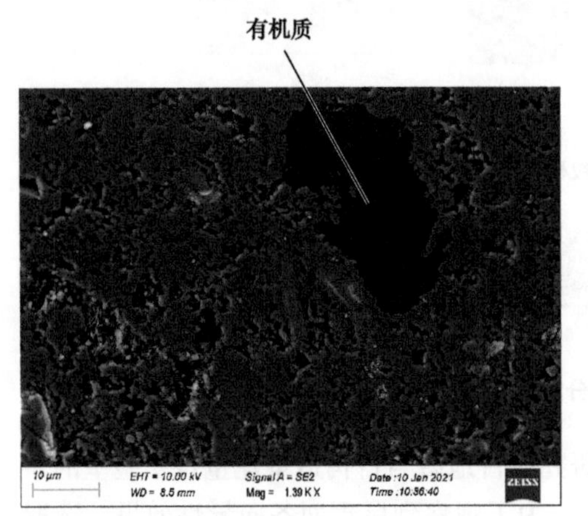

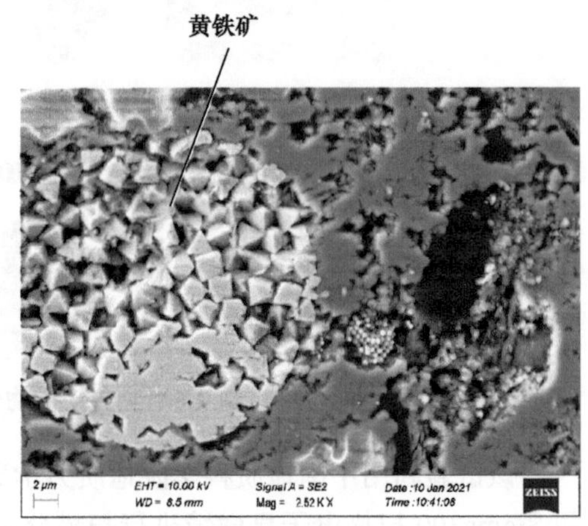

图 2.8　4314-cz-ct 二次电子图

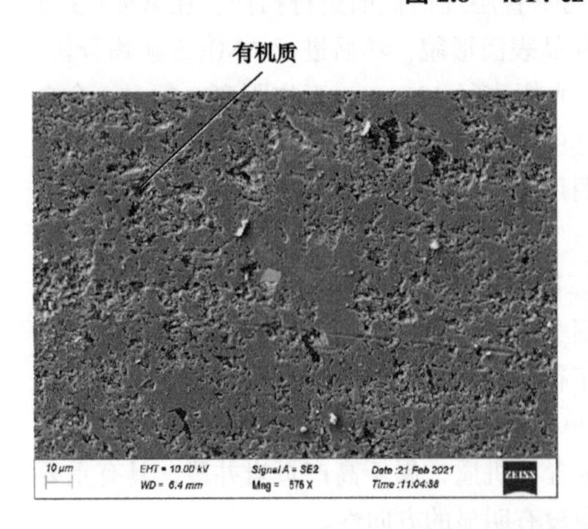

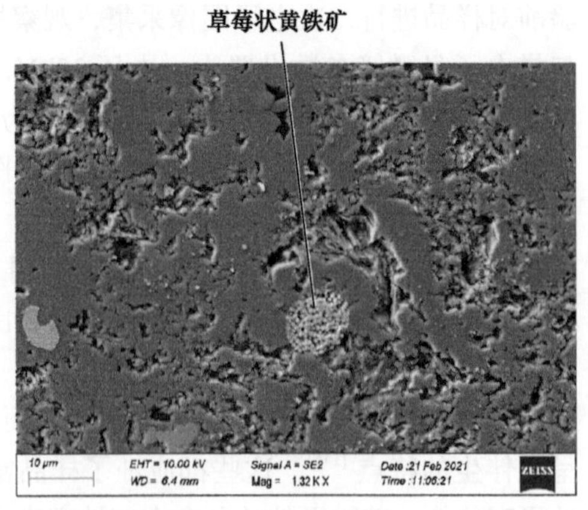

图 2.9　4327-cz-ct 二次电子图

下面利用全自动矿物分析系统对样品表面矿物含量和分布情况进行定性分析。图 2.10 ~ 图 2.15 为不同深度页岩背散射图像、矿物分布图及其局部放大图。从 4301m 深度页岩矿物分布图 2.10 中可见，绿色的矿物为伊利石，其矿物含量较高，并且呈现出一定的方向性；从 4314m 深度页岩的矿物分布图 2.11 上可以发现，样品中间白云

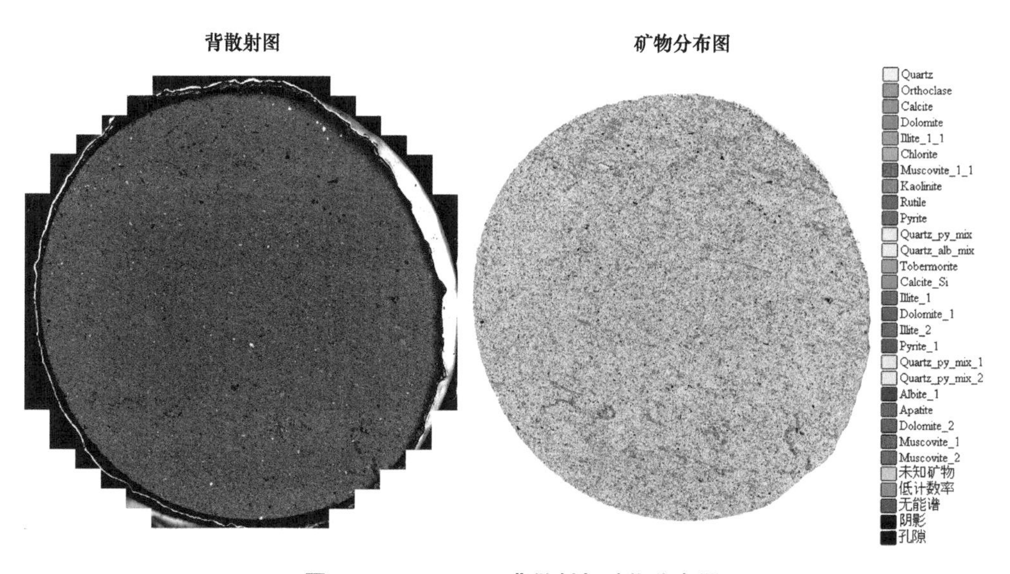

图 2.10　4301-cz-ct 背散射与矿物分布图

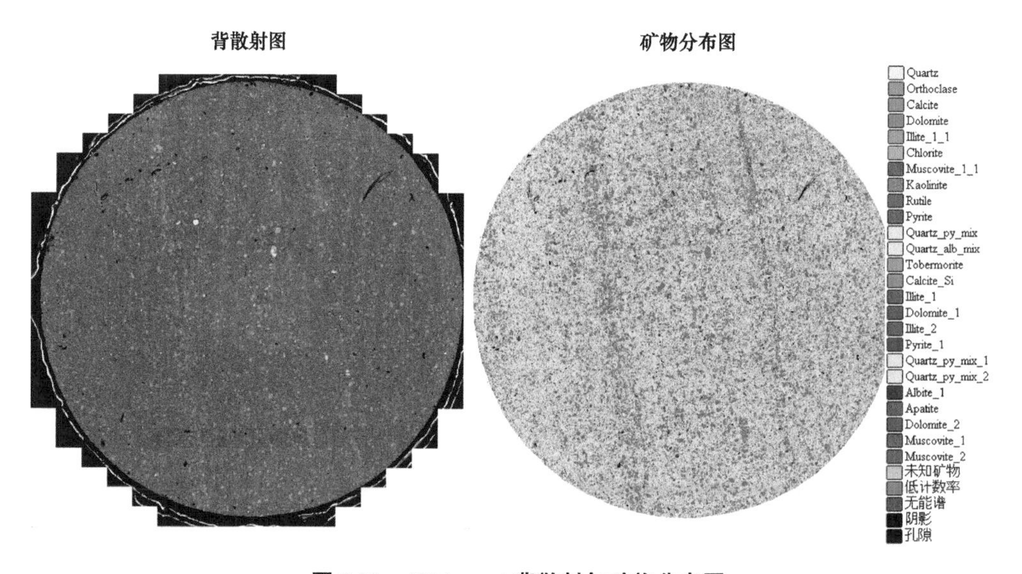

图 2.11　4314-cz-ct 背散射与矿物分布图

石颗粒呈带状分布。但是由于该条带很宽且在整个圆形截面中只有一条，同时其他矿物颗粒无明显地朝白云石带状分布方向的分布，因此不能断定该条带为页岩的层理结构；4327m 深度页岩矿物分布图 2.12 相比于其他两个深度要“暗”，说明其孔隙与有机质的分布更为密集，同时黄色的为石英颗粒，其含量较多，但矿物颗粒的分布没有呈现出明显的方向性。

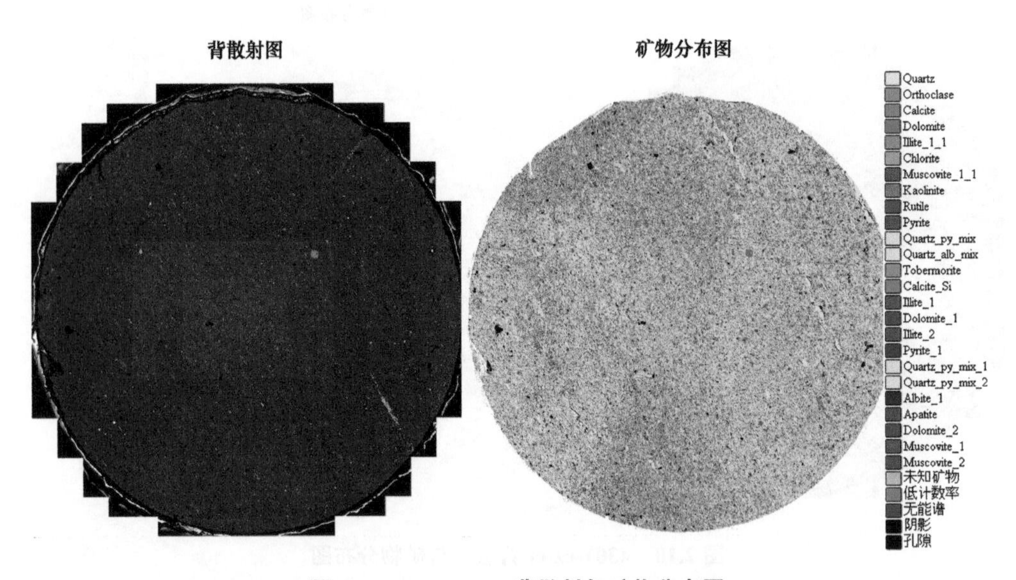

图 2.12　4327-cz-ct 背散射与矿物分布图

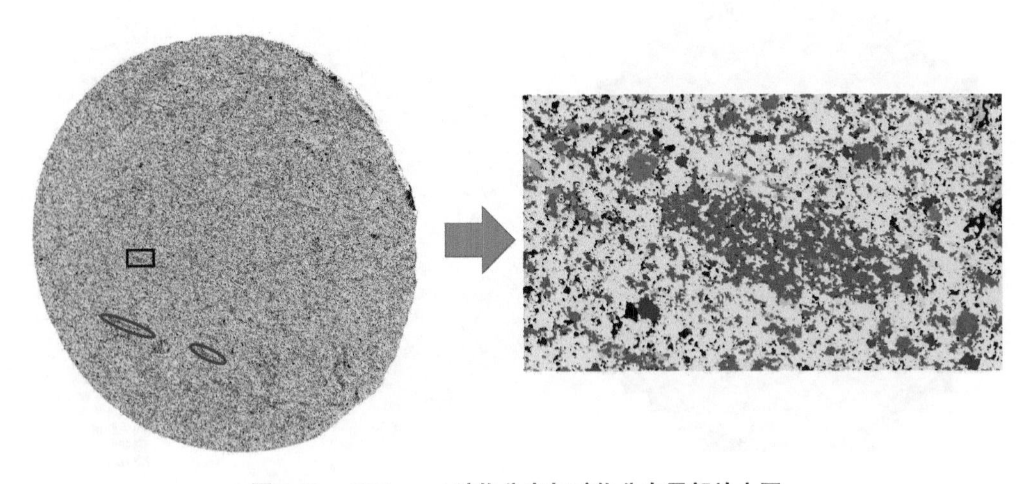

图 2.13　4301-cz-ct 矿物分布与矿物分布局部放大图

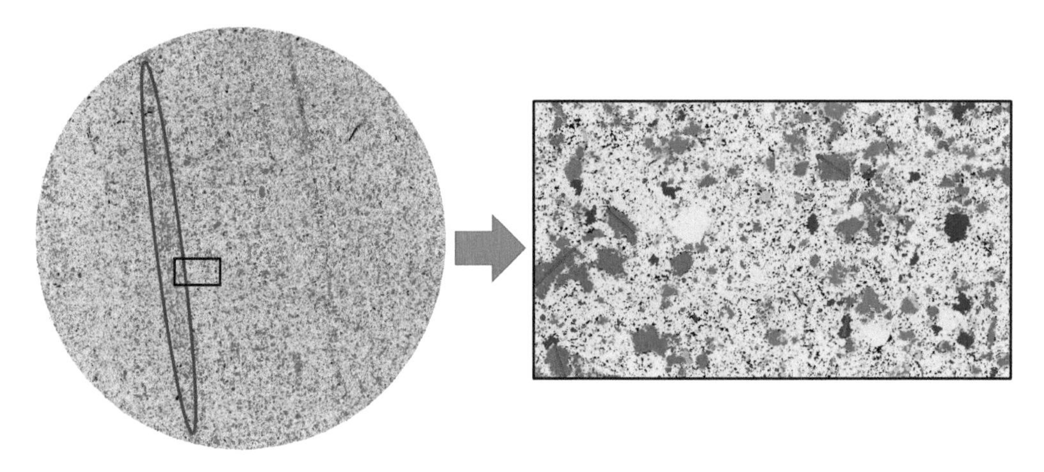

图 2.14　4314-cz-ct 矿物分布与矿物分布局部放大图

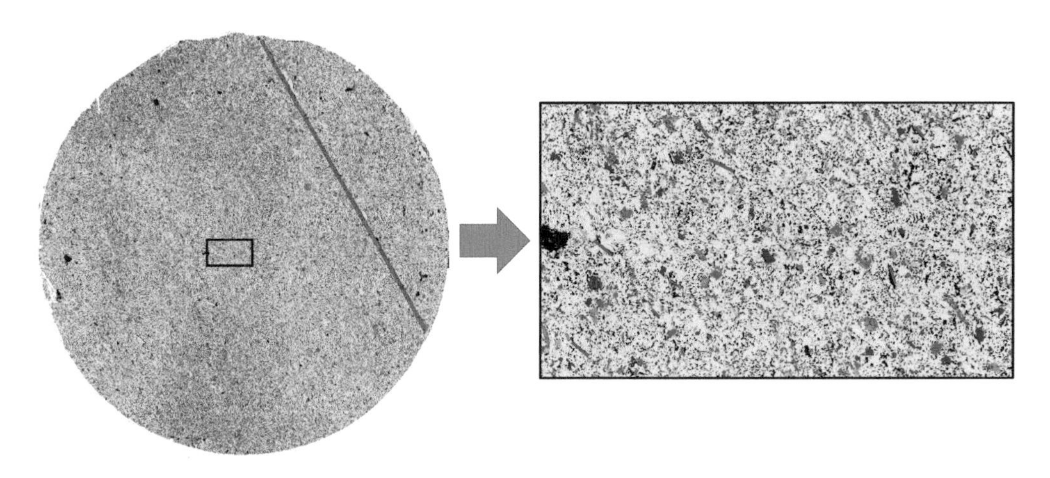

图 2.15　4327-cz-ct 矿物分布与矿物分布局部放大图

对不同深度的页岩样品的矿物含量进行定量统计分析，结果见表 2.2 ~ 表 2.4，如图 2.16 ~ 图 2.19 所示。从表 2.2 和图 2.16 看出，4301m 深度页岩石英矿物质量百分比和面积百分比分别为 64.25% 和 59.12%，是构成该深度页岩的主要矿物。其次是黏土矿物伊利石，质量百分比和面积百分比分别为 14.82 和 12.99%，孔隙与有机质，质量百分比和面积百分比分别为 0.03% 和 6.46%。从表 2.3 和图 2.17 可以看出，4314m 深度页岩中石英矿物质量百分比和面积百分比分别为 62.64% 和 57.71%，是构成该深度页岩的主要矿物。其次是白云石，质量和面积百分比分别为 8.16% 和 6.93%（见表 2.3 和图 2.17）。该深度页岩的孔隙与有机质质量和面积百分比分别为 0.02% 和 5.04%。4327m 深度页岩石英矿物质量和面积百分比分别为 78.98% 和 67.23%，是构成该深度页岩的主要矿物。黏土矿物伊利石的质量和面积百分比在 4.04% 和 3.28%（见表 2.4

和图 2.18）。该深度页岩的孔隙与有机质面积百分比较高，达到 12.73%，其质量百分比为 0.06%。为了更加直观地对比不同深度层状页岩的矿物赋存特点，绘制了三个深度页岩的矿物含量雷达图，如图 2.19 所示，图中较为清晰地显示，4301m 深度的页岩黏土矿物伊利石含量较高，4314m 深度的白云石、方解石含量较多，而 4327m 深度页岩孔隙和有机质较为发育。不同深度页岩表现出不同的矿物赋存特点。

表 2.2　4301m 样品矿物含量

矿物名称	质量百分比（%）	面积百分比（%）	面积 /μm²	颗粒数 / 个	统计相对误差
石英	64.25	59.12	7430028.43	2823104	0.03
伊利石	14.82	12.99	1633138.86	670377	0.03
孔隙与有机质	0.03	6.46	812493.38	714739	0
白云母	3.22	2.75	345786.21	136529	0.04
钠长石	2.24	2.06	259076.98	64098	0.01
白云石	2.37	2.01	253462.91	65796	0.04
长石	0.82	0.77	97177.66	36505	0.01
黄铁矿	0.96	0.46	58203.47	4801	0.09
方解石	0.24	0.21	27342.79	7923	0.07
绿泥石	0.24	0.18	23075.91	8313	0.02
雪硅钙石	0.15	0.15	18863.63	7613	0.02
金红石	0.03	0.02	2068.18	312	0.11
磷灰石	0.01	0.01	1140.69	367	0.1
高岭石	0	0	528.46	170	0.15
其他矿物	7.25	8.74	1097958.39	447620	0
低计数率	0.06	0.07	9096.6	3141	0.04
无能谱	3.29	3.97	498519.18	1951985	0

表 2.3　4314m 样品矿物含量

矿物名称	质量百分比（%）	面积百分比（%）	面积 /μm²	颗粒数 / 个	统计相对误差
石英	62.64	57.71	7869734	2908770	0.01
伊利石	3.23	2.83	386561.83	178473	0.02
孔隙与有机质	0.02	5.04	687493.78	1234985	0
白云母	0.85	0.73	98698.5	42245	0.03
钠长石	1.68	1.55	211426.9	38323	0.01
白云石	8.16	6.93	946163.23	247618	0.01
方解石	5.8	5.17	705384.08	220856	0.01
正长石	0.5	0.47	64020.37	22579	0.01
高岭石	0	0	426.11	152	0.16
金红石	0.03	0.02	2619.29	98	0.2
黄铁矿	1.01	0.49	66106.95	6321	0.04

（续）

矿物名称	质量百分比（%）	面积百分比（%）	面积 /μm²	颗粒数 / 个	统计相对误差
绿泥石	0.04	0.03	4278.32	1650	0.05
磷灰石	0.01	0.01	1487.83	240	0.13
其他矿物	10.46	12.63	1722196.12	770991	0
低计数率	0.01	0.01	1691.15	590	0.08
无能谱	4.05	4.88	666241.81	2457603	0

表 2.4　4327m 样品矿物含量

矿物名称	质量百分比（%）	面积百分比（%）	面积 /μm²	颗粒数 / 个	统计相对误差
石英	78.98	67.23	9234015.92	3018789	0.04
伊利石	4.04	3.28	450011.85	202731	0.02
孔隙与有机质	0.06	12.73	1747520.4	1694084	0
白云母	1.55	1.23	168369.8	70875	0.06
钠长石	2.01	1.71	235272.7	42292	0.01
正长石	0.26	0.22	30600.08	10788	0.02
白云石	1.58	1.24	170120.09	42403	0.04
黄铁矿	0.51	0.23	31420.3	4593	0.05
方解石	0.07	0.06	8301.54	1665	0.08
绿泥石	0.25	0.18	24097.06	9497	0.02
雪硅钙石	0.01	0.01	989.57	362	0.11
金红石	0.03	0.01	1808.36	528	0.09
磷灰石	0.03	0.02	2458.7	717	0.07
高岭石	0	0	459.25	164	0.16
其他矿物	4.78	5.33	732419.88	333678	0
低计数率	0	0	90.54	29	0.37
无能谱	5.84	6.52	894973.56	4004304	0

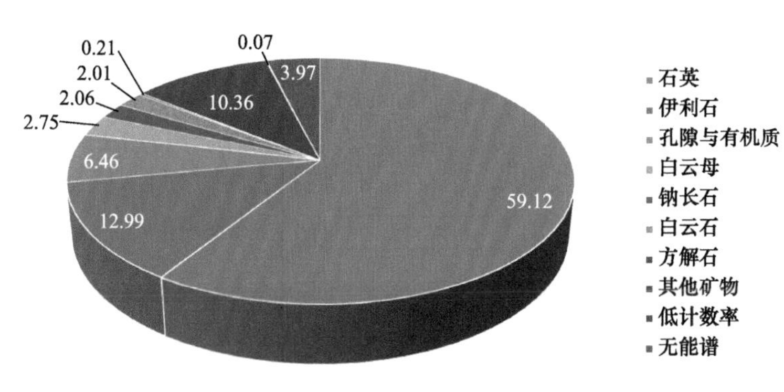

图 2.16　4301-cz-ct 矿物含量面积百分比图

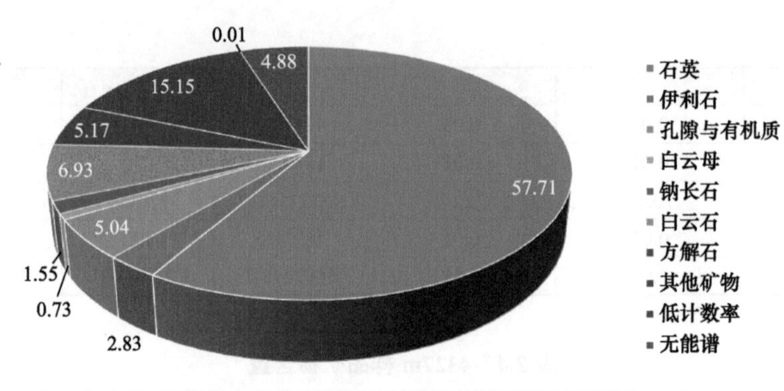

图 2.17 4314-cz-ct 矿物含量面积百分比图

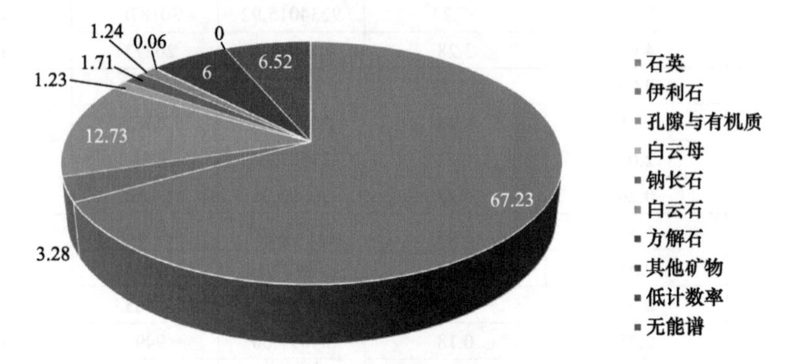

图 2.18 4327-cz-ct 矿物含量面积百分比图

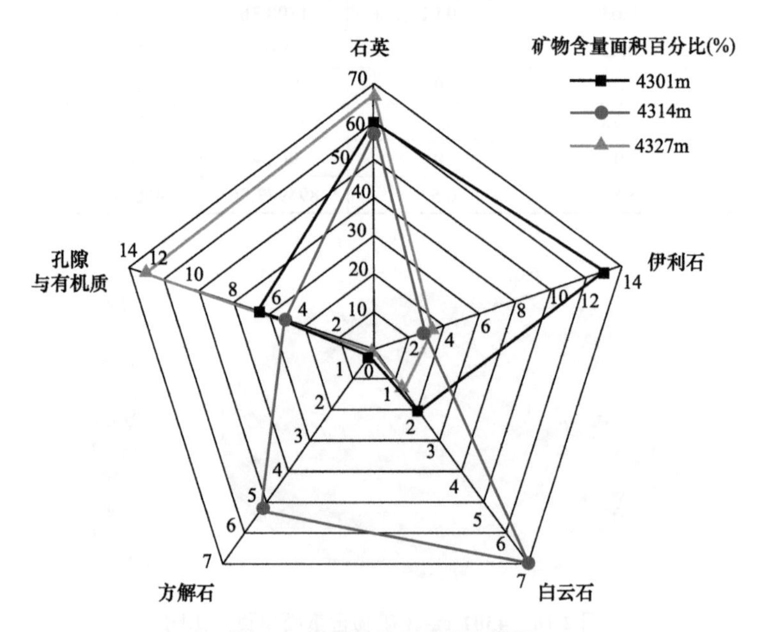

图 2.19 不同深度矿物含量图

对不同深度页岩样品的粒径分布进行定量统计分析，如图 2.20 ~ 图 2.22 所示。在粒径分布上，4301m 深度页岩的粒径分布集中在 1.66μm 左右，占全部矿物面积的 21.22%，尺寸在 0 ~ 7.88μm 的颗粒面积和占总面积的 99.32%；4314m 深度页岩的粒径分布集中在 1.39μm 左右，占全部矿物面积的 19.76%，主要矿物颗粒尺寸在 0 ~ 6.63μm，占所有矿物面积的 99.67%；4327m 深度页岩的粒径分布集中在 1.39μm 左右，占全部矿物面积的 16.03%，主要矿物的颗粒尺寸在 0 ~ 7.88μm，占所有矿物面积的 99.25%。对比三个深度页岩粒径分布，如图 2.23 所示，三个不同深度的页岩粒径分布基本相同，矿物颗粒粒径分布的峰值在 1.4μm 左右，同时大部分矿物颗粒的粒径小于 7μm。

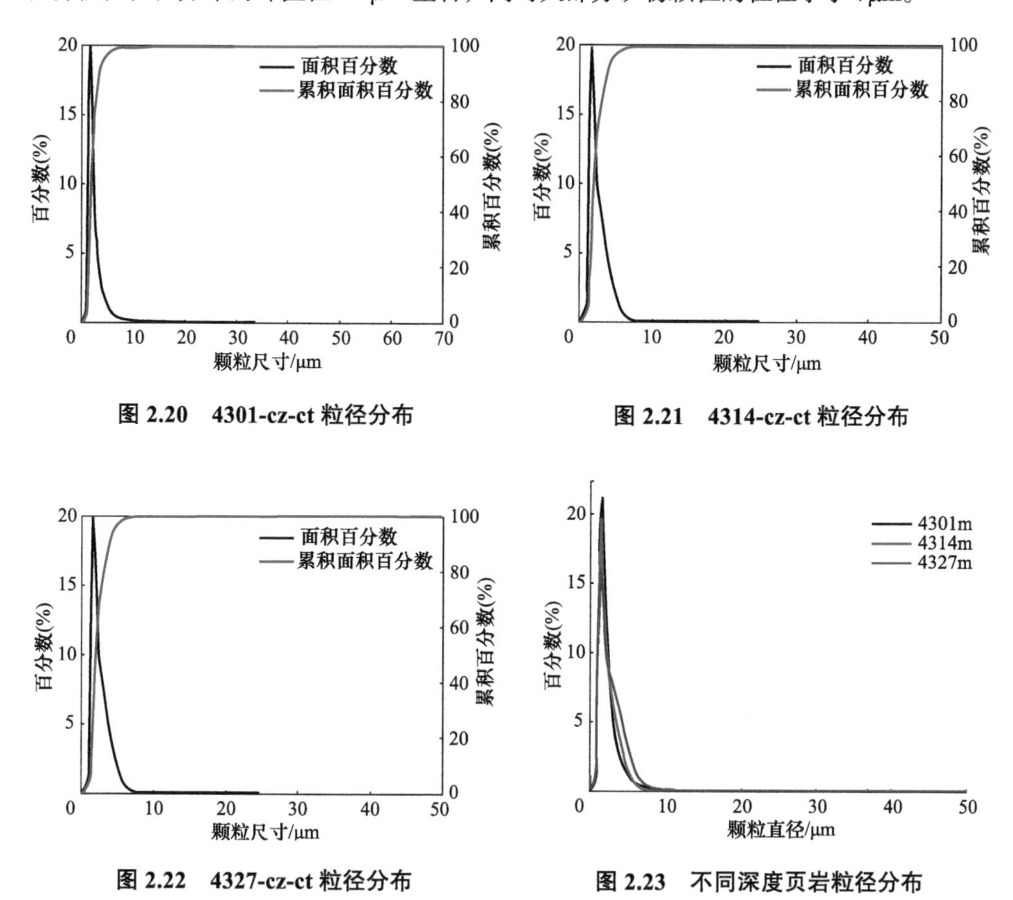

图 2.20　4301-cz-ct 粒径分布

图 2.21　4314-cz-ct 粒径分布

图 2.22　4327-cz-ct 粒径分布

图 2.23　不同深度页岩粒径分布

综上，所有深度页岩矿物都是以石英为主要矿物，矿物颗粒粒径大多分布在 1.5μm。4301m 深度层状页岩含有较多的黏土矿物伊利石，矿物颗粒没有观察到较为明显的方向性特征；4314m 深度页岩中白云石和方解石的含量较高，白云石呈带状分布；4327m 深度页岩中孔隙与有机质较为发育。不同深度页岩表现出不同的矿物赋存特征。

2.2 层状页岩矿物颗粒各向异性特征

2.2.1 矿物颗粒各向异性特征指标

通过上一节的分析，石英是构成不同深度页岩的主要矿物颗粒，因此选取石英矿物颗粒各向异性特征分析。另外，根据前人的研究成果[146]，片状特征的黏土矿物是页岩具有内在结构各向异性的重要因素。伊利石为赋存于取样地区页岩中的主要黏土矿物，故选取伊利石分析矿物颗粒各向异性特征。最后，孔隙与有机质分布影响着层状页岩的细观结构，对裂纹的起裂和扩展、岩石的破坏起着重要作用，因此也选取进行方向性特征分析。综上选取石英、伊利石和孔隙与有机质作为层状页岩的主要颗粒进行各向异性的分析。

页岩矿物颗粒各向异性特征指标选取原理如图 2.24 所示。首先，沿 x 轴方向作与颗粒相切的平行线，平行线间距为 D_θ。然后从 x 轴方向开始，每隔 18° 作与矿物颗粒相切的平行线，得到不同角度平行线间距离 D_θ。其中距离 D_θ 的最大值为 L，是颗粒的长度，该长度方向为颗粒长轴方向。距离 D_θ 的最小值为 W，是颗粒的宽度，该方向为颗粒短轴方向。颗粒长轴方向与 x 轴正方向夹角的分布规律直接反映了矿物颗粒的各向异性特征，同时长宽比 L/W 也可作为反映矿物各向异性程度的一个特征。例如一个长宽比为 1 的岩石，其颗粒特征表现为各向同性。因此，选取页岩矿物颗粒长轴方向与 x 轴的夹角和矿物颗粒的长宽比作为页岩矿物颗粒各向异性特征指标。

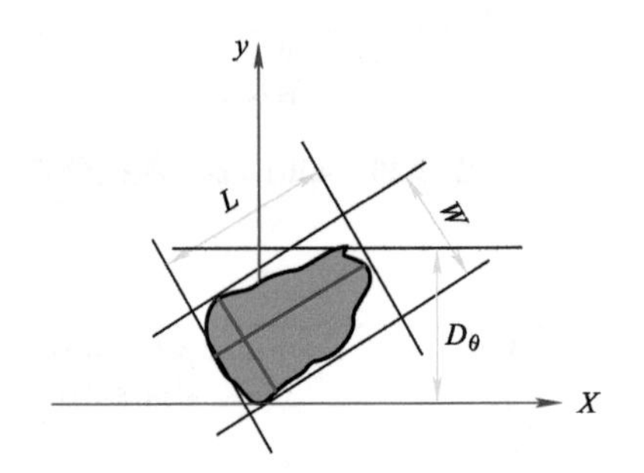

图 2.24 颗粒特征示意图

2.2.2 不同深度矿物颗粒各向异性特征

下面对不同深度石英、伊利石和孔隙与有机质，运用针对地球地质科学、材料科学以及 CAE 工程计算的大型可视化软件 AVIZO，实现颗粒各向异性特征选取并进行分析。选取中心直径 3.4375mm 的圆形区域作为研究区域，分别提取出该区域的石英、伊利石、孔隙与有机质颗粒进行统计分析，矿物颗粒的拾取结果如图 2.25 ~ 图 2.27 所示。

1. 石英

不同深度页岩石英矿物颗粒方向性特征统计结果如图 2.28 ~ 图 2.31 所示。

（1）首先统计了不同长轴方向和长宽比的矿物颗粒数量和。从颗粒长轴方向的分布情况来看，4301m 深度页岩石英矿物颗粒数量随角度呈现出两处峰值和两处谷值。两处峰值出现在 18° 和 144° 上，颗粒数量分别为 26768 个和 29094 个。石英矿物颗粒的数量在 0° 和 90° 达到谷值，颗粒个数分别为 8296 个和 3233 个。

a) 石英　　b) 伊利石　　c) 孔隙与有机质

图 2.25　4301m 深度石英、伊利石、孔隙与有机质矿物颗粒拾取结果

a) 石英　　b) 伊利石　　c) 孔隙与有机质

图 2.26　4314m 深度石英、伊利石、孔隙与有机质矿物颗粒拾取结果

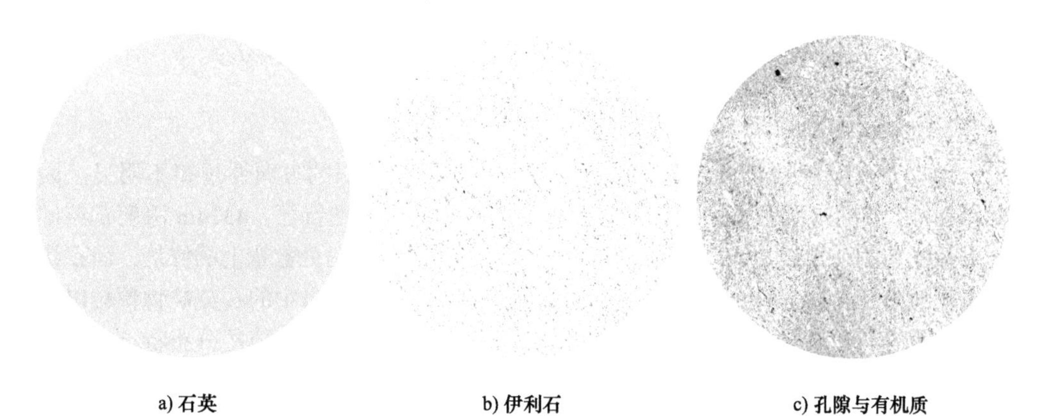

a) 石英　　b) 伊利石　　c) 孔隙与有机质

图 2.27　4327m 深度石英、伊利石、孔隙与有机质矿物颗粒拾取结果

（2）然后统计了不同长轴方向和长宽比的颗粒面积总和，从矿物颗粒的面积来看，呈现出相似的变化趋势。颗粒角度为 162° 的面积和为 1128340μm²，而颗粒方向为 90° 的颗粒面积总和是所有角度中面积和的最小值，仅为 196105μm²，两者的比值为 5.75，同样呈现出明显的方向差异性。

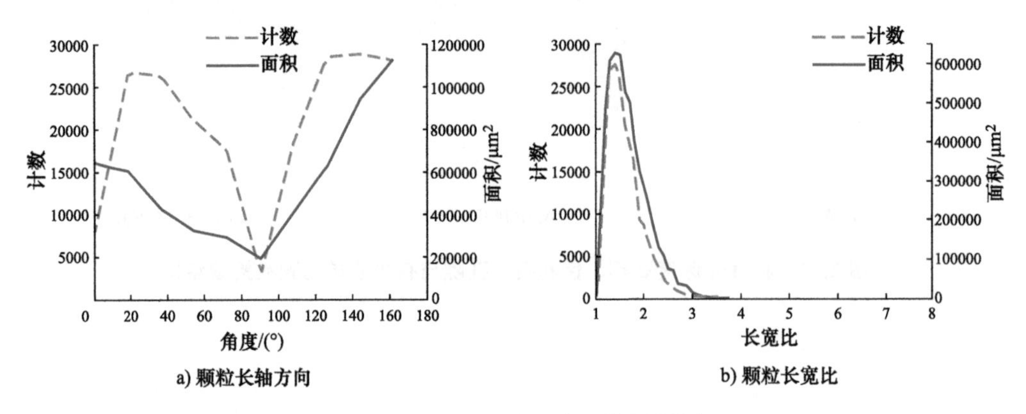

a) 颗粒长轴方向　　b) 颗粒长宽比

图 2.28　4301m 深度页岩石英颗粒特征

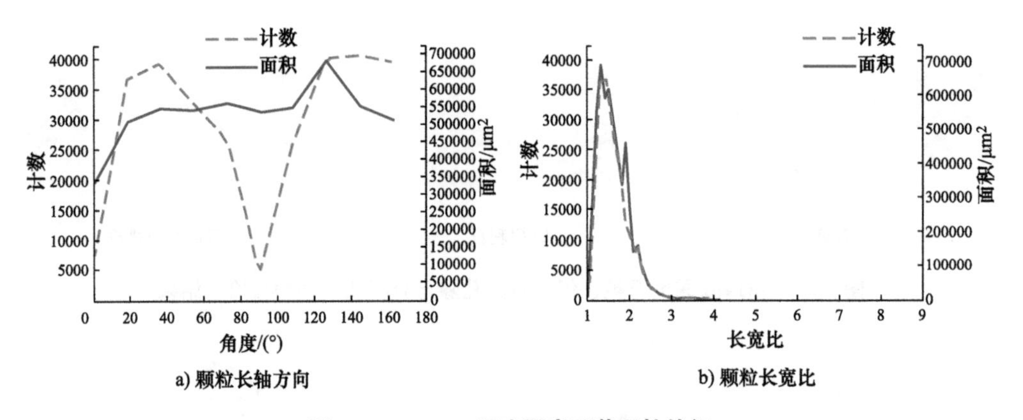

a) 颗粒长轴方向　　b) 颗粒长宽比

图 2.29　4314m 深度页岩石英颗粒特征

相比于矿物颗粒数量的统计结果，基于矿物颗粒面积的方向性规律不明显。因此，在 2.1 节的定性分析中难以观察到矿物颗粒具有方向性特征。4314m 深度石英矿物颗粒倾角的分布规律与 4301m 深度页岩基本相似，呈现两处数量上的峰值，面积统计对颗粒特征各向异性的减弱效果更加明显。4327m 深度页岩中的石英矿物颗粒以数量为单位进行统计的结果与其他深度页岩基本相似，呈现两处峰值的分布特点，不同角度矿物颗粒面积总和变化规律为单一峰值分布。

从颗粒长宽比的分布情况进行分析，4301m 深度页岩石英矿物颗粒的长宽比小于 4，其中长宽比在 1.4 ~ 1.5 的矿物颗粒数量为 27584 个，面积总和为 628520μm²，都达到了最大值，说明石英颗粒的长宽比集中在 1.4 左右，呈现出长轴与短轴一定的差异。板岩已有的研究工作表明 [147]，板岩中颗粒长宽比大于 20 的颗粒数量能够达到颗粒总数的 8.3%。页岩长宽比远远小于文献中的板岩颗粒的长宽比，表现出较弱的矿物颗粒各向异性程度。不同深度页岩石英矿物颗粒长宽比分布规律基本相同。

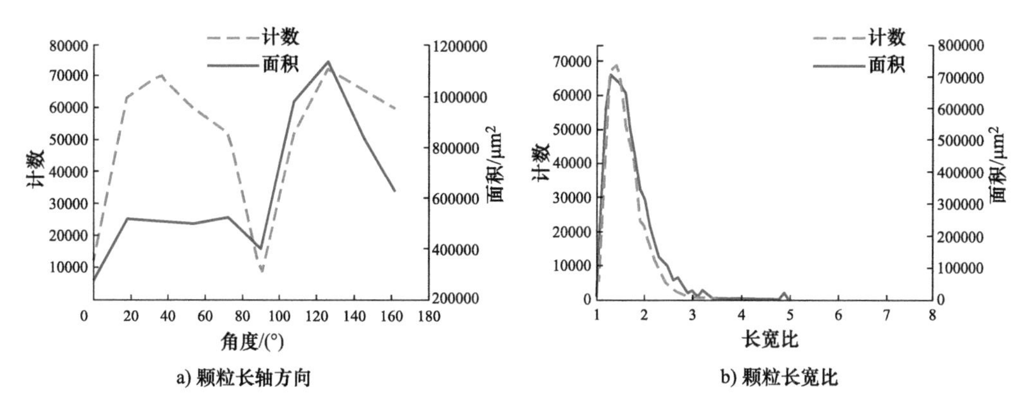

图 2.30　4327m 深度页岩石英颗粒特征

对比不同深度页岩中石英矿物长轴方向数量统计和面积统计分布，如图 2.31 所示，发现规律基本相同，呈现两处峰值和两处谷值，以面积统计的石英矿物角度分布会削弱方向性特征，并且会随深度发生一定的变化。不同深度的石英矿物长宽比集中在 1.4 ~ 1.5μm，呈现出较弱的各向异性程度。

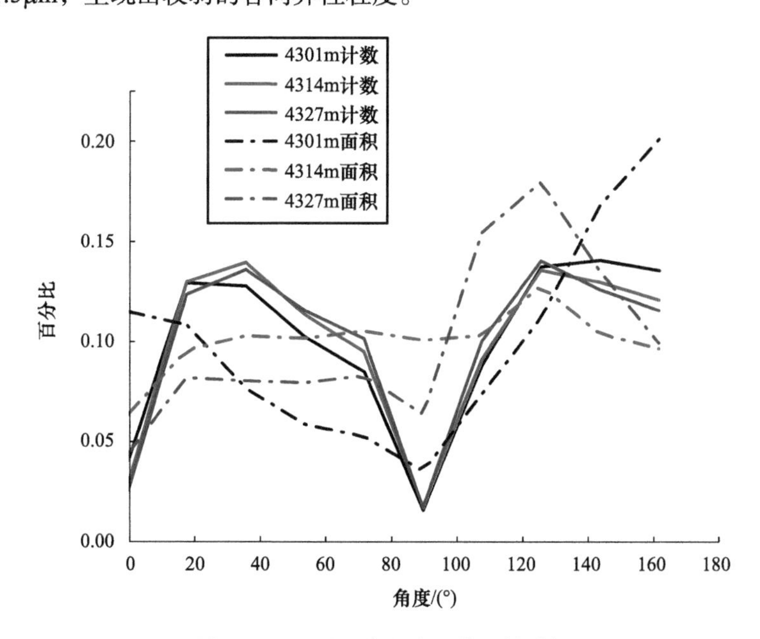

图 2.31　不同深度页岩石英颗粒特征

2. 伊利石

图 2.32 ~ 图 2.34 为伊利石颗粒的各向异性分布特征。从数量上来看，伊利石与石英呈现出相似的角度分布规律，即两处峰值和两处谷值。以 4314m 储层页岩为例，该深度页岩伊利石在 18° 和 162° 上的颗粒数量较多，呈现出两处峰值，长轴角度为 126° 的伊利石颗粒数量为 8724 个，达到最大值。而长轴方向为 90° 的颗粒数量仅为 978 个，是所有角度颗粒数量的最小值。最大颗粒数量和最小颗粒数量的比值为 0.1。从矿物颗粒的面积来看，呈现出与计数统计相似的变化趋势，说明颗粒大小并没有影响伊利石的颗粒各向异性特征。其余深度与该深度的分布特征基本相同，只是最大值与最小值的比值存在差异。

对伊利石矿物颗粒的长宽比进行分析。4301m 深度页岩中长宽比为 1.4 ~ 1.5 的伊利石矿物颗粒达到了 7488 个，颗粒面积和为 30331μm^2。这说明伊利石颗粒的长宽比也是集中在 1.5 左右，总体与石英颗粒的长宽比分布情况相似，体现出较弱的各向异性效果。其他深度页岩伊利石长宽比与该深度页岩呈现相似的变化规律。

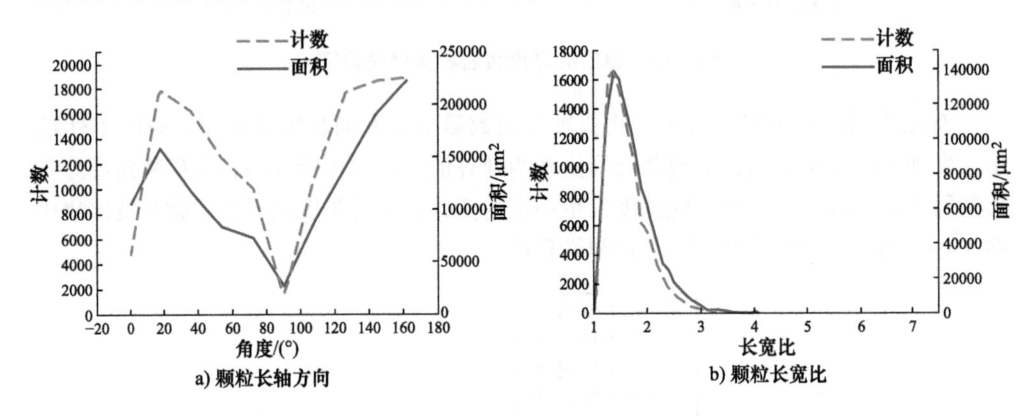

图 2.32　4301m 深度页岩伊利石颗粒特征

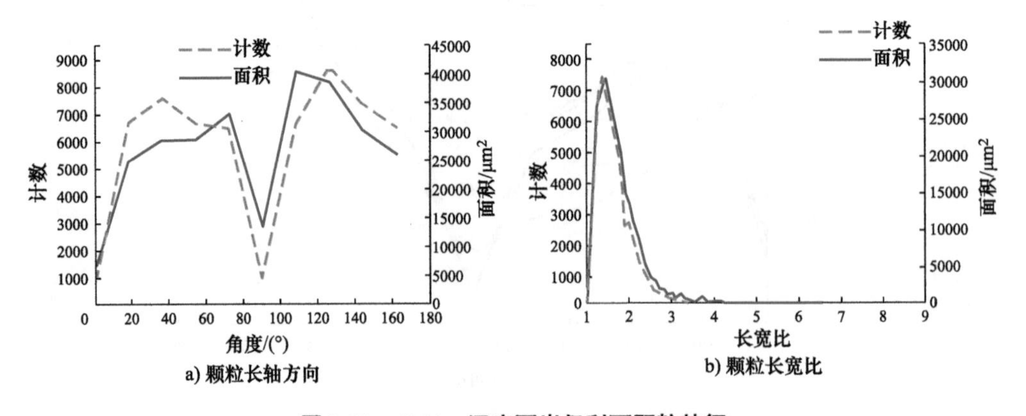

图 2.33　4314m 深度页岩伊利石颗粒特征

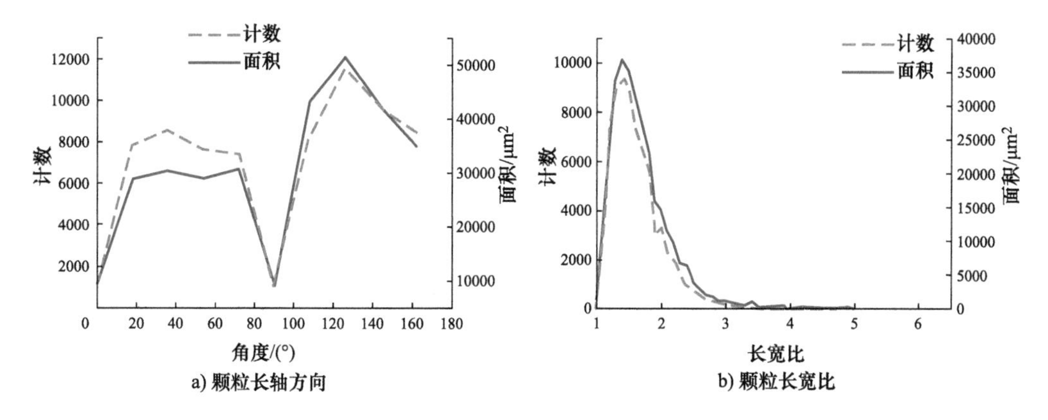

a) 颗粒长轴方向　　b) 颗粒长宽比

图 2.34　4327m 深度页岩伊利石颗粒特征

对比不同深度页岩中伊利石矿物长轴方向数量统计和面积统计分布如图 2.35 所示，不同深度页岩中，伊利石矿物无论从长轴方向的分布规律还是颗粒长宽比的分布规律都基本相同，计数统计结果和面积统计结果基本相同，只是在长轴方向随角度的变化程度上存在微小的差异。

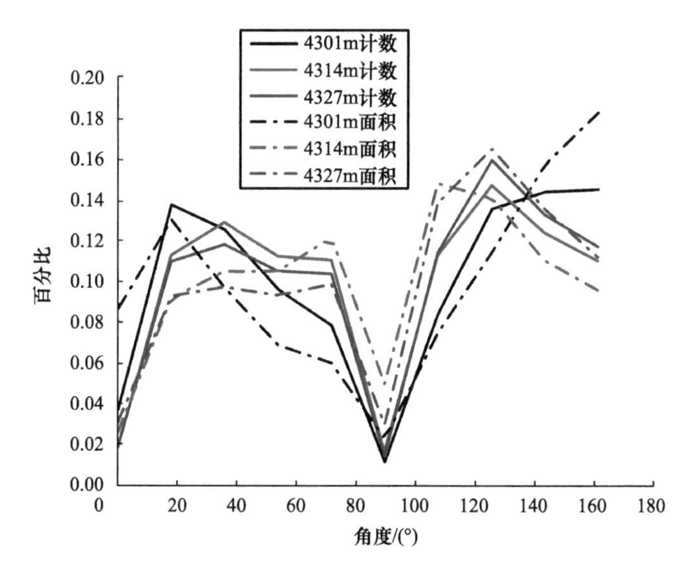

图 2.35　不同深度页岩伊利石颗粒特征

3. 孔隙与有机质

不同深度页岩孔隙与有机质方向性特征统计结果如图 2.36 ~ 图 2.38 所示。对于 4301m 深度页岩长轴方向从数量上来看，孔隙与有机质在 36° 处有一处明显的峰值。长度方向为 36° 的裂隙数量为 286716 个，而方向为 90° 的裂隙数量只有 2017 个，呈现出明显的各向异性特征。从面积统计结果上来看，这种各向异性的程度同样会明显地减弱，分布特点也从单峰向双峰变化。其余深度页岩的长轴方向也呈现出相似的变化规律。

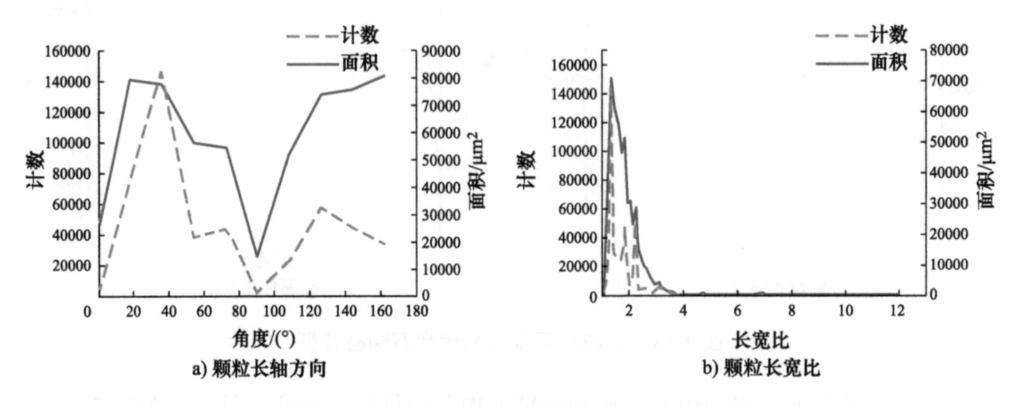

图 2.36　4301m 深度页岩孔隙与有机质特征

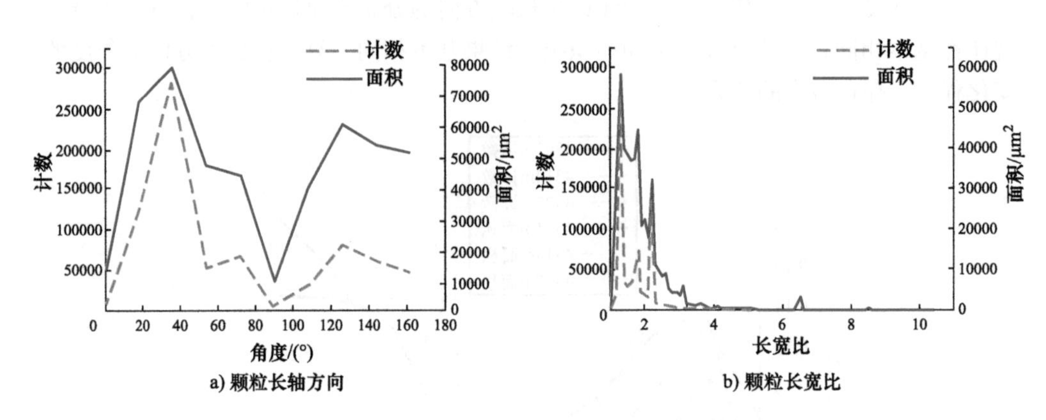

图 2.37　4314m 深度页岩孔隙与有机质颗粒特征

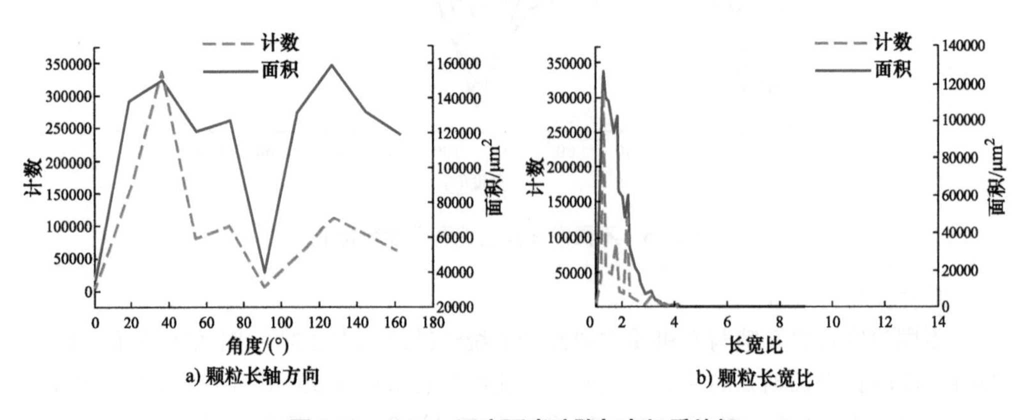

图 2.38　4327m 深度页岩孔隙与有机质特征

对页岩中的孔隙与有机质长宽比进行分析。4301m 深度页岩的长宽比在 1.3 ~ 1.4 的孔隙与有机质颗粒数量为 278993 个，面积总和为 58420.42μm^2，都达到了最大值。这说明孔隙与有机质的长宽比集中在 1.3 左右。同时，在长宽比 1.3 ~ 4 分布呈现不均匀的弱峰。其余深度页岩的孔隙与有机质长宽比分布规律与 4301m 深度页岩相似。

对比不同深度页岩孔隙与有机质长轴方向数量统计和面积统计分布如图 2.39 所示，不同深度层状页岩中孔隙与有机质的矿物颗粒长轴方向均呈现出单一方向集中的特点，表现出明显的各向异性，但是长宽比较小，约为 1.3。

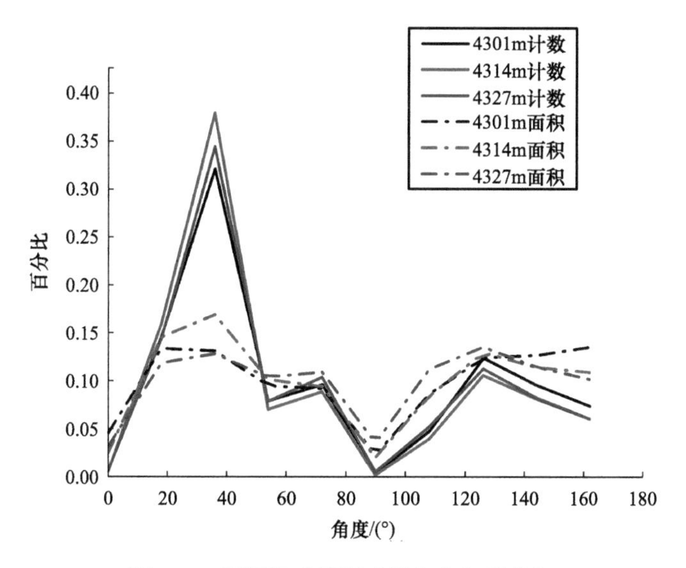

图 2.39　不同深度页岩孔隙与有机质特征

4. 不同矿物颗粒的比较

最后，对不同矿物颗粒的各向异性特征进行对比分析。

（1）以矿物颗粒计数作为统计单位来看，从图 2.40 ~ 图 2.42 可以明显看到孔隙与有机质颗粒的方向性最为明显。石英矿物和伊利石矿物排布的方向性规律基本相同，相比于孔隙与有机质呈现出较弱的方向排布特征。

（2）从长宽比统计的观察可以发现，孔隙与有机质在长宽比较小和中间段的分布数量要比石英和伊利石多，呈现出较为分散的特征。

（3）从面积特征来看，如图 2.43 ~ 图 2.45 所示，三种矿物的长轴方向和长宽比呈现出相似的分布特征。在方向朝向上，都围绕着各向同性体的均值位置，呈现出一处或两处峰值和一处或两处谷值，三种矿物颗粒方向排布的各向异性特征都得到了削弱。其中，石英矿物的角度分布曲线与各向同性体均值线最为接近，这也就解释了在矿物分布图上石英矿物颗粒在定性观察时没有各向异性特征。

以长宽比统计，三种矿物不同颗粒的长宽比分布情况基本相同。

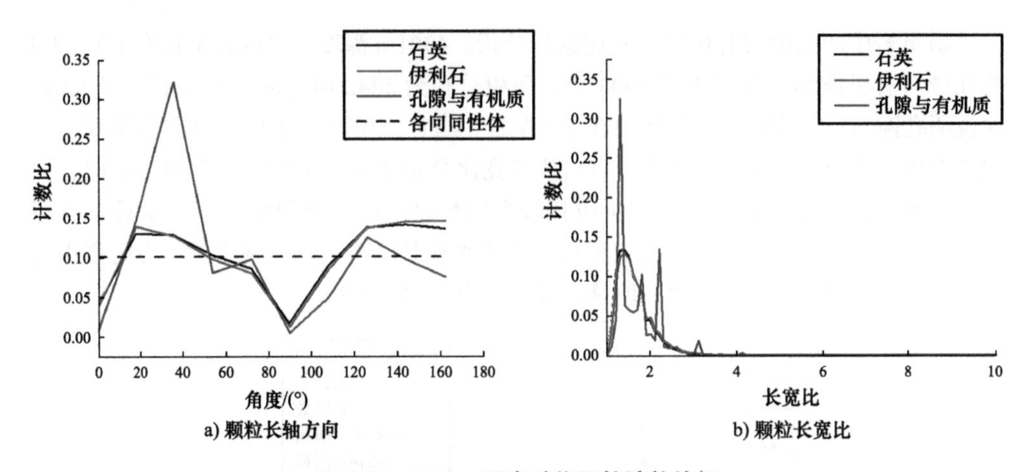

图 2.40　4301m 页岩矿物颗粒计数特征

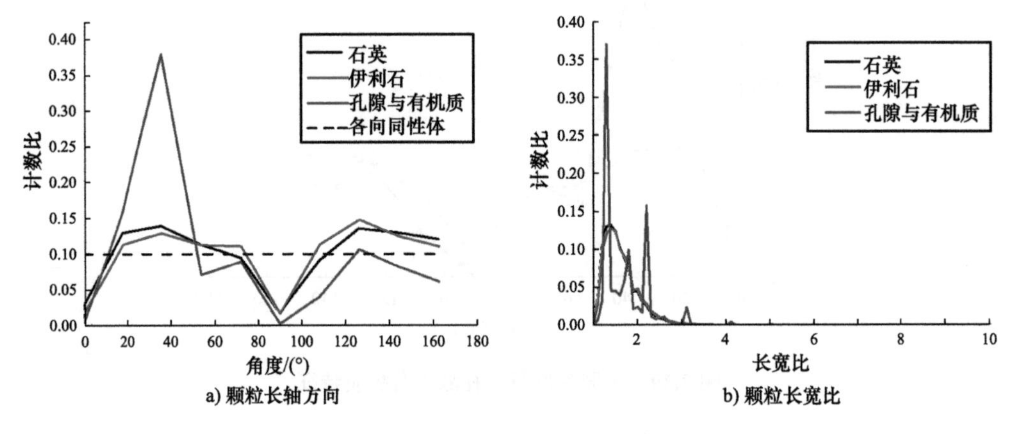

图 2.41　4314m 页岩矿物颗粒计数特征

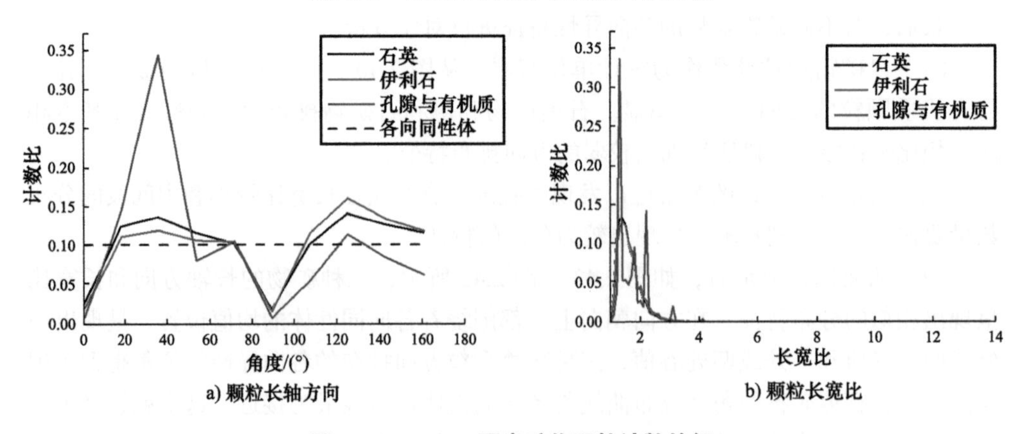

图 2.42　4327m 页岩矿物颗粒计数特征

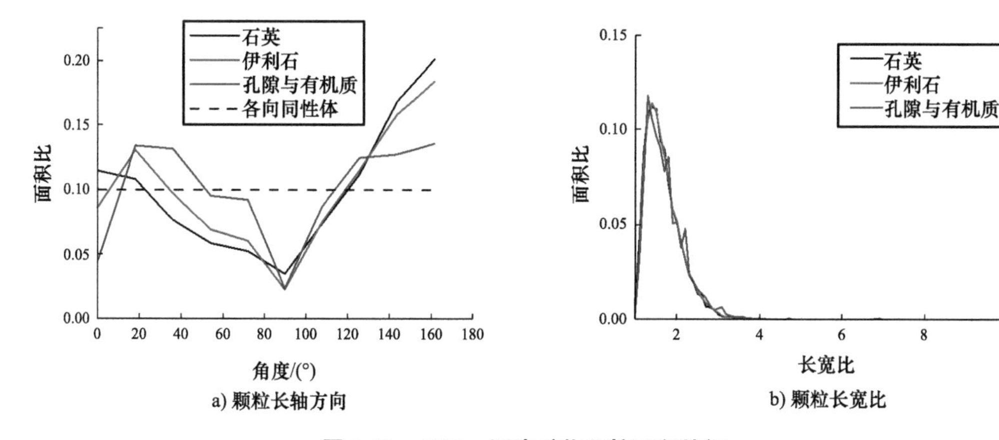

图 2.43　4301m 页岩矿物颗粒面积特征

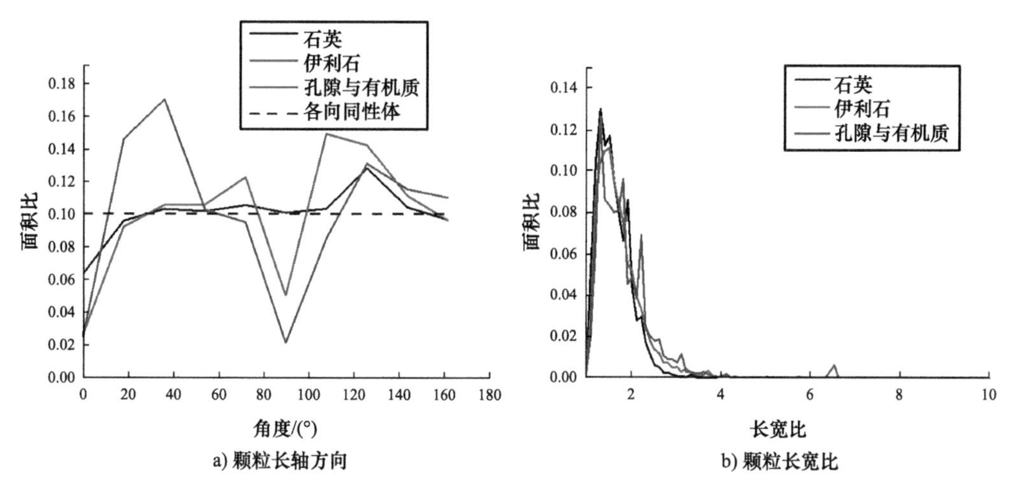

图 2.44　4314m 页岩矿物颗粒面积特征

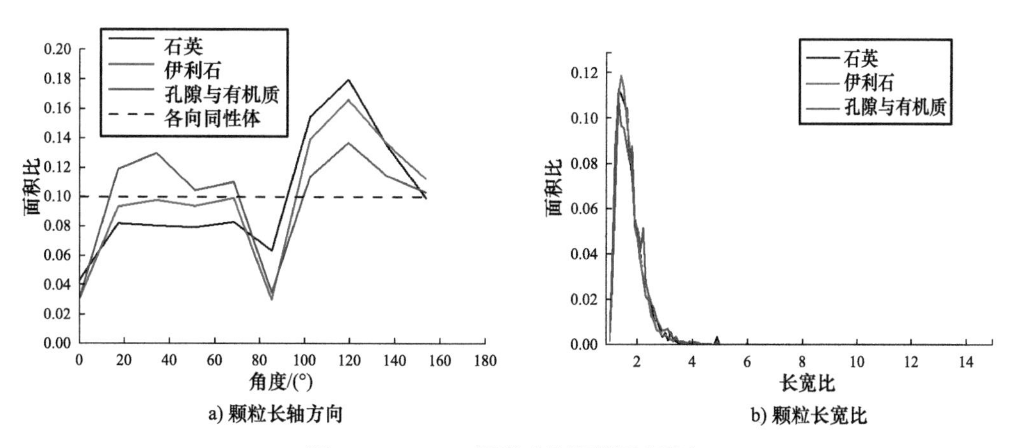

图 2.45　4327m 页岩矿物颗粒面积特征

综上，主要矿物长轴都具有一定的方向性，呈现出一个或两个集中分布的长轴方向和一个分布较少的长轴方向，并且通过数量统计的方向特征比面积统计的方向特征更加明显。孔隙与有机质的方向性特征最为明显，其次是伊利石矿物。以长宽比统计，各个矿物的长宽比集中分布在 1.3 ~ 1.4μm，孔隙集中在较小的长宽比上，伊利石和石英的长宽比分布情况基本相同。不同深度页岩的矿物颗粒各向异性特征随角度呈现相似的变化规律。

2.3 层状页岩矿物颗粒空间分布各向异性特征

2.3.1 矿物颗粒空间分布各向异性特征指标

页岩属于典型的沉积岩，除了 2.2 节中提到的矿物颗粒特征存在各向异性之外，由于沉积作用，页岩颗粒的空间分布也呈现出非均质性和各向异性。为了表征矿物颗粒空间分布的各向异性特征，矿物颗粒空间分布特征的指标选取如下：

（1）分析空间坐标的总体方差。总体方差是一组数据中各数值与其算术平均数离差平方和的平均数，如式（2.1）所示，反应了数据间的偏差程度。

$$\begin{cases}\sigma_{\text{varx}}=\dfrac{\sum\left(x_i-\bar{x}\right)^2}{N},\bar{x}=\dfrac{\sum x_i}{N}\\ \sigma_{\text{vary}}=\dfrac{\sum\left(y_i-\bar{y}\right)^2}{N},\bar{y}=\dfrac{\sum y_i}{N}\end{cases} \tag{2.1}$$

式中，x_i, y_i 分别为各个颗粒质心的 x, y 轴坐标；$\bar{x}$，$\bar{y}$分别为所有颗粒质心坐标的平均值；N 为颗粒总数；$\sigma_{\text{varx}}, \sigma_{\text{vary}}$ 分别为 x, y 轴方向颗粒坐标的总体方差。

如图 2.46 所示，将圆形研究区域从 0° 到 80° 每间隔 10° 顺时针旋转，分别计算各个旋转角度下的 x, y 轴方向颗粒坐标的总体方差。如果颗粒间疏密程度受沉积作用影响呈现出各向异性，则会反映在位置坐标的总体方差上。图 2.47 为一种理想横观各向同性体的颗粒分布情况。在水平层理方向，x 轴方向颗粒分布密集，y 轴方向颗粒分布稀疏，两者计算出来的 x、y 轴方向颗粒坐标的总体方差会呈现出明显的差异。当旋转 45° 之后，此时因为颗粒分布关于 x, y 轴对称，x, y 轴的总体方差相同。

（2）从矿物颗粒空间分布的均质程度研究矿物颗粒空间分布各向异性特征。选取不同角度中心、尺寸为 1mm × 1mm 的正方形区域进行分析。首先将正方形区域分割，按照连续介质理论，即“宏观无限小，微观无限大”，选取分割尺寸。该页岩样品的平均粒径范围在 0 ~ 7μm，当选取长度为 20μm 时，石英颗粒的颗粒数达到 600 个，能够满足“微观无限大”；同时相对于 1mm 的宏观尺度，20μm 又足够小，能够满足“宏观无限小”。因此选取 20μm 等间距对正方形区域分别进行 x 轴和 y 轴方向的分割，分割成 50 个矩形分割区域，如图 2.48 所示。

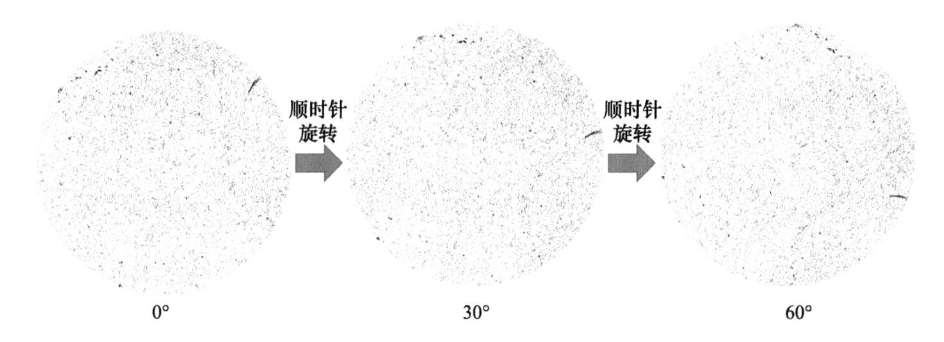

图 2.46　空间各向异性特征选取过程

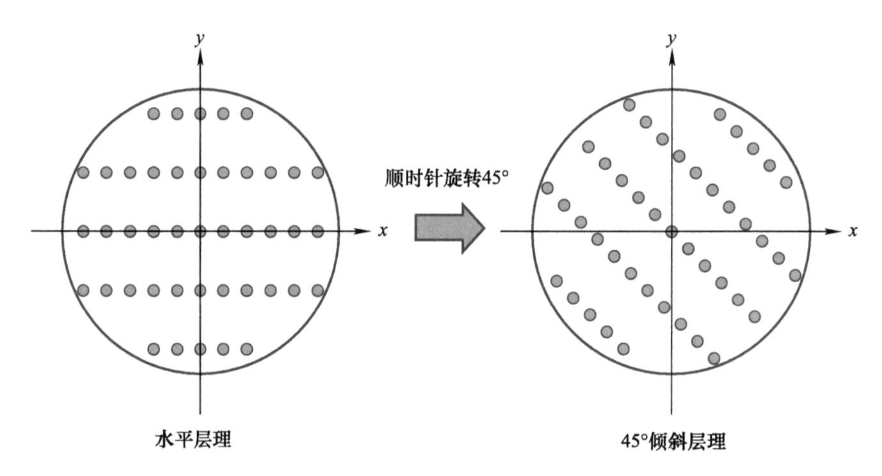

图 2.47　宏观各向同性体颗粒空间分布示意图

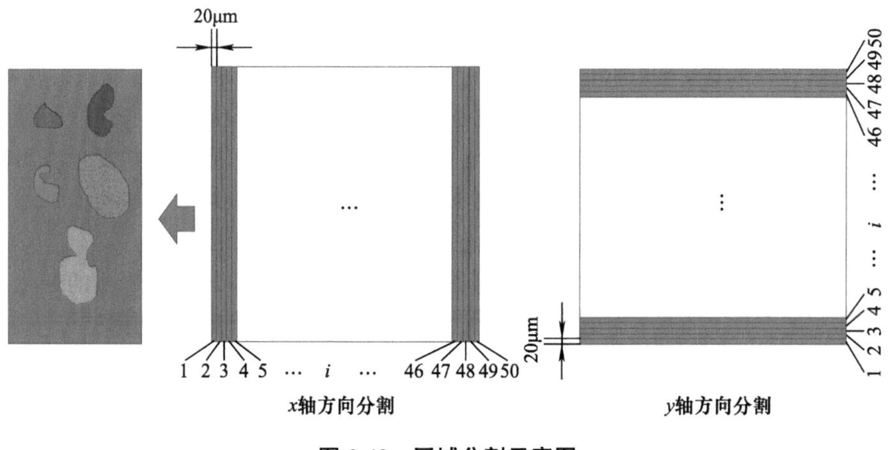

图 2.48　区域分割示意图

对正方形区域的颗粒分布情况进行定量统计分析：

$$\boldsymbol{N}_i=(n_1,n_2,n_3,\cdots,n_i,\cdots,n_{49},n_{50}) \tag{2.2}$$

$$\boldsymbol{N}_{\text{ave}}=(n_{\text{ave}},n_{\text{ave}},n_{\text{ave}},\cdots,n_{\text{ave}},n_{\text{ave}}) \tag{2.3}$$

$$n_{\text{ave}}=\frac{\sum n_i}{50} \tag{2.4}$$

$$\begin{aligned} n&=\cos\langle \boldsymbol{N}_i,\boldsymbol{N}_{\text{ave}}\rangle \\ &=\frac{n_1n_{\text{ave}}+n_2n_{\text{ave}}+n_3n_{\text{ave}}+\cdots+n_{49}n_{\text{ave}}+n_{50}n_{\text{ave}}}{\sqrt{n_1^2+n_2^2+n_3^2+\cdots+n_i^2+\cdots+n_{49}^2+n_{50}^2}\sqrt{n_{\text{ave}}^2+n_{\text{ave}}^2+n_{\text{ave}}^2+\cdots+n_{\text{ave}}^2+n_{\text{ave}}^2}}\end{aligned} \tag{2.5}$$

式中，n_i 为第 i 个分割区域内某种颗粒的数量，n_{ave} 为各个分割区域颗粒数的平均值，$\boldsymbol{N}_i$ 为矿物数量分布向量，$\boldsymbol{N}_{\text{ave}}$ 为均质各向同性矿物数量分布向量，n 为向量 $\boldsymbol{N}_i$ 和向量 $\boldsymbol{N}_{\text{ave}}$ 夹角的余弦，反映了两个向量之间的夹角，即两个向量的接近程度。当 n=1 时，两个向量方向相同，此时矿物颗粒的空间分布符合均匀各向同性体的分布特征。随着 n 接近 0，向量 $\boldsymbol{N}_i$ 越偏离向量 $\boldsymbol{N}_{\text{ave}}$，矿物颗粒数量随坐标的变化越剧烈。因此参数 n 反映了一种矿物颗粒空间分布的均质程度，故称为颗粒空间分布均质系数。

2.3.2 不同深度页岩矿物颗粒空间分布各向异性特征

图 2.49、图 2.50 分别为不同深度页岩、不同颗粒坐标总体方差和空间分布均匀系数 n 随角度的变化规律。

由图 2.49 可见，不同深度页岩矿物颗粒空间坐标总体方差随旋转角度的关系如下：

（1）4301m 深度的页岩中孔隙与有机质随试件角度发生变化最为明显，伊利石和石英的空间分布特征随角度的变化没有孔隙与有机质明显。这说明在 4301m 深度的页岩中，孔隙与有机质空间分布的各向异性是颗粒空间分布特征各向异性的主要原因。

（2）4314m 深度页岩中石英矿物颗粒的不同角度 x、y 轴方向总体方差变化最小，空间的各向异性不明显。伊利石和孔隙与有机质的总体方差都随旋转角度呈现出较为明显的变化，其中伊利石的总体方差变化规律与理想各向同性体较为为接近。

（3）4327m 深度中石英矿物的位置坐标总体方差随角度变化最大。

综上，不同深度页岩主要矿物的总体方差都随旋转角度呈现较为明显的变化。同时，随着深度变化，不同矿物的总体方差随旋转角度的变化程度发生改变。

由图 2.50 可见，不同深度页岩空间分布均质系数随旋转角度的关系如下：

（1）4301m 深度页岩中孔隙与有机质随旋转角度变化最为明显，说明该深度页岩空间分布各向异性特征主要反映在该深度页岩中的孔隙与有机质中，与总体方差的结果相符。

（2）4314m 深度页岩中伊利石的空间分布方向性比较明显，其变化规律为在 0° 的情况下接近层理软弱面方向，此时 y 轴方向沿着层理面方向，颗粒的空间分布不受层理面的影响，因此颗粒空间分布均质程度比较高。而 x 轴方向因为垂直于层理面方向，受层理面影响，其空间分布数量在层理面和基质面中不断交替，颗粒数量的非均质和变化比较明显，空间分布的均匀性变差，因此空间分布均质系数降低。当角度旋转 45° 时，矿物颗粒关于 x、y 轴对称，此时两个坐标方向的空间分布均质系数接近。该分布规律与矿物空间坐标总体方差得到的结果相符。4327m 深度页岩中伊利石的空间分布随角度变化最为剧烈且无规则，而石英和孔隙都在较小的范围变化。

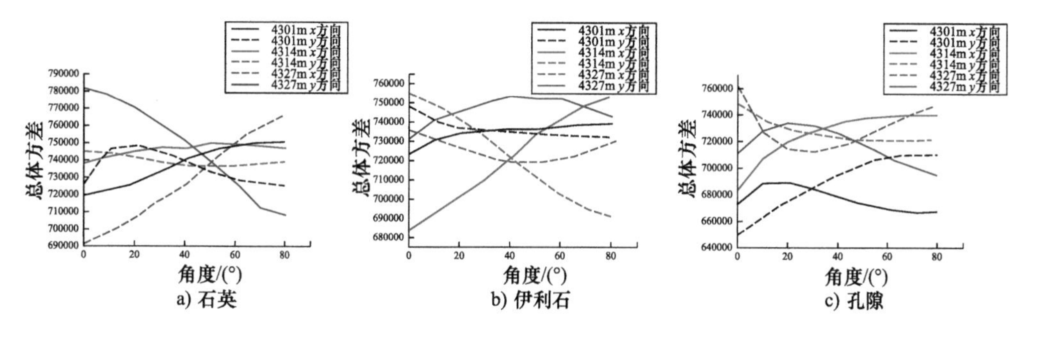

a) 石英　b) 伊利石　c) 孔隙

图 2.49　不同深度页岩矿物颗粒总体方差特征

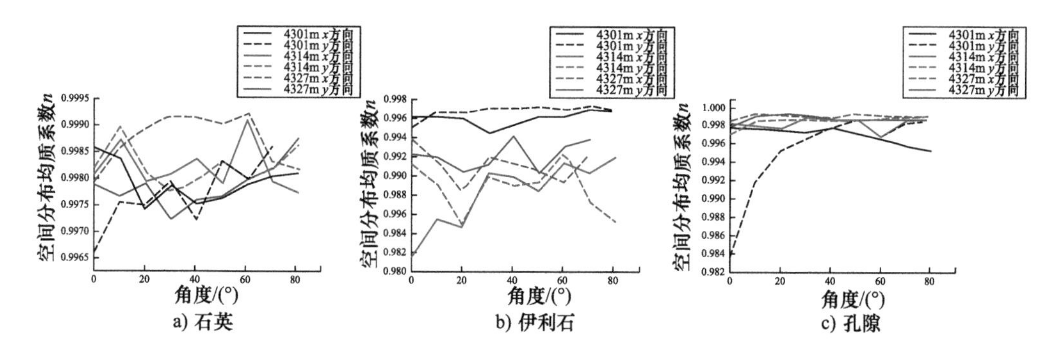

a) 石英　b) 伊利石　c) 孔隙

图 2.50　不同深度页岩矿物颗粒空间分布均质系数 n 特征

以上分析发现，不同颗粒坐标总体方差和空间分布均匀系数 n 都能够反映出颗粒空间分布的各向异性特征。两者相比，总体方差相比于空间均质系数对空间分布的变化更为敏感，但是总体方差变化的影响因素较为复杂，物理意义不明确，适合快速定性的研究。空间分布均质系数相比于总体方差能够反映出岩石矿物空间分布与均匀分布之间的偏离程度，具有明确的物理意义，但是均质系数计算较为复杂。

综上，总体方差计算更加方便，敏感性更高，但物理意义不明确，空间分布均质系数具有明确的物理意义但是计算复杂，两者都能用来描述颗粒的空间分布特征。不同深度页岩空间分布特征方向性体现在不同的矿物颗粒上，呈现出不同的规律：4301m 深度页岩具有矿物空间分布的方向性主要体现在孔隙与有机质；而 4314m 深度页岩的伊利石矿物具有明显的空间分布随角度发生明显变化；4327m 深度页岩通过总体方差和空间分布均质系数计算得到的随角度变化最大的颗粒分别为石英和伊利石矿物。以上说明矿物颗粒空间分布特征是页岩层状结构各向异性随深度发生变化的一个重要因素。

第3章 层状页岩各向异性破坏特征及强度准则修正

页岩各向异性破坏行为及强度准则是水力压裂和井壁稳定性分析的关键，而层状页岩矿物颗粒的方向性特征会影响层状页岩破坏模式的各向异性。因此，本章针对不同微观结构页岩的各向异性破坏特征进行研究，并根据实验结果修正页岩强度准则。通过单轴加载和 CT 扫描试验，观察单轴加载过程中层状页岩的裂隙发育情况，分析层状页岩破坏过程的各向异性特征。基于 Hoek-Brown 准则的断裂力学理论和实验结果，建立初始裂纹沿层理起裂条件，并推导了初始裂纹沿层理扩展应满足的条件，进而建立了 Hoek-Brown 强度准则的修正模型。

3.1 原位加载 CT 扫描试验介绍

1. 试验样品

本试验所用的页岩样品取自中国川南地区下志留统下部埋深分别为 4301m、4314m、4327m 的龙马溪页岩组黑色页岩，下志留统龙马溪组页岩被认为是页岩气发育最有利的层系。该区块页岩储层的层理发育，层理纹路明显[148]，岩石表现出强烈的非均质性。在原岩页岩试块上，按不同角度钻取岩芯，如图 3.1 所示，每个角度钻取 2 个岩芯样品，将所有测试样品制备成直径为 4mm、高度为 8mm 的圆柱形，并对试件进行切割、打磨、抛光，尺寸误差控制在 ±0.3mm。试件编号及相应试件的试验类型见表 3.1。

2. 试验方法

本试验利用如图 3.2 所示的 DEBEN 原位加载台和蔡司 xradia 510 Versa 3D X 射线显微 CT，对不同层理角度页岩试件进行原位加载及破坏后进行 CT 扫描试验。CT 扫描设备主要由三部分组成：X 射线源、旋转台和探测器。X 射线源的电压范围在 30 ~ 140kV 之间，CT 的 3D 空间最小分辨尺寸可以达到 0.7μm。将页岩试件放置于单

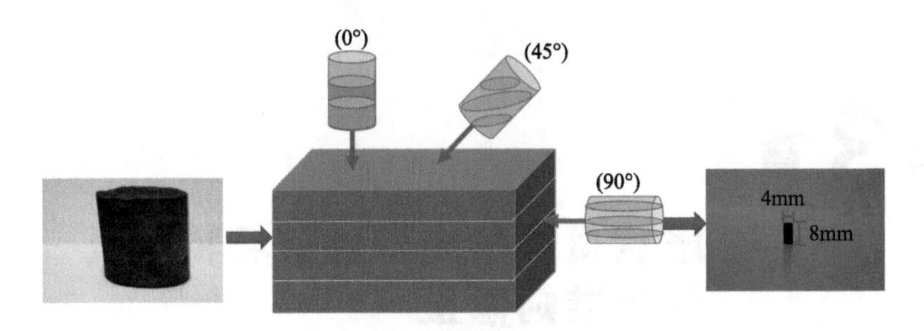

图 3.1 钻芯示意图

表 3.1 样品名称及试验类型

样品名称	深度 /m	试验类型		
		单轴	单轴 +CT	单轴 +CT+DVC
4301-0°-1	4301	*		
4301-90°-1	4301	*		
4314-0°-1	4314	*		
4314-45°-1	4314	*		
4314-90°-1	4314	*		
4327-0°-1	4327	*		
4327-90°-1	4327	*		
4301-0°-2	4301	*	*	
4301-90°-2	4301	*	*	
4314-0°-2	4314	*	*	*
4314-45°-2	4314	*	*	*
4314-90°-2	4314	*	*	*
4327-0°-2	4327	*	*	
4327-90°-2	4327	*	*	

注：* 表示该样品开展了对应试验。

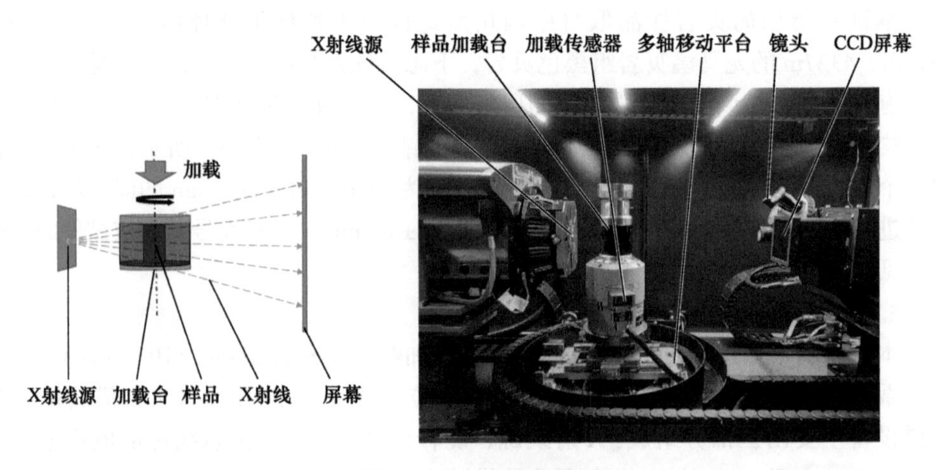

图 3.2 CT 扫描系统

轴加载装置的平台上，加载装置的最大加载力为5kN，位移加载速率在0.01 ~ 3mm/min范围内。试验时将试件和加载装置固定在CT系统的旋转台上，通过电脑终端实时控制加载进程并记录力和位移变化曲线。由于本试验所用试件尺寸较小，为了保证能观测到样品在变形及破坏后的完整形态且不会对试件及试验设备产生较大影响，在单轴压缩前用薄聚合物膜包裹试件侧面，同时对样品两端涂抹凡士林润滑以减小摩擦、偏心加载以及端面效应的影响。

（1）原位加载CT扫描试验：对各试件开展等位移单轴压缩加载试验，位移加载速率设定为0.01mm/min。试件的初始扫描点都设置在加载初期，最后一次扫描点在试件破坏后。试件加载到预设的扫描点时，停止加载并保持轴向位移恒定。使用电压为80kV、功率为7W的X射线进行扫描，X射线会穿透页岩试件，在探测器上记录垂直投影，旋转台每旋转一定角度拍摄一张投影，总共旋转360°，得到试件的全部投影，投影体素尺寸为14.7211μm × 14.7211μm × 14.7211μm，每个扫描点3D图像数据集包括1010张TIFF切片。

数据处理首先将得到的CT图像用三维可视化分析软件AVIZO进行三维重构，调整重构图像的对比度，使用AVIZO锐化模块对图像质量进行基础性处理，再利用非局部均值滤波（Non-local Means Filter）进行图像降噪，减小CT扫描时由于设备状态不稳定产生的图像噪声。最后通过图像分割中的交互式阈值分割（Inter-active Thresh-olding）和顶帽（Top-hat）法提取三维裂缝网络模型，数据处理流程如图3.3所示。

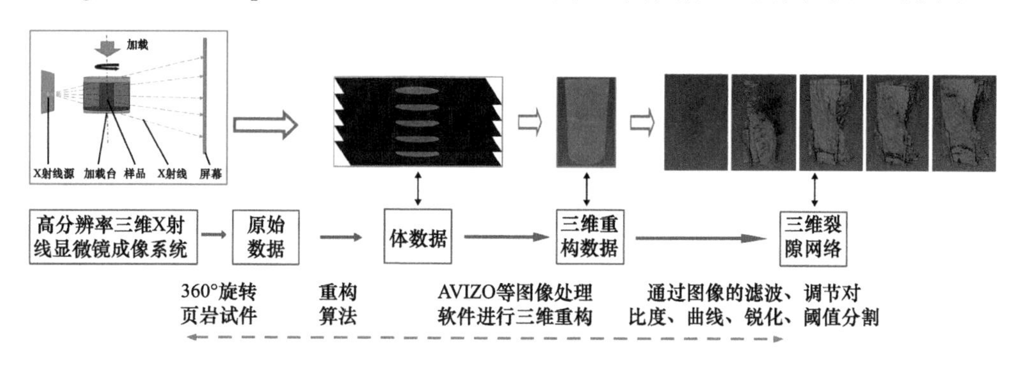

图3.3 CT数据处理流程

（2）破坏后高分辨CT扫描试验：为了更加清晰地观察破坏后试件中微小裂纹的发育情况，同时去除边缘效应的影响，选取破坏后的试件中间圆柱形区域进行高精度的CT扫描，对破坏后的试件孔隙情况进行细观定量研究。扫描过程的CT参数设置为：电压80kV、功率7W、单位体素尺寸为0.99μm × 0.99μm × 0.99μm、曝光时间6s、扫描角度360°、扫描图片3001张、重构张数992张。

对扫描得到的CT数据进行处理，如图3.4所示。首先对高分辨CT数据进行Non-location均值滤波。为了保证滤波的质量，Non-location均值滤波参数设置如下：

空间标准差设为 3，强度标准差设为 0.2，搜索窗口像素设为 12，邻域像素设为 5；然后调节图像的对比度、亮度、灰度直方图并锐化图像；最后对处理后的 CT 数据利用分水岭阈值分割，通过阈值分割提取试件中的孔隙。

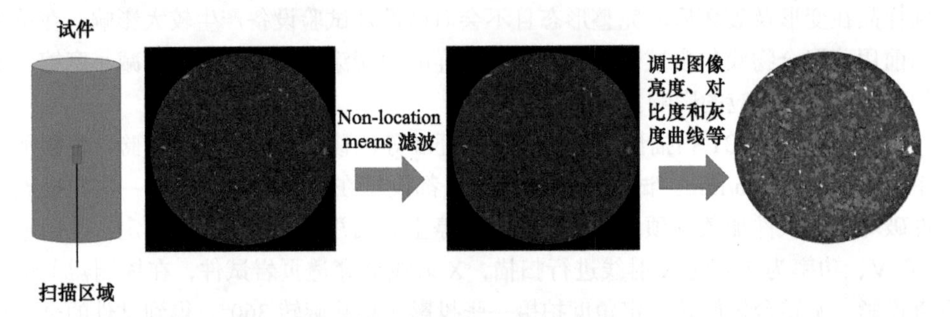

图 3.4　高分辨率 CT 扫描区域与数据处理过程

利用曲面转动惯量协方差矩阵 $\boldsymbol{M}$ 的最大特征值与 z 轴夹角 φ 定义曲面角度。协方差矩阵的计算过程如下：

$$M_{1x}=\frac{1}{A(X)}\int_X x\mathrm{d}x\mathrm{d}y\mathrm{d}z,\quad M_{1y}=\frac{1}{A(X)}\int_X y\mathrm{d}x\mathrm{d}y\mathrm{d}z,\quad M_{1z}=\frac{1}{A(X)}\int_X z\mathrm{d}x\mathrm{d}y\mathrm{d}z \tag{3.1}$$

$$\begin{cases} M_{2x}=\frac{1}{A(X)}\int_X (x-M_{1x})^2\mathrm{d}x\mathrm{d}y\mathrm{d}z \\ M_{2y}=\frac{1}{A(X)}\int_X (y-M_{1y})^2\mathrm{d}x\mathrm{d}y\mathrm{d}z \\ M_{2z}=\frac{1}{A(X)}\int_X (z-M_{1z})^2\mathrm{d}x\mathrm{d}y\mathrm{d}z \\ M_{2xy}=\frac{1}{A(X)}\int_X (x-M_{1x})(y-M_{1y})\mathrm{d}x\mathrm{d}y\mathrm{d}z \\ M_{2xz}=\frac{1}{A(X)}\int_X (x-M_{1x})(z-M_{1z})\mathrm{d}x\mathrm{d}y\mathrm{d}z \\ M_{2yz}=\frac{1}{A(X)}\int_X (y-M_{1y})(z-M_{1z})\mathrm{d}x\mathrm{d}y\mathrm{d}z \end{cases} \tag{3.2}$$

$$\boldsymbol{M}=\begin{bmatrix} M_{2x} & M_{2xy} & M_{2xz} \\ M_{2xy} & M_{2y} & M_{2yz} \\ M_{2xy} & M_{2xy} & M_{2z} \end{bmatrix} \tag{3.3}$$

$A(X)$ 为单个裂纹曲面面积；x, y, z 为单个裂纹曲面内各点坐标；M_{1x}, M_{1y}, M_{1z} 组成单个裂纹曲面的一阶矩；$M_{2x}, M_{2y}, M_{2z}, M_{2xy}, M_{2xz}, M_{2yz}$ 组成单个裂纹曲面的二阶矩；$\boldsymbol{M}$ 为单个裂纹曲面转动惯量协方差矩阵。曲线转动惯量协方差矩阵的最大特征值方向能够很好地反映曲面的方向，因此将裂纹曲面转动惯量协方差矩阵最大特征值的方向作为裂纹方向。根据上述裂纹方向的计算，在球坐标系下一个扁平的水平裂纹的角度为 90°，一个竖直的长圆柱的角度为 0°，如图 3.5 所示。利用 AVIZO 软件完成上述细观裂纹体积和角度的统计分析。

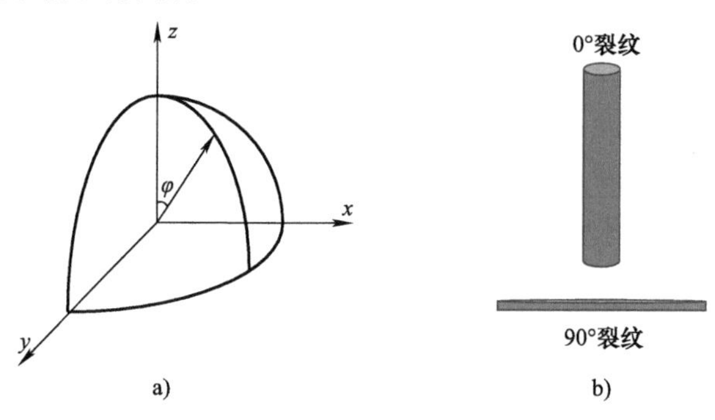

图 3.5 体积和角度分布情况

3.2 单轴加载条件下层状页岩裂缝演化特征

1. 4301m 深度层状页岩裂缝演化过程

4301m 深度页岩的载荷 - 位移曲线如图 3.6 所示，基本力学性质见表 3.2。由于软弱黏土矿物伊利石含量高，4301m 深度页岩强度更低，弹性模量更小。为了优化试件数量并控制试验成本，同时体现不同深度页岩各向异性特征，4301m 深度页岩选取水平和垂直两个层理角度进行分析。下面分别对该深度页岩水平和垂直层理页岩裂隙演化进行分析。

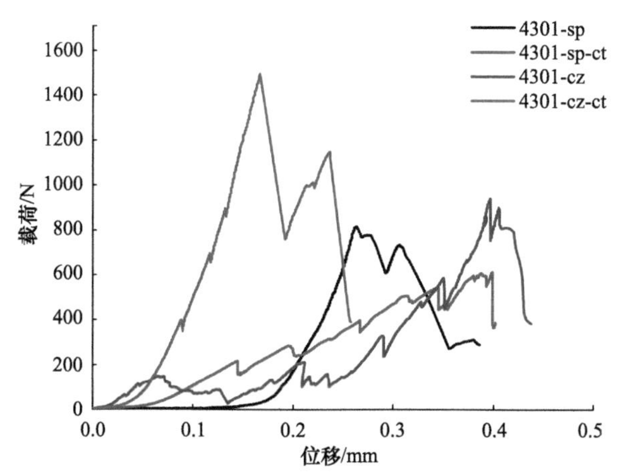

图 3.6 4301m 深度层状页岩载荷 - 位移曲线

表 3.2　4301m 深度层状页岩基本力学性质

样品名称	峰值应力 /MPa	峰值应变（%）	弹性模量 /GPa
4301-sp	60.89	3.33	5.25
4301-sp-ct	45.64	5.14	1.45
4301-cz	69.31	4.96	3.80
4301-cz-ct	108.62	2.14	7.95

（1）水平层理角度页岩加载过程裂隙演化分析。

4301m 深度水平层理页岩 CT 扫描点设置如图 3.7 所示。4301m 深度水平层理页岩加载过程中裂隙的发育演化过程如图 3.8 所示。4301m 深度水平层理页岩试件中裂隙出现较早，以与层理面相交的倾斜剪切破坏为主。

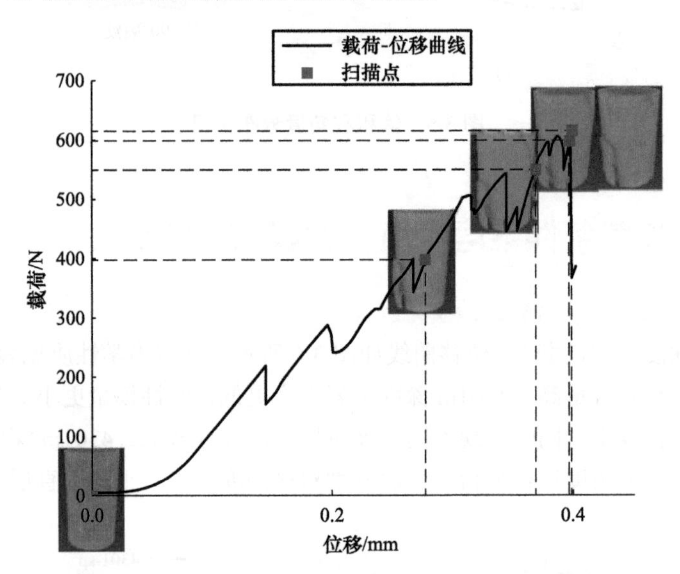

图 3.7　4301-sp-ct 载荷 - 位移曲线与扫描点的选取

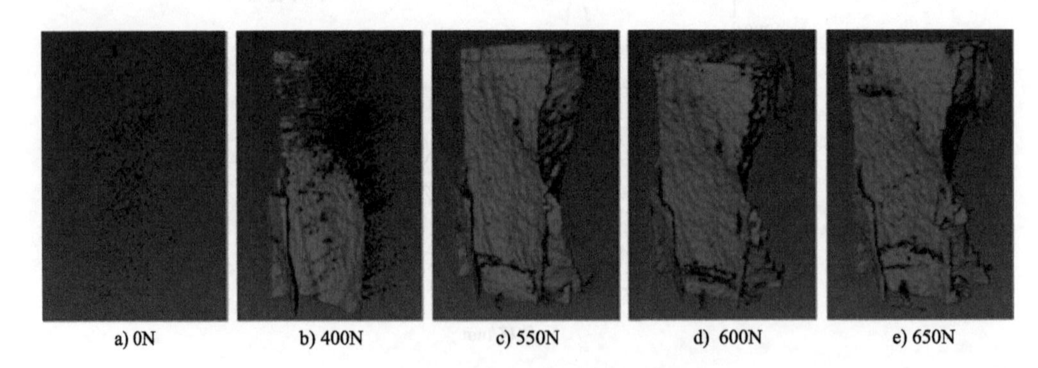

图 3.8　4301-sp-ct 加载过程 CT 扫描图

图 3.9 为载荷 0N 下 4301m 深度水平层理页岩单轴压缩过程 CT 扫描的横截面照片和竖直剖面图。在第 35 张横截面照片中，样品左侧存在一处较为细长的裂隙。通过其相邻横截面照片观察，该处裂隙方向与层理面相交。大多数横截面 CT 照片与第 401 张横截面照片相似，没有微裂隙存在且矿物较为均匀地分布在横截面上。通过对竖直剖面照片的观察，可以清晰地看到暗色密度低的矿物成层地分布在页岩中，呈现出较为明显的层状层理结构；而亮色的高密度矿物则较为零散、均匀地分布在样品的竖直平面上。通过横截面图片和纵剖面图片可以发现，该样品存在个别初始微裂隙且层理结构较为明显。

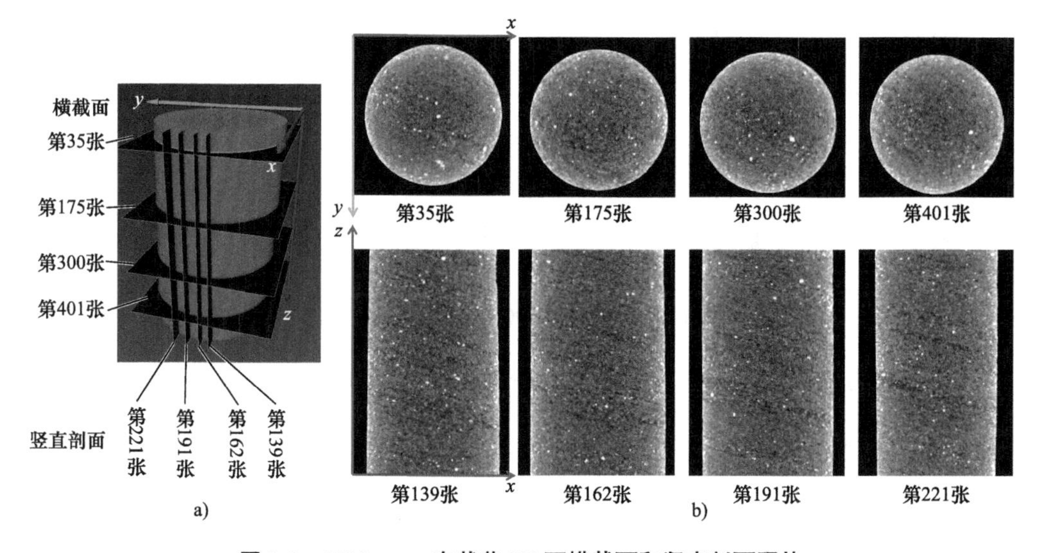

图 3.9　4301-sp-ct 在载荷 0N 下横截面和竖直剖面照片

图 3.10 为载荷 400N 下 4301m 深度水平层理页岩单轴压缩过程 CT 扫描的（与 0N 时相同位置）横截面照片和竖直剖面图。横截面照片显示试件中有初始裂隙的发育和新裂隙生成。这是由于载荷增加使得试件内部切应力增加，从而裂隙发生起裂扩展。第 401 张照片靠近样品的端部，由于试件尺寸较小加上端部效应，使得该处裂隙网络发育更大。竖直剖面照片可以更好地观察到裂纹的起裂和扩展情况。在竖直剖面照片中可以看到从样品端部起裂，沿竖直方向向试件中部扩展的裂隙。观察裂纹形态可以发现，裂纹受压缩应力作用沿竖直方向起裂扩展。同时，由于层理面的存在使得裂纹的扩展路径中间发生微弱的偏转，呈现“锯齿状”的裂隙路径。第 572 张竖直剖面照片显示，除了沿竖直方向的剪切裂纹，还会有倾斜的剪切裂纹在该阶段扩展。综上，该应力状态下样品初始微裂纹发育扩展，同时有“锯齿状”的剪切裂纹生成。

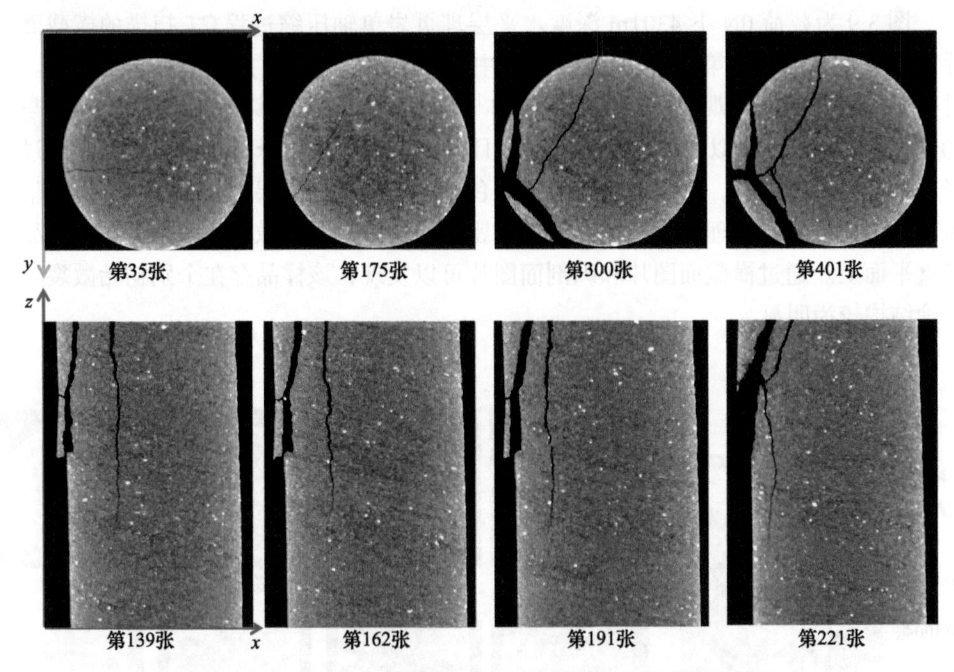

图 3.10　4301-sp-ct 在载荷 400N 下横截面和竖直剖面照片

图 3.11 为载荷 550N 下 4301m 深度水平层理页岩单轴压缩过程 CT 扫描的（与 0N 时相同位置）横截面照片和竖直剖面图。观察第 35 张左右处横截面照片，可以发现裂隙网络在该阶段快速发育扩展，裂缝网络更加复杂。进一步对竖直剖面的图片进行观察可以发现，裂纹已经贯穿上下两端，同时有新的裂纹生成，并与贯穿裂纹汇聚。同时还可以发现，在试件中间处有出现损伤区域，从损伤区域边缘轮廓有沿层理方向“锯齿”出现，这反映了层理面在该过程中的作用。试件中微缺陷、微孔隙受到应力作用沿加载方向起裂，同时由于层理软弱面的存在，使得其起裂扩展路径发生改变。观察第 191 张竖直剖面照片可以发现，裂缝以倾斜的剪切裂纹为主。综上，页岩裂隙网络在该阶段迅速发育，层理面的作用效果并没有导致过多裂隙方向的改变，而是表现在裂隙锯齿状的边缘轮廓，试件中的裂隙以倾斜的剪切裂纹为主。

图 3.12 为载荷 600N 下 4301m 深度水平层理页岩单轴压缩过程 CT 扫描的（与 0N 时相同位置）横截面照片和竖直剖面图。观察横截面照片可以发现，裂隙网络在该阶段继续发育，主要以端部的裂隙网络发育为主，试件中间横截面的裂隙没有发生新的裂隙起裂和扩展。对竖直剖面的图片进行观察，相比于上一阶段裂隙没有较为明显的发育，只是表现出在损伤区域较小的范围内增加。

图 3.13 为载荷 650N 下 4301m 深度水平层理页岩单轴压缩过程 CT 扫描的（与 0N 时相同位置）横截面照片和竖直剖面图。此时试件达到峰值强度，在一些横截面照片中可以发现新裂隙的起裂扩展，裂隙网络更为明显。对竖直剖面的图片进行观

察，相比于试件中部，试件端部的裂隙变化更加明显。

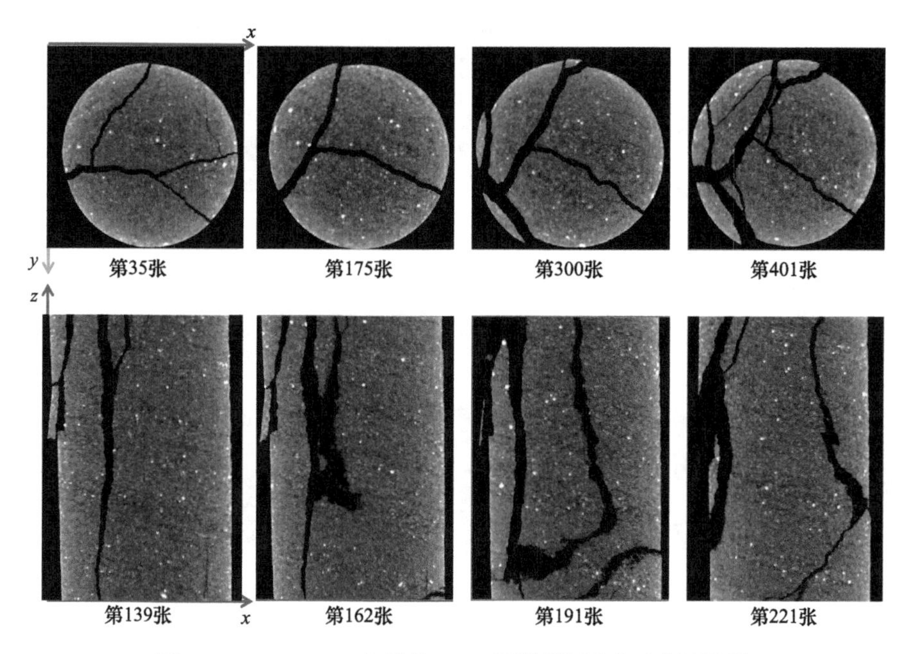

图 3.11 4301-sp-ct 在载荷 550N 下横截面和竖直剖面照片

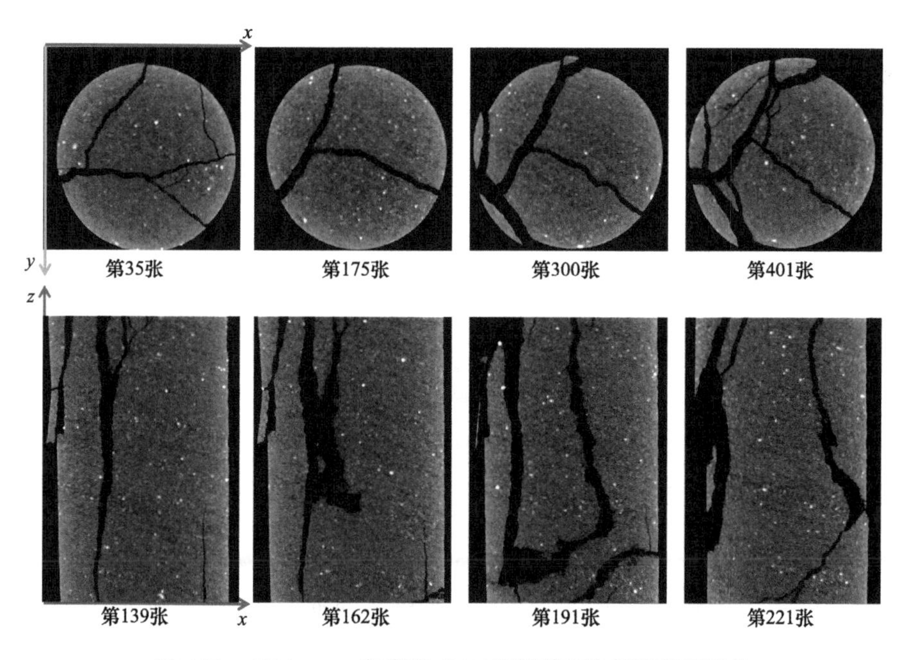

图 3.12 4301-sp-ct 在载荷 600N 下横截面和竖直剖面照片

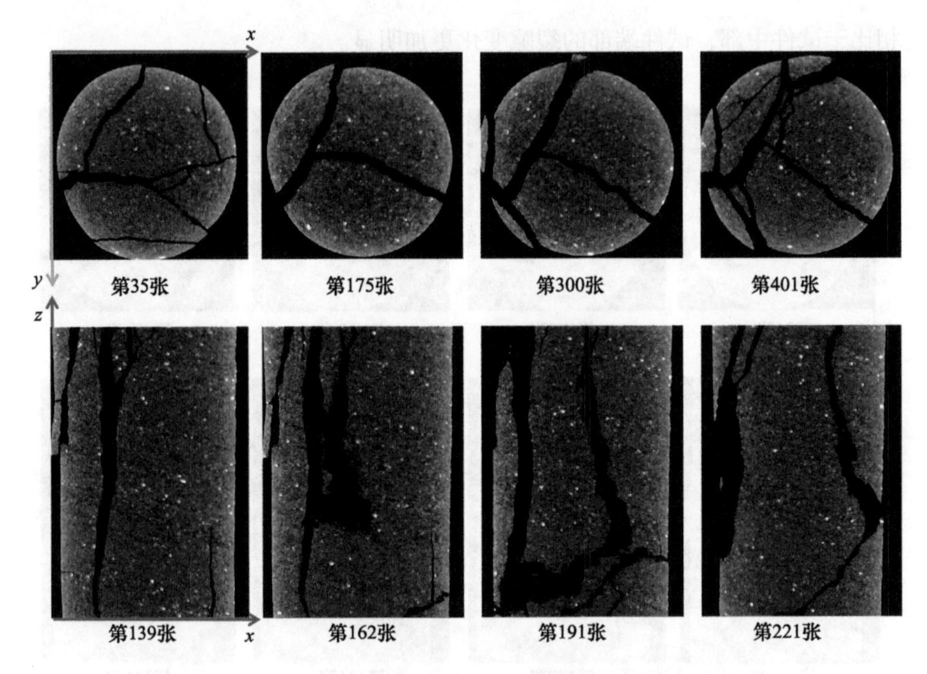

图 3.13　4301-sp-ct 在载荷 650N 下横截面和竖直剖面照片

（2）垂直层理角度页岩加载过程裂隙演化分析。

4301m 深度垂直层理页岩 CT 扫描点设置如图 3.14 所示。4301m 深度垂直层理页岩加载过程中裂隙的发育演化过程如图 3.15 所示。4301m 深度垂直层理页岩试件中裂隙出现较晚，以沿层理方向劈裂破坏为主。

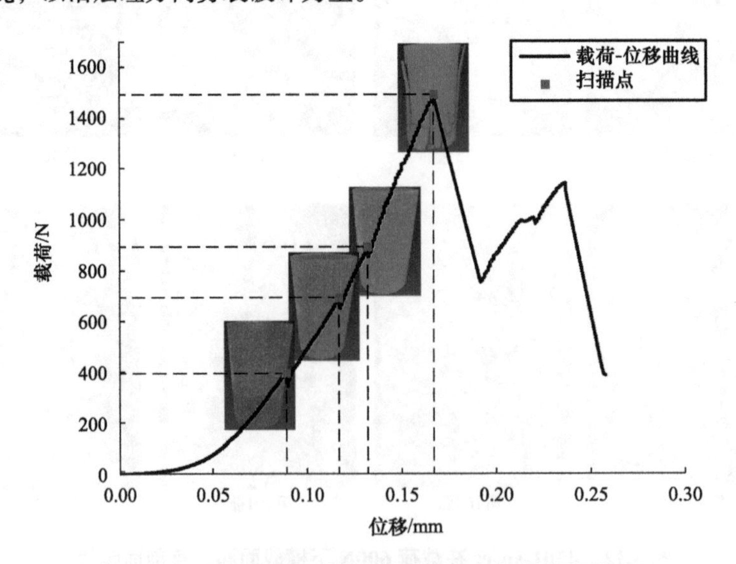

图 3.14　4301-cz-ct 载荷 - 位移曲线与扫描点的选取

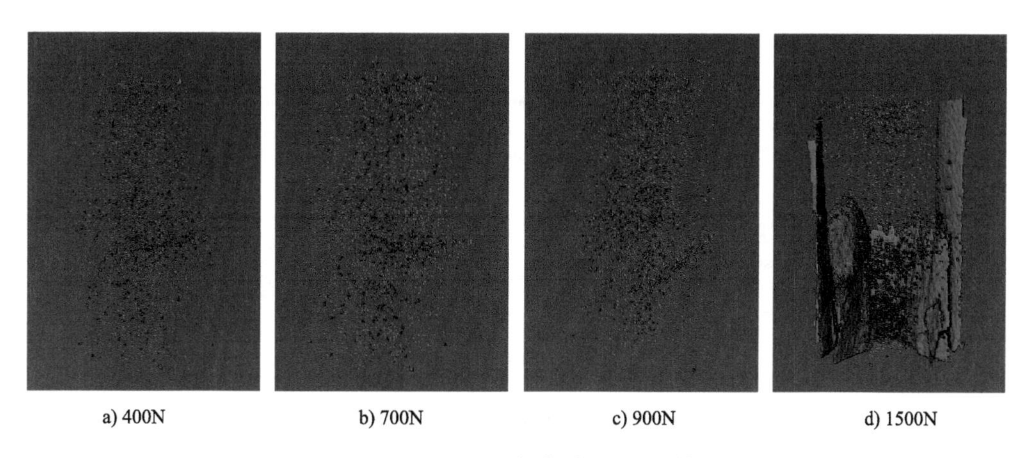

图 3.15　4301-cz-ct 加载过程 CT 扫描图

图 3.16 为载荷 400N 下 4301m 深度垂直层理页岩单轴压缩过程 CT 扫描的横截面照片和竖直剖面图。一些横截面中存在微小的初始孔隙和缺陷。在第 280 张照片上部有较长的微裂隙，该处微裂隙的方向也是层理面的方向，同时发亮的高密度矿物在试件中呈现带状分布。对竖直剖面照片进行观察，可以发现有竖直方向的微裂隙。放大微裂隙处（见图 3.17）可以发现，微裂隙的方向其实有竖直的层理方向也有与层理面相交的倾斜方向，这点与第 2 章中的矿物特征分析结果吻合。通过对垂直层理页岩在压密阶段末期的 CT 图像的观察可以发现，高密度矿物呈现带状集中分布。试件中存在微裂隙，方向受层理软弱面影响，以层理面方向为主，但并不总是沿层理方向。

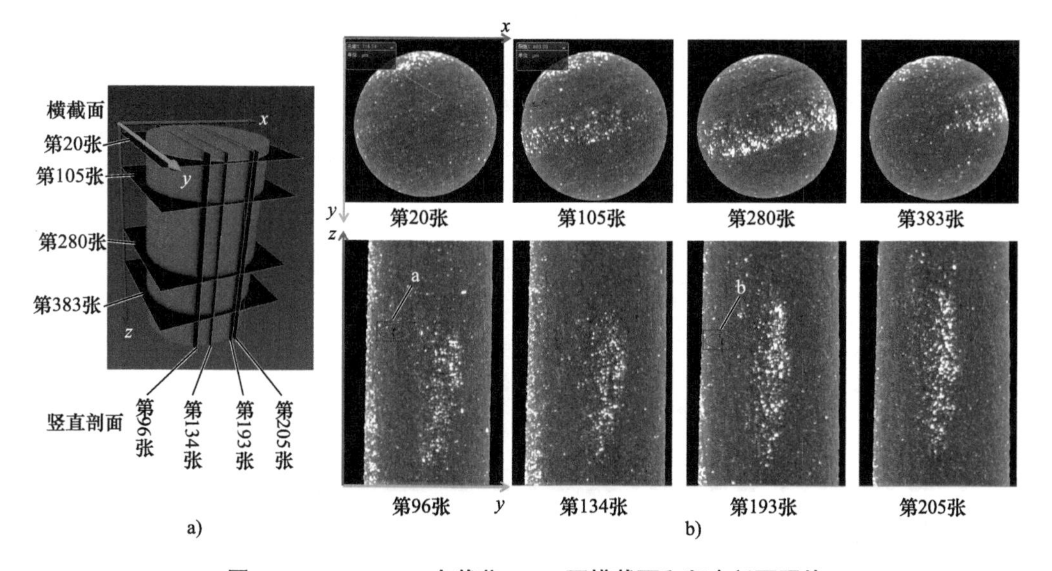

图 3.16　4301-cz-ct 在载荷 400N 下横截面和竖直剖面照片

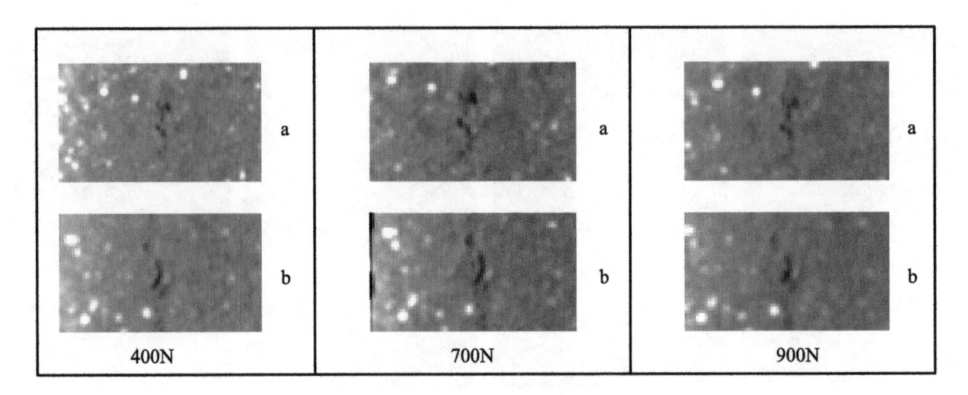

图 3.17　4301-cz-ct 局部放大图

图 3.18 和图 3.19 分别为单轴载荷 700N 和 900N 下 4301m 深度垂直层理页岩单轴压缩过程 CT 扫描的（与 400N 时相同位置）横截面照片和竖直剖面图。如图 3.19 所示，在第 20 张横截面照片处微裂纹没有明显的发育扩展也没有新的微裂隙生成。不同加载阶段局部放大图（见图 3.17）对比观察发现，原有裂纹没有发生明显的扩展和发育。这说明试件在弹性阶段中内部裂隙没有明显变化，处于一种稳定的状态。

图 3.20 为载荷 1500N 下 4301m 深度垂直层理页岩单轴压缩过程 CT 扫描的（与 400N 时相同位置）横截面照片和竖直剖面图。此时，试件处在峰值载荷阶段。在横截面照片中可以发现，在试件边缘处有一些明显的裂纹，裂隙方向并没有沿层理面方

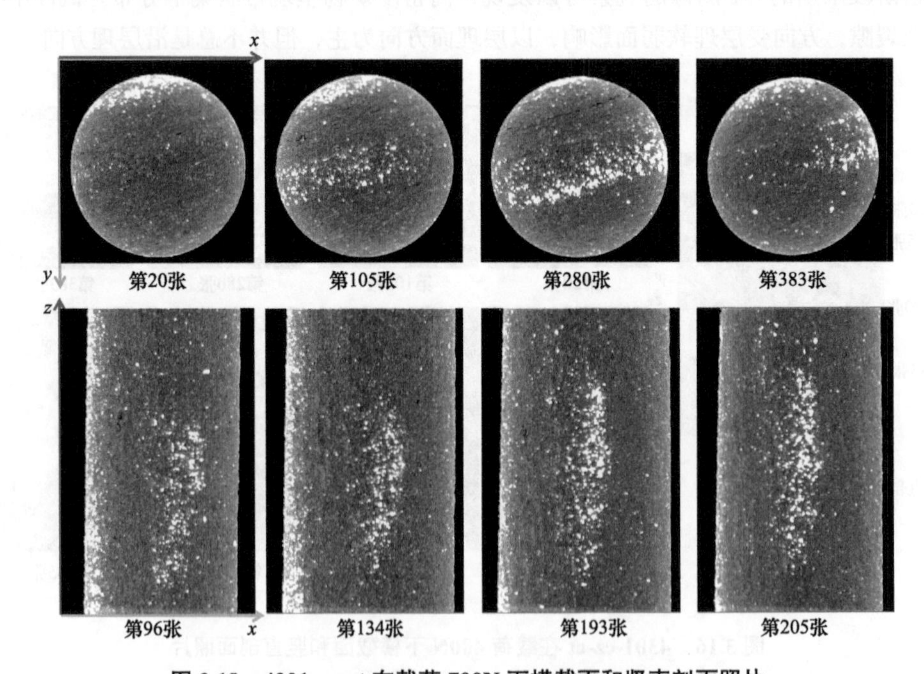

图 3.18　4301-cz-ct 在载荷 700N 下横截面和竖直剖面照片

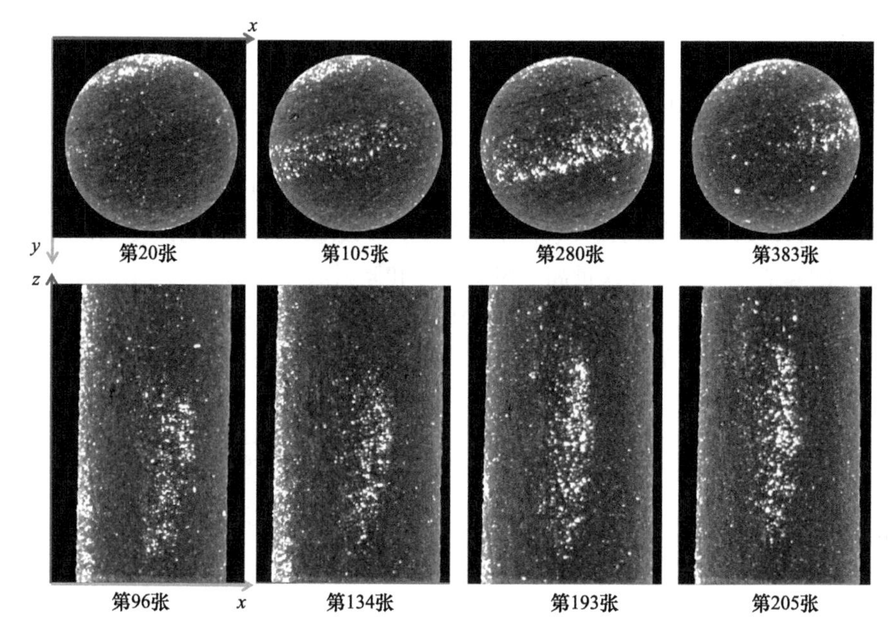

图 3.19 4301-cz-ct 在载荷 900N 下横截面和竖直剖面照片

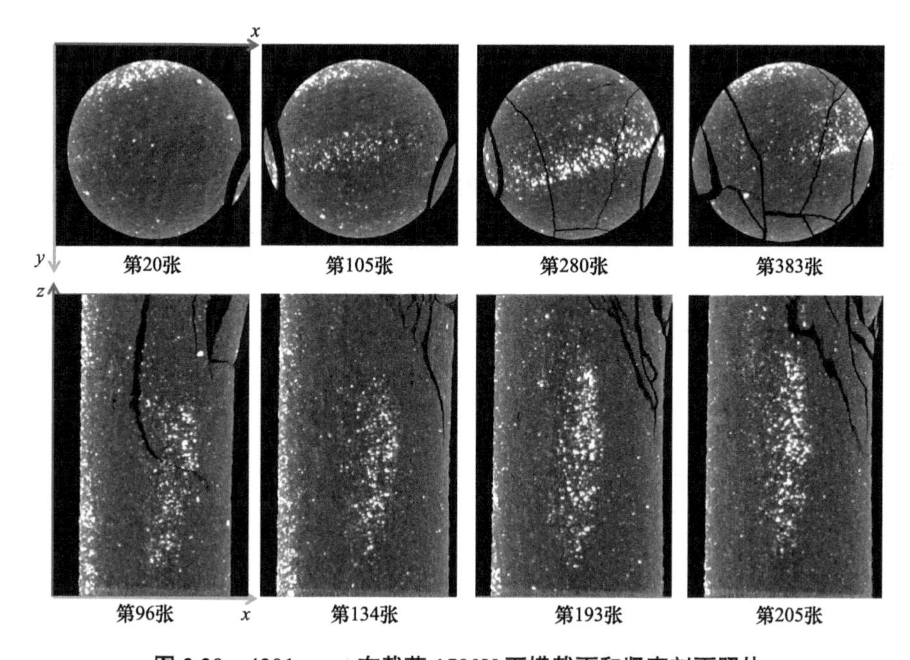

图 3.20 4301-cz-ct 在载荷 1500N 下横截面和竖直剖面照片

向，在试件端部裂隙条数增多。同时可以发现，在弹性阶段已经形成的初始裂隙并没有继续发育扩展。观察裂纹的扩展路径，可以看见在路径上会有短距离的沿层理方向扩展。对竖直剖面观察可以发现，裂隙以竖直劈裂为主，且不同竖直劈裂裂隙间有水平或倾斜裂纹连接。4301m 深度垂直层理页岩在破坏时，发生了试件边缘的脱落。破坏以竖直方向上的劈裂和边缘的剥落为主。

2. 4314m 深度层状页岩裂纹演化过程

4314m 深度不同层理角度页岩的载荷 - 位移曲线如图 3.21 所示，基本力学性质见表 3.3。可以发现，层状页岩破坏的基本力学参数随层理方向的改变而改变。水平层理试件的峰值应力和弹性模量高于竖直层理和倾斜层理的试件。水平层理页岩的载荷 - 位移曲线斜率最大，试件发生脆性破坏。倾斜层理试件在弹性阶段出现一段应力下降，说明此时试件内部已经发生较为明显的裂隙起裂扩展。竖直层理试件的弹性模量和峰值强度较小。

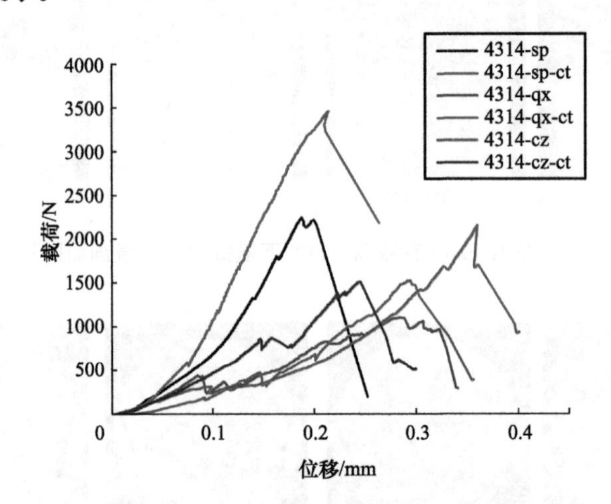

图 3.21　4314m 深度不同层理角度页岩载荷 - 位移曲线

表 3.3　4314m 深度层状页岩基本力学性质

样品名称	峰值应力 /MPa	峰值应变（%）	弹性模量 /GPa
4314-sp	166.75	2.43	7.16
4314-sp-ct	261.17	2.64	13.17
4314-qx	85.23	3.52	3.94
4314-qx-ct	122.03	3.80	6.07
4314-cz	159.58	4.42	5.11
4314-cz-ct	112.71	3.10	5.00

（1）水平层理角度页岩加载过程裂隙演化分析。

图 3.21 为 4314-sp-ct 载荷 - 位移曲线，根据 4314-sp 的载荷 - 位移曲线以及 4314-sp-ct 的实时加载过程，对单轴压缩的不同阶段进行扫描，其他试件扫描点的选取方法与该试件相同，如图 3.22 所示。4314m 水平层理页岩加载过程扫描点分别设置

在 0N、600N、1200N、1700N 和 3500N。4314-sp-ct 的加载过程 CT 扫描结果如图 3.23 所示。通过观察 4314m 深度水平层理页岩 CT 重构结果，发现该深度水平页岩发生脆性破坏，破坏裂隙以倾斜的剪切裂隙为主。

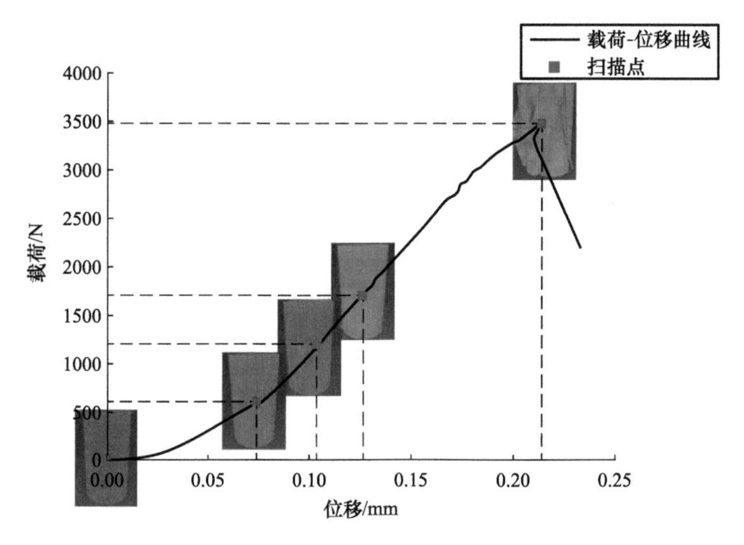

图 3.22 4314-sp-ct 载荷 - 位移曲线与扫描点选取

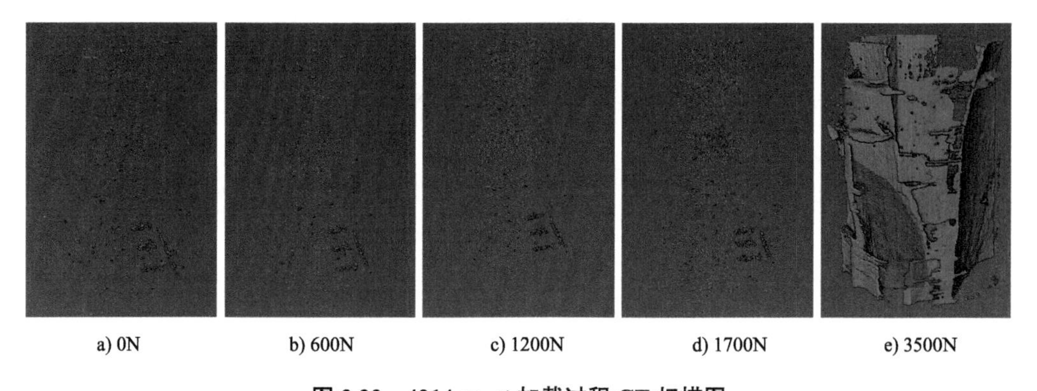

图 3.23 4314-sp-ct 加载过程 CT 扫描图

接下来对破坏过程中扫描点处的截面图和竖直剖面图中裂隙发育特点进行分析。试件横截面和竖直剖面选取如图 3.24a 所示。

图 3.24 为载荷 0N 下 4314m 深度水平层理页岩单轴压缩过程 CT 扫描的横截面照片和竖直剖面图。在一些横截面照片中有缺陷的存在，只有少数横截面像第 280 张照片一样，没有较明显的缺陷。在竖直剖面扫描照片上可以明显地观察到层状岩石的亮色密度较大的矿物呈层状分布，样品呈现较为明显的层状结构。结合 2.2 节的矿物分析结果，该亮色矿物很有可能是呈带状分布的白云石。对不同位置（a、b、c 处微裂

隙）的裂隙（见图 3.25）进行放大观察可以发现，这些裂隙大多沿层理方向分布在亮色高密度矿物的周围。综上，该深度水平层理页岩具有一些初始微缺陷和裂隙以及较为明显的层状结构，微裂隙大多分布在亮色高密度矿物周围且沿层理面方向。

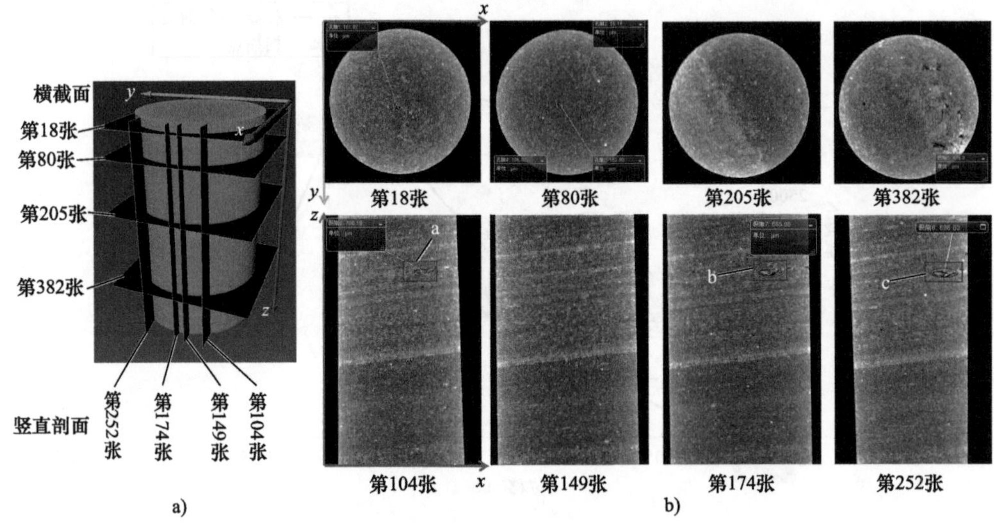

图 3.24　4314-sp-ct 在载荷 0N 下横截面和竖直剖面照片

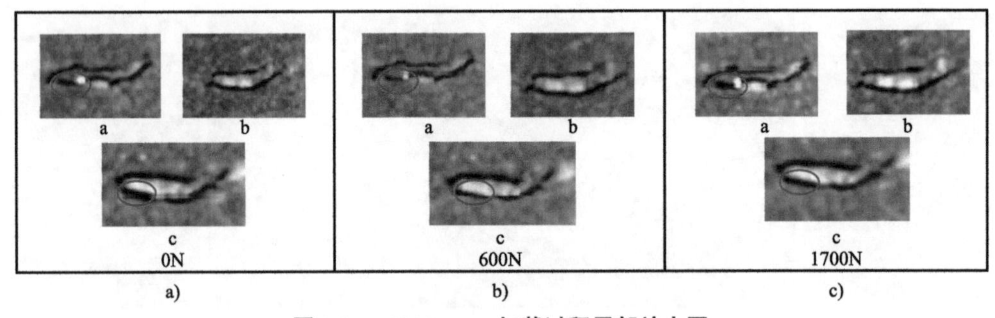

图 3.25　4314-sp-ct 加载过程局部放大图

图 3.26 为载荷 600N 下 4314m 深度水平层理页岩单轴压缩过程 CT 扫描的（与 0N 时相同位置）横截面照片和竖直剖面图，此时水平层理试件处于弹性的初始阶段。从横截面图片上看出，此时初始阶段观察到的初始微缺陷依然存在，且裂隙的形状和大小没有较明显的变化，裂纹处于较为稳定的状态。观察竖直剖面图片同样可以发现裂隙数量和大小没有明显变化。进一步将试件中的裂纹进行放大观察（见图 3.25b），发现大部分裂隙没有明显变化，只有 c 处裂隙放大图的裂隙左侧有一处较为明显的裂纹闭合。综上，裂隙在该阶段总体处于稳定的阶段，微缺陷裂隙的情况与初始状态基本相同，只有个别处的裂隙发生闭合。

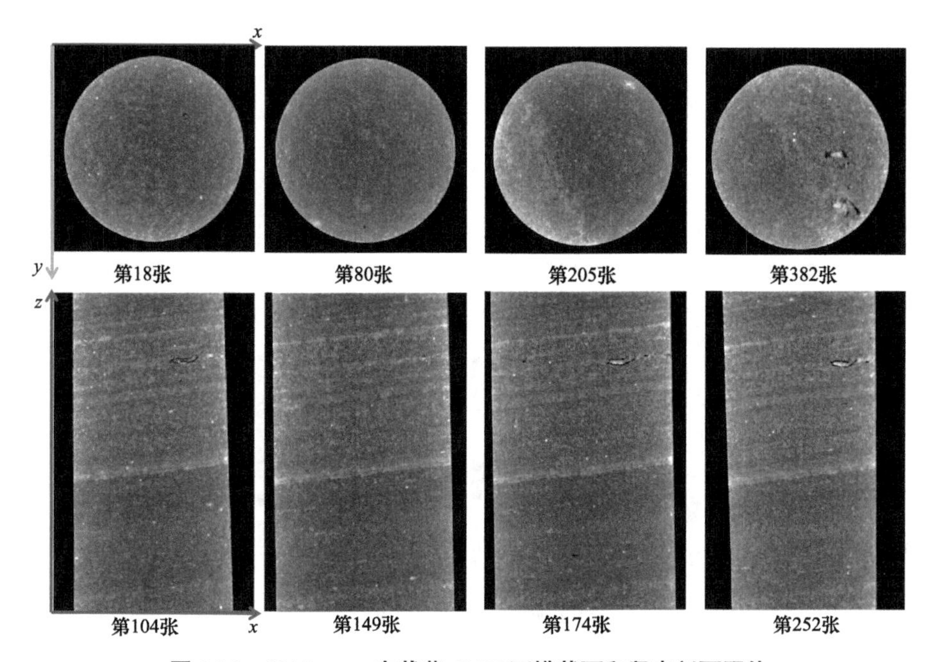

图 3.26　4314-sp-ct 在载荷 600N 下横截面和竖直剖面照片

图 3.27 为载荷 1200N 下 4314m 深度水平层理页岩单轴压缩过程 CT 扫描的横截面照片和竖直剖面图。图 3.28 为载荷 1700N 下 4314m 深度水平层理页岩单轴压缩过

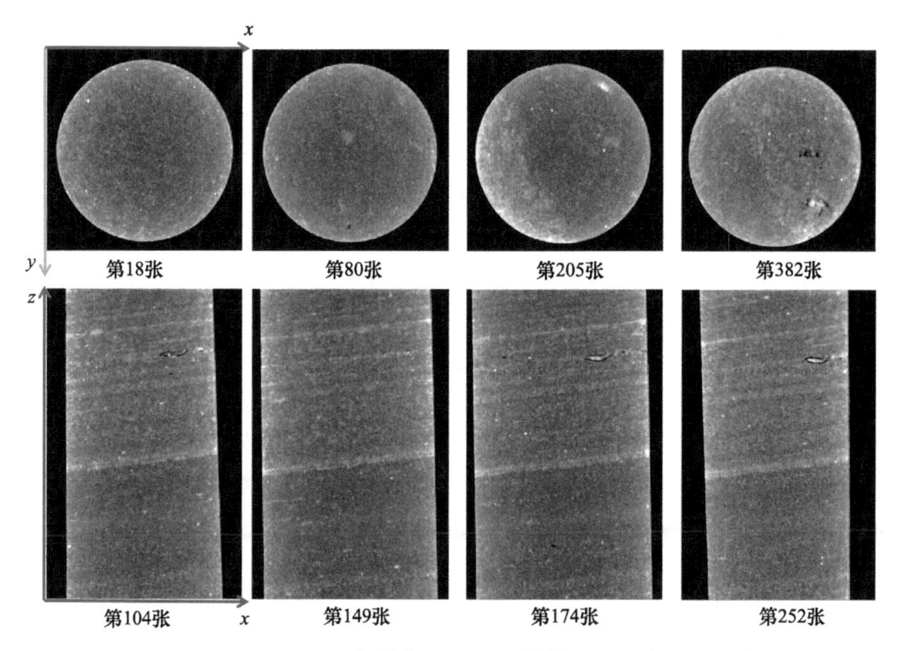

图 3.27　4314-sp-ct 在载荷 1200N 下横截面和竖直剖面照片

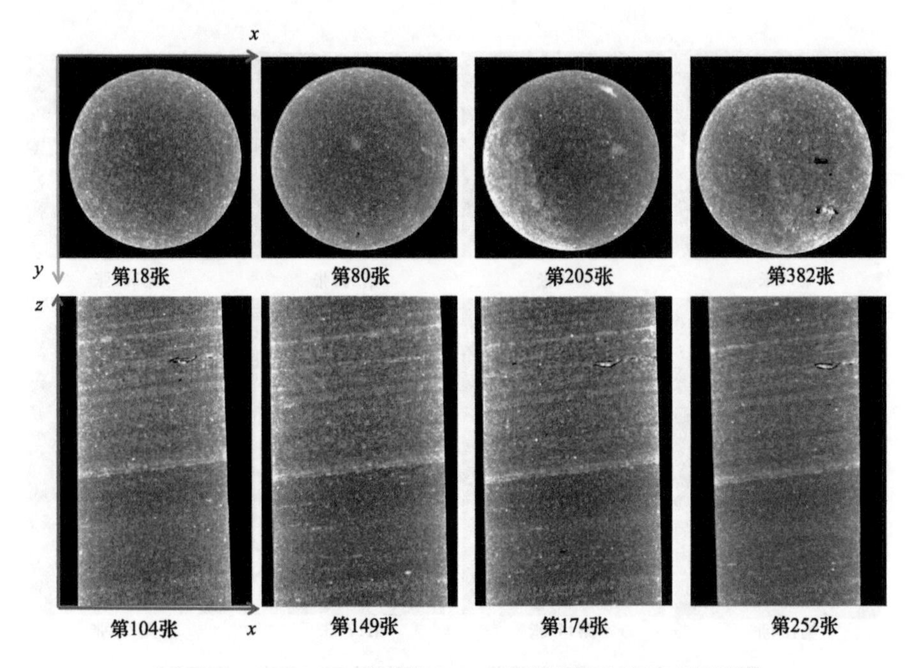

图 3.28　4314-sp-ct 在载荷 1700N 下横截面和竖直剖面照片

程 CT 扫描的（与 0N 时相同位置）横截面照片和竖直剖面图，虽然此时载荷增加明显，但是从载荷-位移曲线来看，层状页岩试件依然处于弹性阶段。在横截面、竖直剖面图和局部放大图中，裂隙数量、大小和形状上没有较为明显的变化，试件处于较为稳定的状态。综上，在线弹性阶段水平层理页岩的初始微缺陷、微裂纹依然处于稳定状态，没有发生明显的起裂扩展。

图 3.29 为载荷 3500N 下 4314m 深度水平层理页岩单轴压缩过程 CT 扫描的（与 0N 时相同位置）横截面照片和竖直剖面图，此时试件发生破坏，横截面和竖直截面图片中明显地看到破裂的发生。从横截面图上可以观察到复杂的裂隙网络，且裂隙网络没有明显的方向性。横截面图片上裂隙网络复杂程度也存在明显差异，这说明应力的分布情况由于试件尺寸的原因存在边缘效应。从竖直方向上可以清晰观察到裂隙的类型，发生破坏的裂隙以与竖直方向共轭的剪切破坏裂隙为主，并存在一些沿层理面的断裂（图中蓝色线段）。从裂纹形状判断，这些断裂的形成是由于倾斜的共轭剪切断裂发生后，裂纹尖端在切应力和层理软弱面的共同作用下发生的一小段沿层理面起裂扩展。综上，水平层理的页岩破坏形式以沿层理面的共轭剪切破坏为主，同时有极少量沿层理软弱面的水平剪切破坏。

（2）倾斜层理角度页岩加载过程裂隙演化分析。

4314-qx-ct 试件分别在 400N、500N、700N 和 1500N 处设置扫描点，如图 3.30 所示。4314m 倾斜层理页岩 CT 重构结果图如图 3.31 所示，该深度水平页岩呈现渐进性破坏，破坏裂隙起源于试件的端部，然后裂隙向试件中部扩展延伸。在试件中间层理面的作用下，裂隙发生沿层理面的偏转和倾斜。下面对破坏过程裂隙细节进行分析。

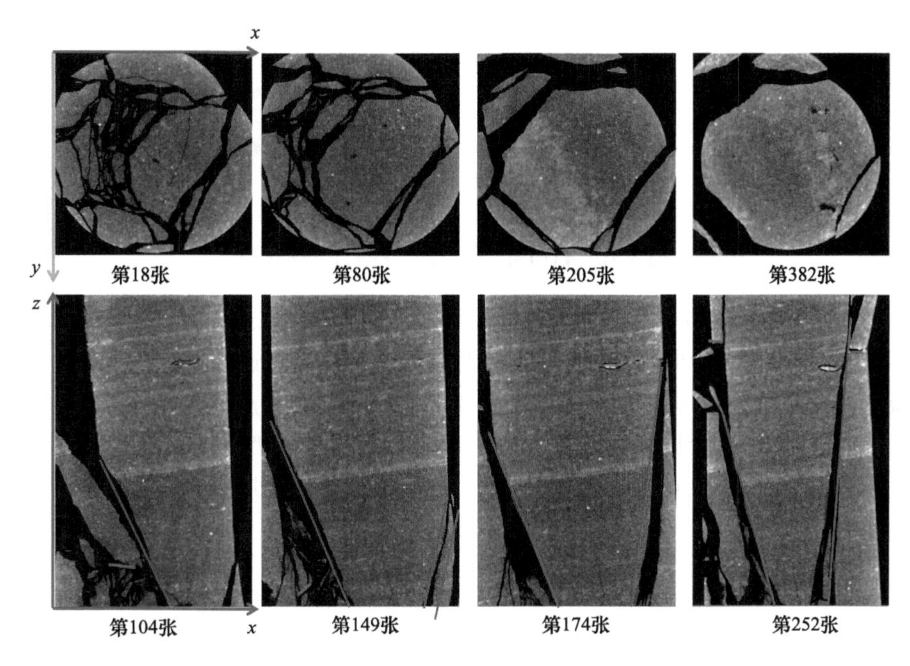

图 3.29　4314-sp-ct 在载荷 3500N 下横截面和竖直剖面照片

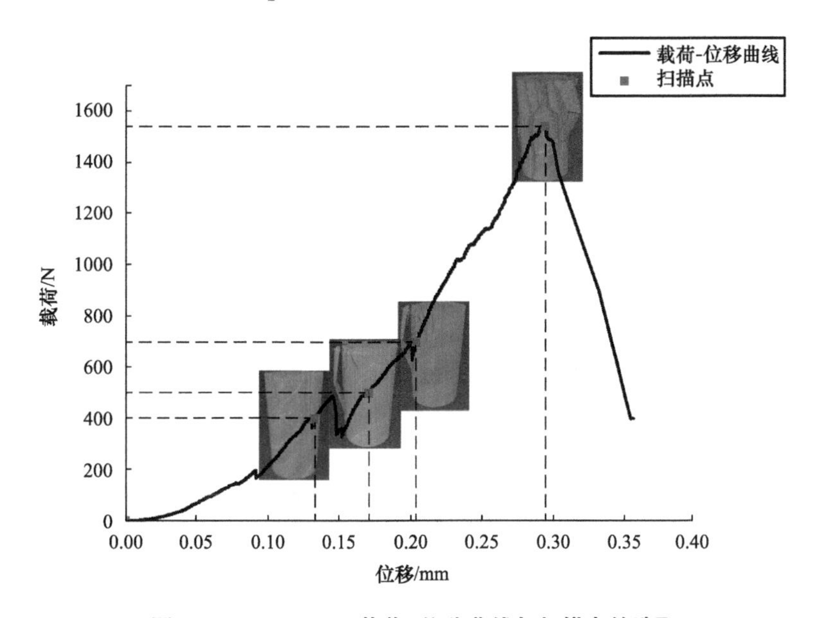

图 3.30　4314-qx-ct 载荷 - 位移曲线与扫描点的选取

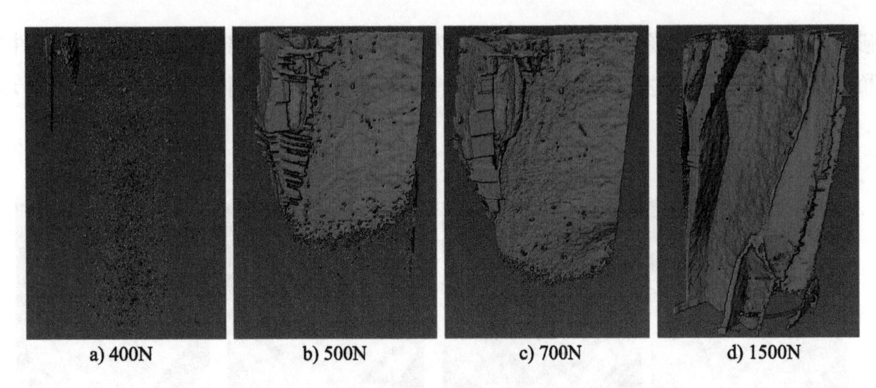

a) 400N　　b) 500N　　c) 700N　　d) 1500N

图 3.31　4314-qx-ct 加载过程 CT 扫描图

图 3.32 为载荷 400N 下 4314m 深度倾斜层理页岩单轴压缩过程 CT 扫描的横截面照片和竖直剖面图。此时加载处于弹性阶段，但是倾斜层理试件中已经出现裂隙。在横截面照片中就能够看见亮色高密度矿物和暗色低密度矿物形成的层状结构。在第 39 张横截面照片中可以看见，在横截面的下方有两道裂隙，裂隙的方向与层理面的方向相交。其余横截面中没有明显的裂隙存在。在竖直剖面的照片中可以观察到在试件的右下角有一道裂隙从试件端部往试件中心起裂扩展。综上，倾斜层理试件加载 400N 时已经有明显的裂隙生成。

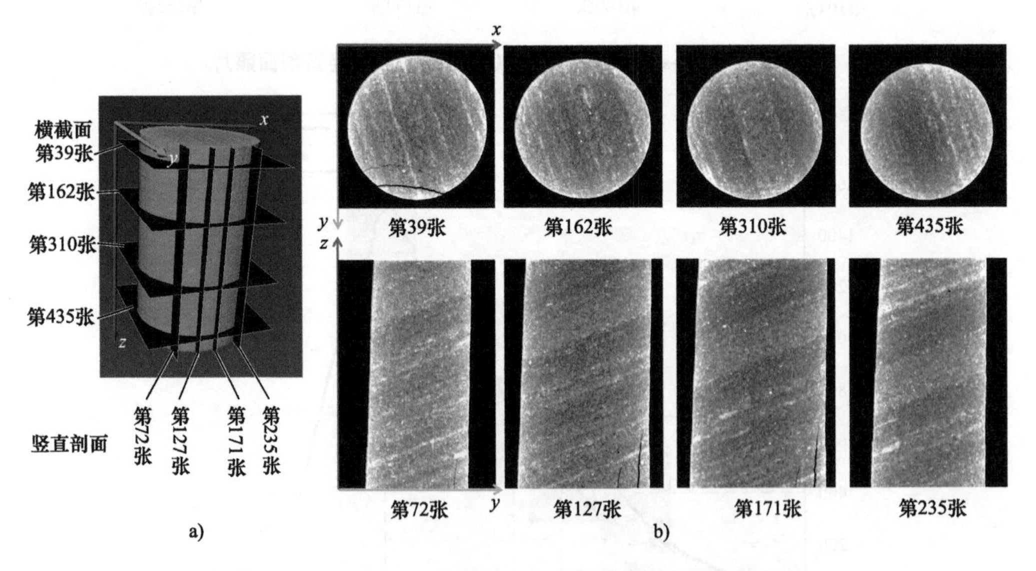

a)　　b)

图 3.32　4314-qx-ct 在载荷 400N 下横截面和竖直剖面图

图 3.33 为载荷 500N 下 4314m 深度倾斜层理页岩单轴压缩过程 CT 扫描的（与 400N 时相同位置）横截面照片和竖直剖面图。倾斜层理试件中的裂隙与 400N 时相比

出现了明显的发育。在试件的中间存在一处较长的裂隙，在横截面和竖直截面照片中都可以看到裂隙的存在。第 39 张横截面照片中，新的裂隙大多为 400N 时生成裂隙的分叉裂纹。新的分叉裂纹方向既有沿层理面方向，也有与层理面相交的方向，同时贯通部分上一个阶段形成的裂隙。通过 162 张和 310 张横截面照片可以发现，除了新的分叉裂纹的形成，还有上一阶段裂纹的扩展。再对竖直剖面图进行观察，同样可以观察到新的裂纹生成和已有裂隙的扩展，并且存在裂纹受倾斜层理面的影响沿层理方向起裂扩展。综上，倾斜层理页岩在 400 ~ 500N 阶段裂隙网络得到了发育，形成了分叉裂纹，贯通已有裂隙，裂隙方向受倾斜的层理面影响，发生沿层理面的起裂扩展。

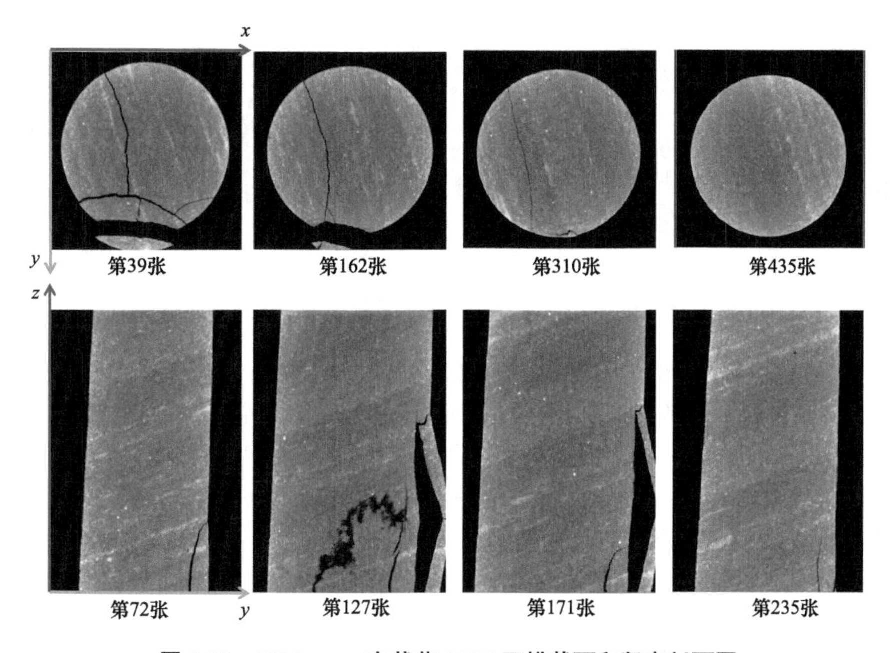

图 3.33　4314-qx-ct 在载荷 500N 下横截面和竖直剖面图

图 3.34 为载荷 700N 下 4314m 深度倾斜层理页岩单轴压缩过程 CT 扫描的（与 400N 时相同位置）横截面照片和竖直剖面图。在试件中的裂隙主要以 500N 时生成的裂隙为主。在第 39 张横截面照片中有新的分叉裂纹生成，新的分叉裂纹是在上一阶段生成的分叉裂纹的基础上生成的，试件中裂隙网络的复杂程度增加。在第 435 张横截面的照片上有一个新的裂隙出现，其方向与第 310 张横截面照片中的裂隙方向相同，因此判断该处裂隙为原裂隙扩展的结果。在纵向剖面照片上的裂隙以原有裂隙的发育为主，表现为原有裂隙的变宽。同时，也能观察到新的裂隙生成，并且明显可见层理面对裂纹的引导作用使得裂隙发生沿层理面的起裂扩展。综上，倾斜层理页岩在该阶段以原有裂纹为主，同时有新的裂隙生成，裂隙网络的复杂程度也随之增加，并且裂纹明显存在受层理面影响发生偏转的情况。

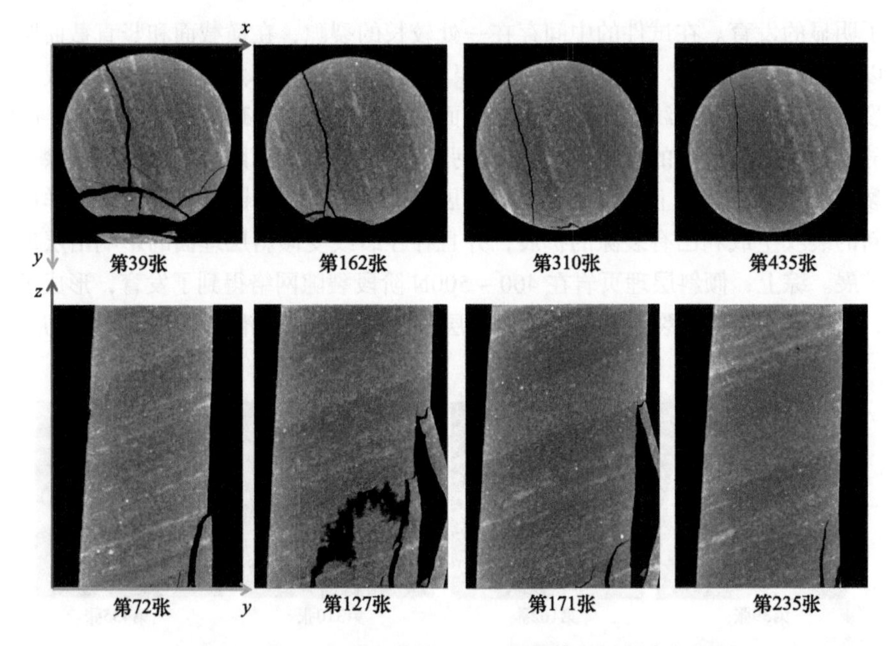

图 3.34　4314-qx-ct 在载荷 700N 下横截面和竖直剖面图

图 3.35 为载荷 1500N 下 4314m 深度倾斜层理页岩单轴压缩过程 CT 扫描的（与 400N 时相同位置）横截面照片和竖直剖面图。可以发现倾斜层理的页岩破坏形式以剪切破坏和层理面的滑移破坏为主。由于试件尺寸较小，层理面的滑移还导致了样品在破坏时发生了严重倾斜。观察破坏时的横截面照片，裂隙网络既有上一阶段已有裂纹的分叉裂纹生成，也有新的裂隙生成。从竖直剖面的图片能够更加直观地观察倾斜层理页岩的破坏形式。试件发生了沿层理方向的滑移破坏。综上，倾斜层理页岩在破坏时裂隙网络复杂程度增加，并且受层理结构影响发生了沿层理面方向的剪切滑移破坏。

（3）垂直层理角度页岩加载过程裂隙演化分析。

对垂直层理试件 4314-cz-ct 的破坏过程进行定性分析。试件扫描点分别设置在 0N、900N、1400N 和 1500N，如图 3.36 所示。4314-cz-ct 的加载过程 CT 扫描图如图 3.37 所示。通过 4314m 深度水平层理页岩 CT 重构结果显示，该深度垂直层理页岩的破坏以竖直方向的劈裂为主。下面对该深度竖直层理页岩的断裂细节进行观察分析。

图 3.38 为载荷 0N 下 4314m 深度垂直层理页岩单轴压缩过程 CT 扫描的横截面照片和竖直剖面图。在不同位置横截面照片中，可以看见试件存在极少量的微缺陷以及亮色和暗色交替的条带状层状层理结构。在竖直剖面照片上可以清晰地发现竖直的层理结构。其中呈条带状的亮色高密度矿物可结合上一章 AMICS 的扫描结果判定该矿物可能为带状分布的白云石矿物。在第 101 张竖直剖面的照片下部有一处微小的裂隙存在。综上，竖直层理页岩具有极少量的微裂隙和缺陷且层状结构较为明显。

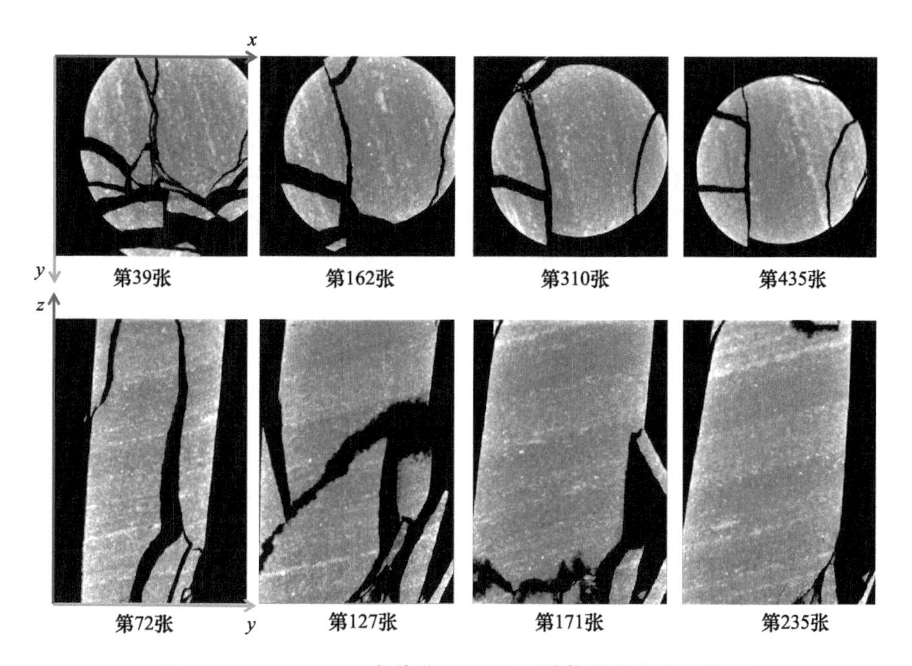

图 3.35　4314-qx-ct 在载荷 1500N 下横截面和竖直剖面图

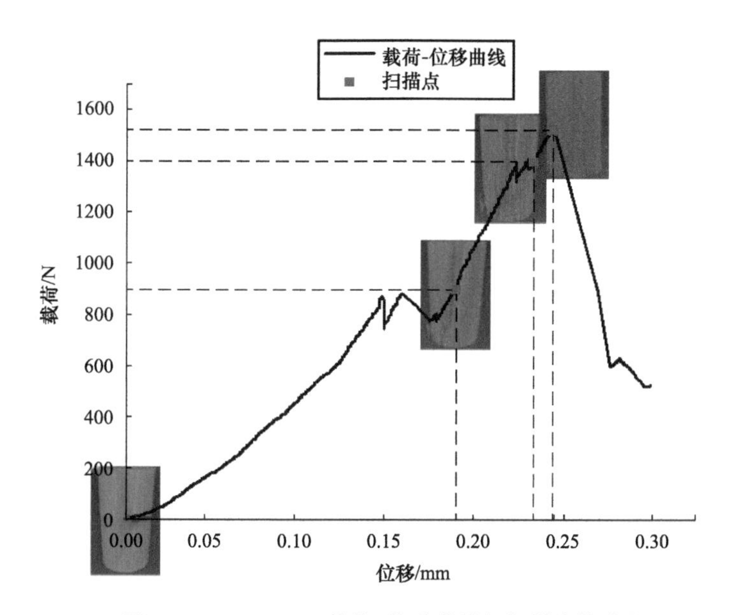

图 3.36　4314-cz-ct 载荷 - 位移曲线与扫描点的选取

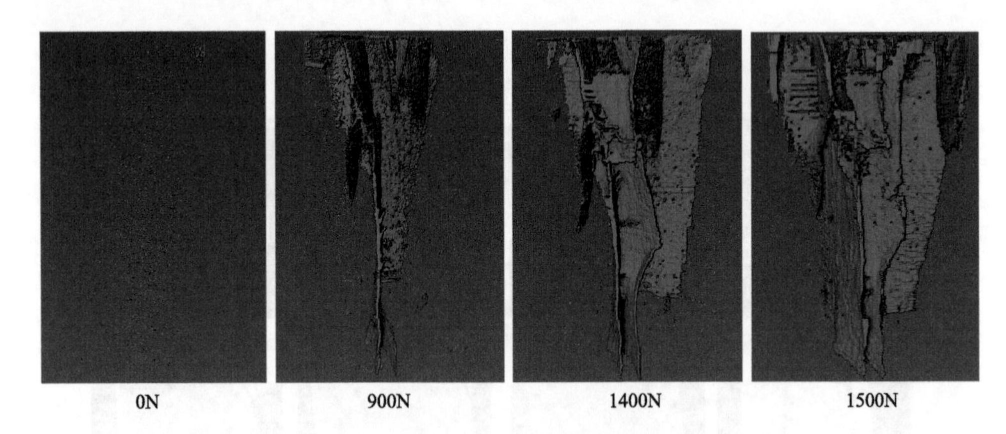

图 3.37　4314-cz-ct 加载过程 CT 扫描图

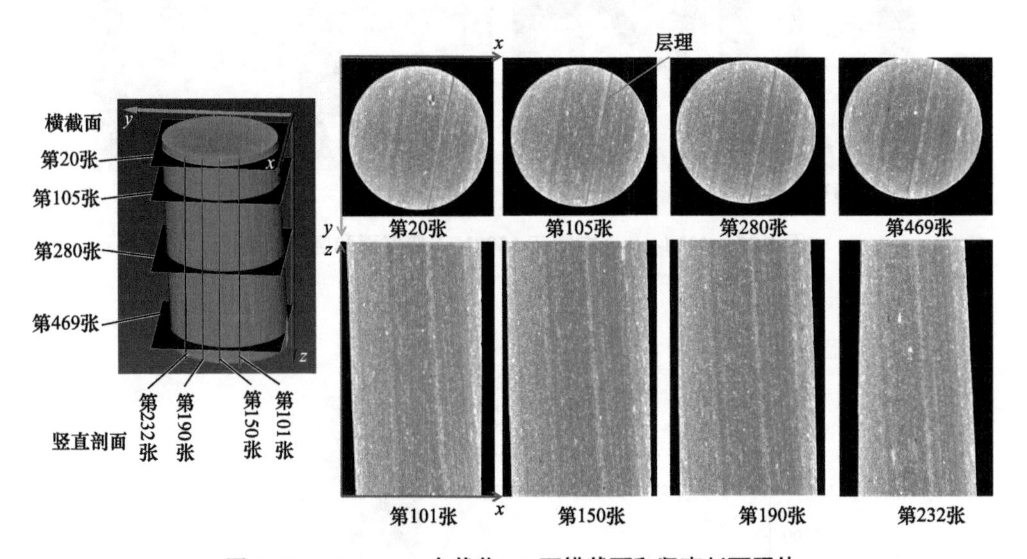

图 3.38　4314-cz-ct 在载荷 0N 下横截面和竖直剖面照片

图 3.39 为载荷 900N 下 4314m 深度垂直层理页岩单轴压缩过程 CT 扫描的（与 0N 时相同位置）横截面照片和竖直剖面图。此时载荷处于弹性阶段的后半段，CT 扫描结果显示有贯穿试件上下的劈裂裂纹存在。在第 20 张横截面照片中，可以看见试件的初始微缺陷并没有发生起裂和扩展，而是在应力作用下生成新的裂隙并扩展。同时新的裂隙在中间段受到层理面影响，沿层理面扩展了一段距离，但是总体裂隙的起裂扩展并没有呈现一定的方向性。不同位置的横截面图片中都有裂隙及其分叉裂纹的存在，这说明裂隙网络在此时已经具有一定的复杂程度。观察竖直剖面照片，发现此时裂隙已经垂直贯穿了试件的上下端部。与水平和倾斜层理呈现出明显的差异性。综上，垂直层理页岩试件，在加载到 900N 时，裂隙网络已经具有一定的复杂性，不具

有一定的方向性，但是有受层理面影响起裂扩展的情况。另外，此时裂隙已经贯穿了试件的上下端面，裂隙以竖直方向贯穿为主。

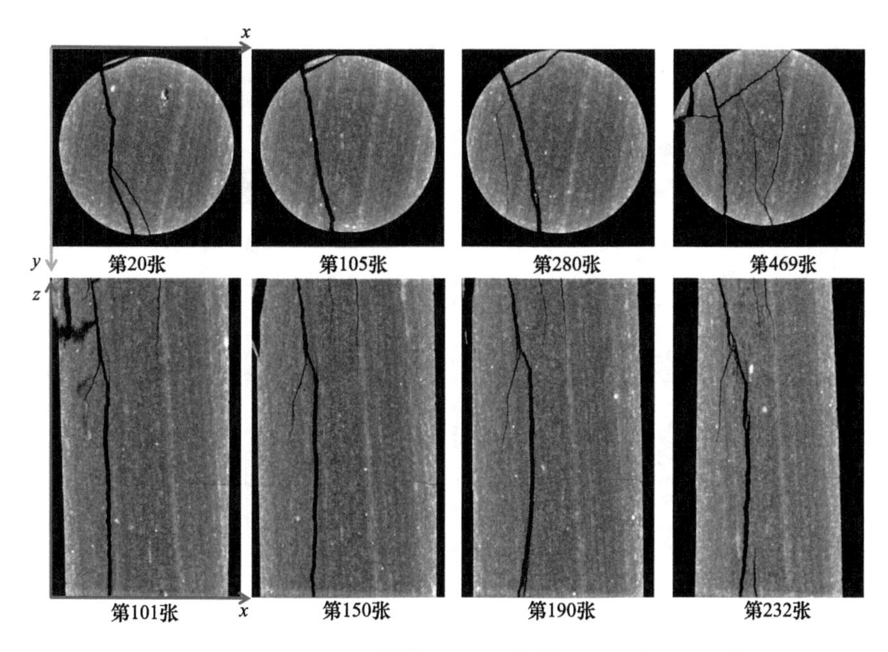

图 3.39 4314-cz-ct 在载荷 900N 下横截面和竖直剖面照片

图 3.40 为载荷 1400N 下 4314m 深度垂直层理页岩单轴压缩过程 CT 扫描的（与 0N 时相同位置）横截面照片和竖直剖面图。此时试件处于损伤阶段，即将发生破坏。第 20 张横截面处的裂隙发育并不明显，只有在试件的边缘处有一处剥落的裂纹。在其他横截面的照片上可以发现有一些较为明显的分叉裂纹生成。第 469 张横截面位置新生成的分叉裂纹更多，并伴随着裂纹的汇聚贯通。新生的裂隙中有的裂隙受到层理方向影响沿层理方向扩展。下面对竖直剖面图进行观察可以发现，新生的裂纹为原有裂隙的分叉裂纹，分叉裂纹在试件端部，向试件端部扩展，裂隙网络的复杂程度加剧。此时试件边缘存在剥落。综上，在该阶段试件的裂隙以原有裂隙的分叉裂纹为主，复杂程度继续加剧。分叉裂纹主要分布在试件端部附近，向试件端部方向扩展，个别裂隙受层理面影响沿层理方向扩展。裂纹依然以竖直劈裂为主，个别的试件边缘剥落。

图 3.41 为载荷 1500N 下 4314m 深度垂直层理页岩单轴压缩过程 CT 扫描的（与 0N 时相同位置）横截面照片和竖直剖面图。此时试件处于峰值载荷阶段，发生破坏，形式以贯穿试件的竖直劈裂为主。从横截面照片中可以发现，裂隙得到了明显的发育，虽然与上一阶段之间的载荷差距很小，但是裂隙的发育明显。新生成的裂隙与原有的裂隙汇聚贯通，形成更加复杂的裂隙网络。同时，裂隙受层理面的作用更加明

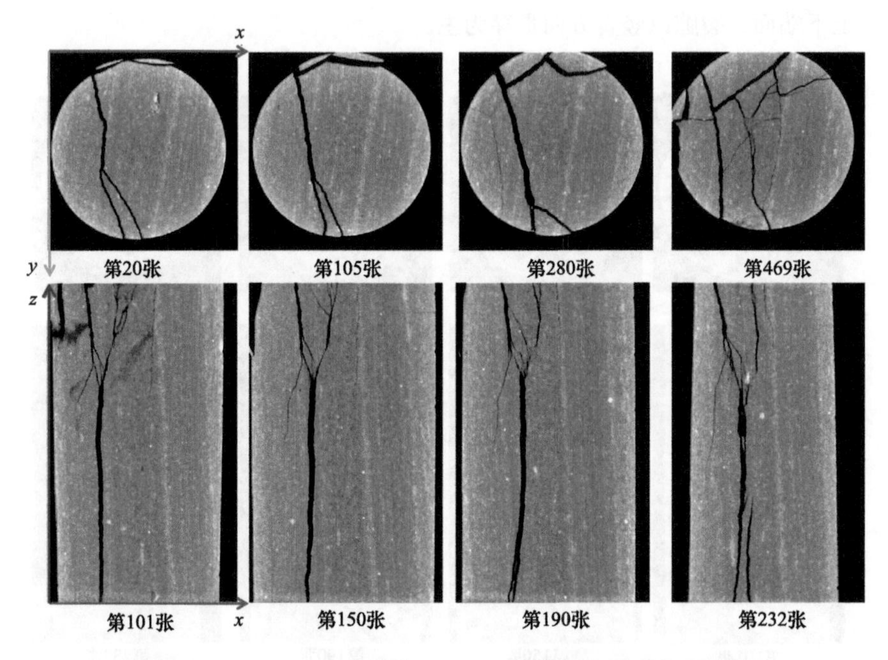

图 3.40　4314-cz-ct 在载荷 1400N 下横截面和竖直剖面照片

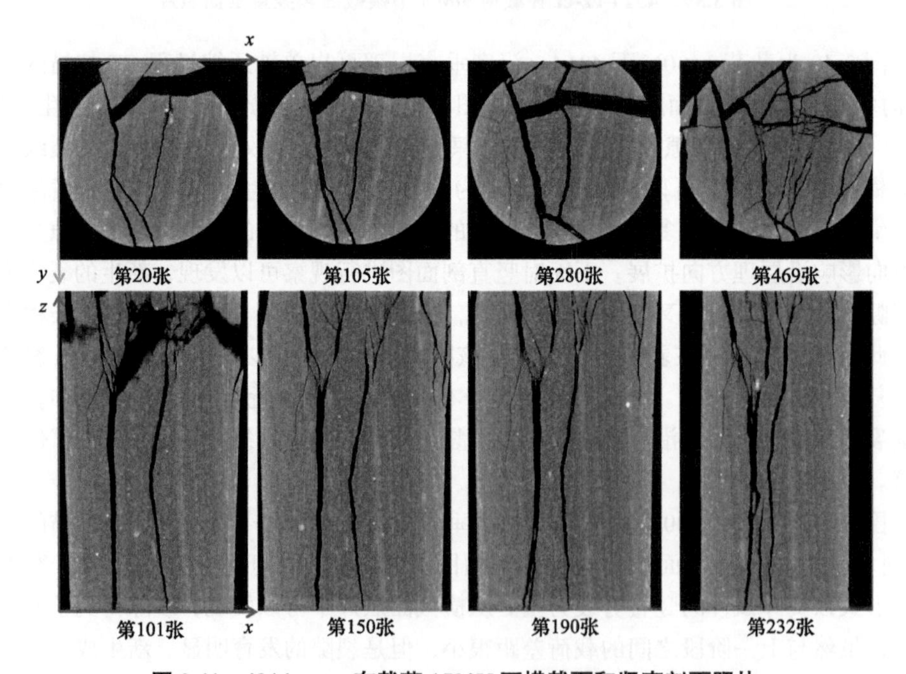

图 3.41　4314-cz-ct 在载荷 1500N 下横截面和竖直剖面照片

显，裂隙沿层理方向起裂扩展的数量增多。再对竖直剖面进行观察，可以发现贯穿裂纹数量增加，新生裂隙从边缘起裂，沿竖直方向，向试件中部扩展。综上，裂隙网络在该阶段发生了大量的变化，层理作用效果也增加，新生裂纹从端部起裂，沿竖直方向在试件中间扩展。

综上，不同层理角度页岩在单轴加载过程中呈现出不同的裂隙发育与破坏特征。

4314m深度水平层理页岩破坏过程特征为：①该深度的水平层理页岩存在一定的微缺陷和裂隙，同时具有较为明显的层状亮色高密度矿物，呈现出较为明显的层状结构；②在弹性的初始阶段，样品中的初始微缺陷和裂隙没有明显的变化，个别处裂纹发生闭合，裂纹总体处于稳定状态；③在载荷为1700N时，载荷处于峰值载荷的50%左右，试件依然处于弹性阶段，裂纹相比于弹性初始阶段没有明显变化；④当载荷处于峰值载荷时，试件发生破坏，破坏以共轭剪切破坏为主，同时有个别发生在层理软弱面处的剪切破坏。

4314m深度倾斜层理页岩破坏过程特征为：①在弹性阶段，样品中由于载荷的作用已经生成了较为明显的裂隙；②随着载荷的增加，原有裂隙在生成新分叉裂纹的同时，自身也有起裂扩展，裂隙的复杂程度随着载荷的增加而增加；③裂隙在发育的过程中受到层理软弱面的影响发生偏转和沿层理面方向的扩展；④最终破坏时，倾斜层理的样品中存在有明显的沿层理面的滑移破坏。

4314m深度垂直层理页岩破坏过程特征为：①初始含有极少的微裂隙和缺陷，同时高密度矿物和低密度矿物交替的层状结构较为明显；②当载荷增加到弹性阶段的后期时已经有裂隙生成，并且已经具有一定的复杂度，并贯穿了试件的上下表面；③随着载荷继续增加，裂隙继续发育，起裂扩展的裂纹以原有裂隙的分叉裂隙为主，在竖直剖面上变现为在端部附近起裂，向试件端部扩展；④在当载荷达到峰值载荷时，试件以竖直方向的劈裂为主，裂隙数量和复杂程度继续增加，裂隙间汇聚贯通，并且层理对裂隙的引导作用更加显著。

3. 4327m深度层状页岩裂纹演化过程

4327m深度层状页岩的载荷-位移曲线如图3.42所示。基本力学性质见表3.4。由于该深度页岩中赋存有丰富孔隙和有机质，因此可以观察到该深度水平层理页岩加载过程中都会有因为部分裂隙破坏形成的应力跌落。其强度和弹性模量特征与4314m深度页岩相似。下面分别对水平和垂直层理角度的破坏过程进行分析。

（1）水平层理角度页岩加载过程裂隙演化分析。

4327m深度水平层理页岩试件CT扫描点设置如图3.43所示。4327m深度水平层理页岩加载过程中裂隙的发育演化过程如图3.44所示。4327m深度试件中裂隙出现较早，以贯穿型剪切裂隙为主。

图3.45为载荷0N下4327m深度水平层理页岩单轴压缩过程CT扫描的横截面照片和竖直剖面图。大部分横截面照片中都能观察到明显的裂隙和缺陷，其中在第55张

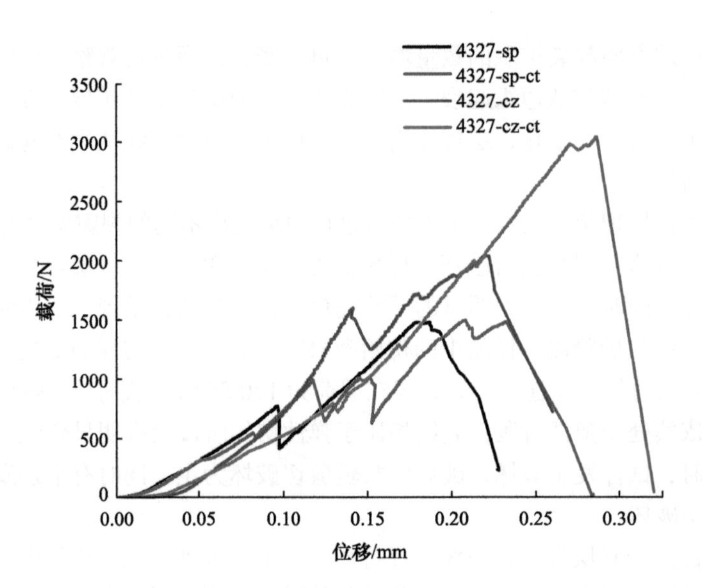

图 3.42　4327m 深度层状页岩载荷 - 位移曲线

表 3.4　4327m 深度层状页岩基本力学性质

样品名称	峰值应力 /MPa	峰值应变（%）	弹性模量 /GPa
4327-sp	108.47	2.29	7.31
4327-sp-ct	106.72	2.85	7.65
4327-cz	154.38	2.66	7.95
4327-cz-ct	226.03	3.47	9.36

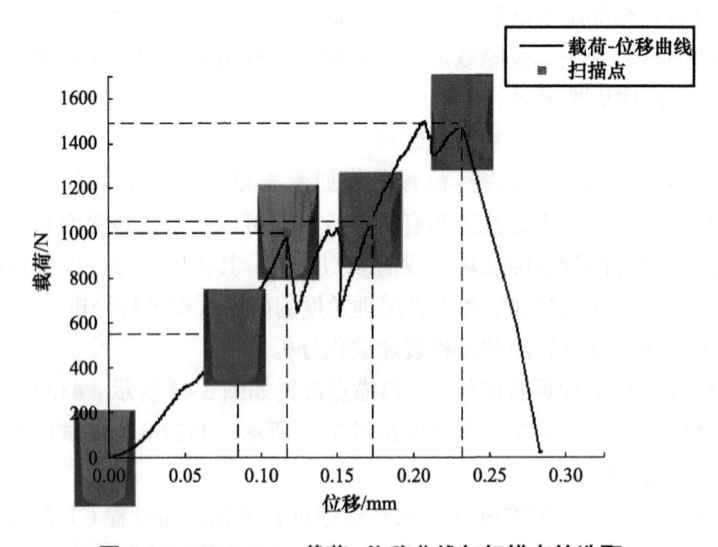

图 3.43　4327-sp-ct 载荷 - 位移曲线与扫描点的选取

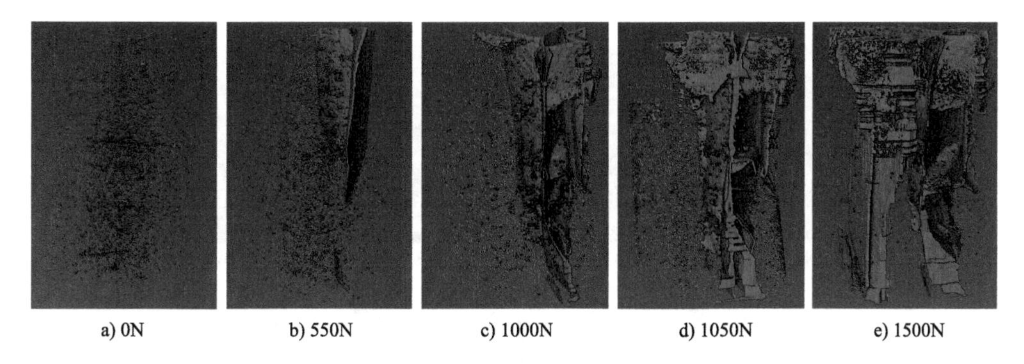

图 3.44 4327-sp-ct 加载过程 CT 扫描图

和第 343 张横截面照片试件的右上边缘处都有较长的微裂隙存在。4327m 深度试件的孔隙缺陷较多，这点与 AMICS 的观察结果相符。相较于其他深度页岩的 CT 扫描图像，4327m 深度的水平层理页岩试件竖直剖面的 CT 图像中虽然也能够观察到层理面和微裂隙的存在，但层理面的特征并不明显，且微裂隙的方向与层理方向不一致。

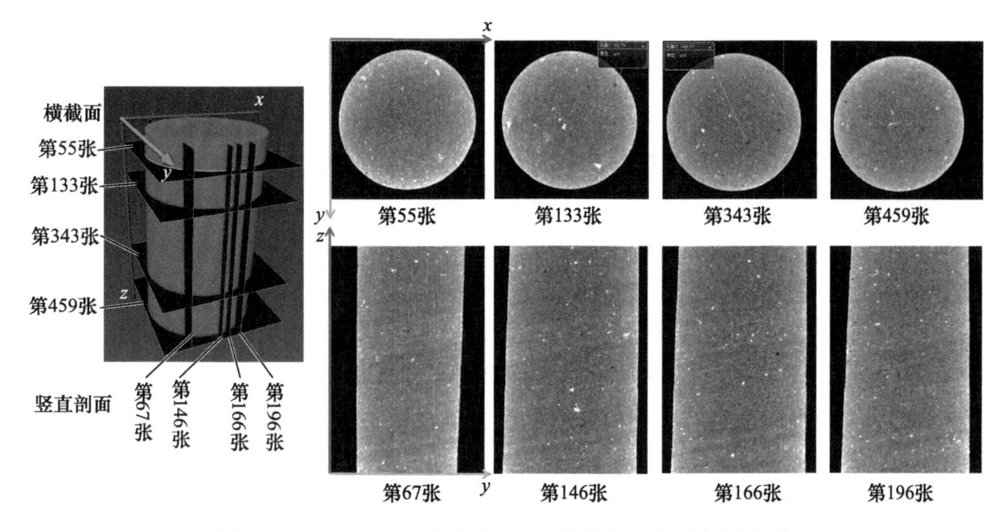

图 3.45 4327-sp-ct 在载荷 0N 下横截面和竖直剖面照片

图 3.46 为载荷 550N 下 4327m 深度水平层理页岩单轴压缩过程 CT 扫描的（与 0N 时相同位置）横截面照片和竖直剖面图。可以观察到此时试件处于弹性阶段初期，但是在试件中已经存在较为明显的裂隙。首先对横截面照片进行观察。在第 55 张和第 133 张横截面照片上可以看见一个明显的裂隙，而且裂隙已经发生了分叉，说明此时裂隙已经形成有一段时间。再对竖直剖面的照片进行观察，可以发现裂隙从试件的边缘向试件中间段的起裂扩展。综上，4327m 深度水平层理页岩已经发生了裂隙的扩展，并形成了分叉裂纹。

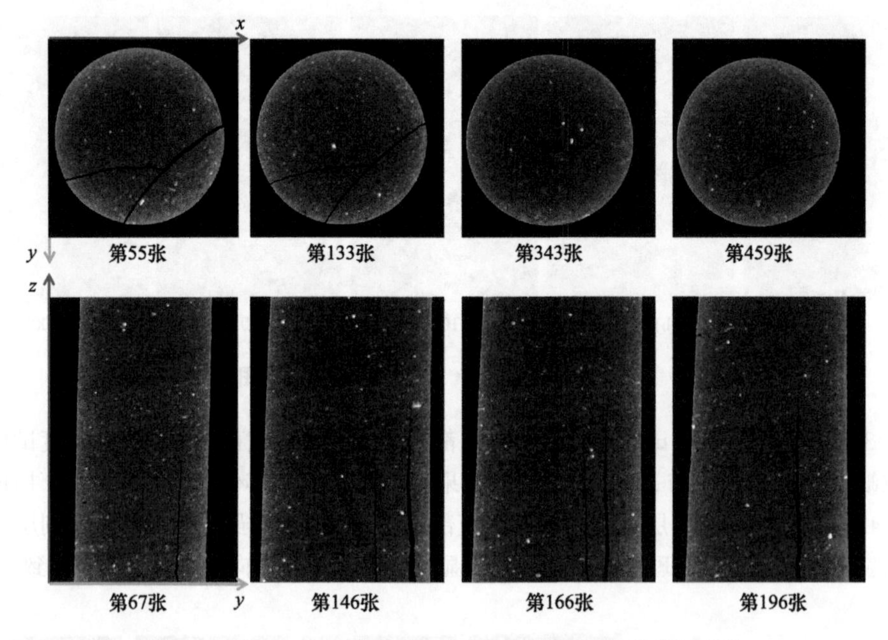

图 3.46　4327-sp-ct 在载荷 550N 下横截面和竖直剖面照片

图 3.47 为载荷 1000N 下 4327m 深度水平层理页岩单轴压缩过程 CT 扫描的（与 0N 时相同位置）横截面照片和竖直剖面图。试件的裂隙发生了明显变化，此时试件处于弹性阶段。首先对横截面照片进行观察，可以发现有新的裂隙生成并与旧的裂隙连通，裂纹并没有表现出较为明显的方向性特征。再观察竖直剖面照片，可以发现在该阶段，上部有新的裂纹生成，上部的裂纹向试件的中部扩展。上下端起裂扩展的裂纹在竖直方向上延伸并在试件中间发生交汇，个别靠近试件边缘的裂纹扩展到试件的边缘，这使得试件边缘产生大块的剪切破坏掉落。综上，试件在 1000N 的阶段继续发生起裂扩展，从横截面观察新的裂纹和旧的裂纹通过中间裂纹发生了交汇，在竖直方向上的新裂纹和旧裂纹发生了交错。

图 3.48 为载荷 1050N 下 4327m 深度水平层理页岩单轴压缩过程 CT 扫描的（与 0N 时相同位置）横截面照片和竖直剖面图。试件的裂隙发生了明显的变化，在载荷 - 位移曲线上出现了一处载荷的跌落。首先对横截面照片进行观察，新的裂纹继续生成和扩展，并且原有裂隙变宽。在竖直剖面的观察中，裂纹发生了明显的起裂和扩展，并且在试件的中部区域的边缘位置，有水平裂隙的生成，这使得竖直方向的裂隙贯通。综上，载荷 - 位移曲线在该阶段发生了一处跌落，裂纹发生明显的起裂和扩展，试件中有水平裂隙的生成，贯通试件的原有裂隙。

图 3.49 为载荷 1500N 下 4327m 深度水平层理页岩单轴压缩过程 CT 扫描的（与 0N 时相同位置）横截面照片和竖直剖面图。此时试件达到了峰值载荷，发生了破坏。

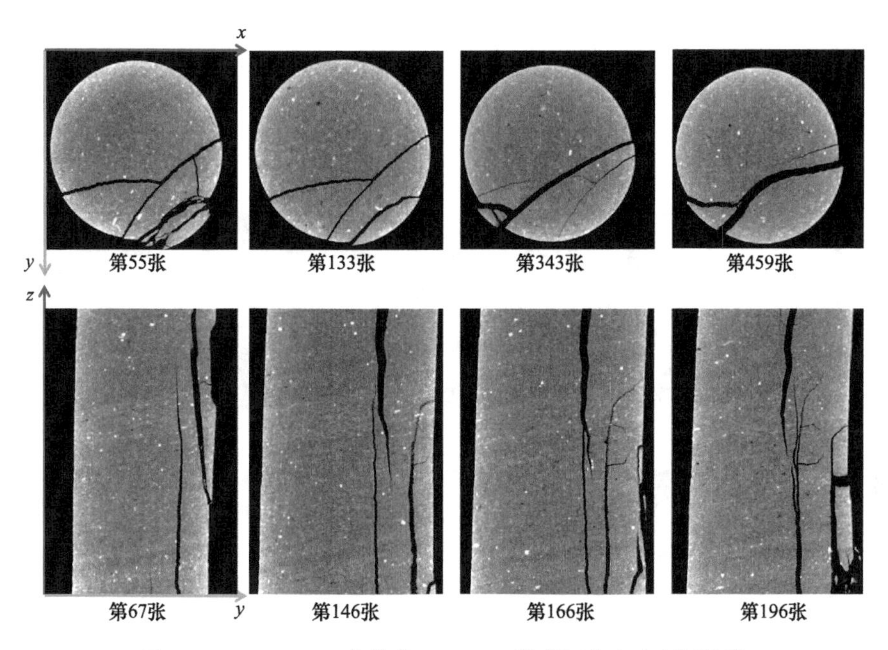

图 3.47　4327-sp-ct 在载荷 1000N 下横截面和竖直剖面照片

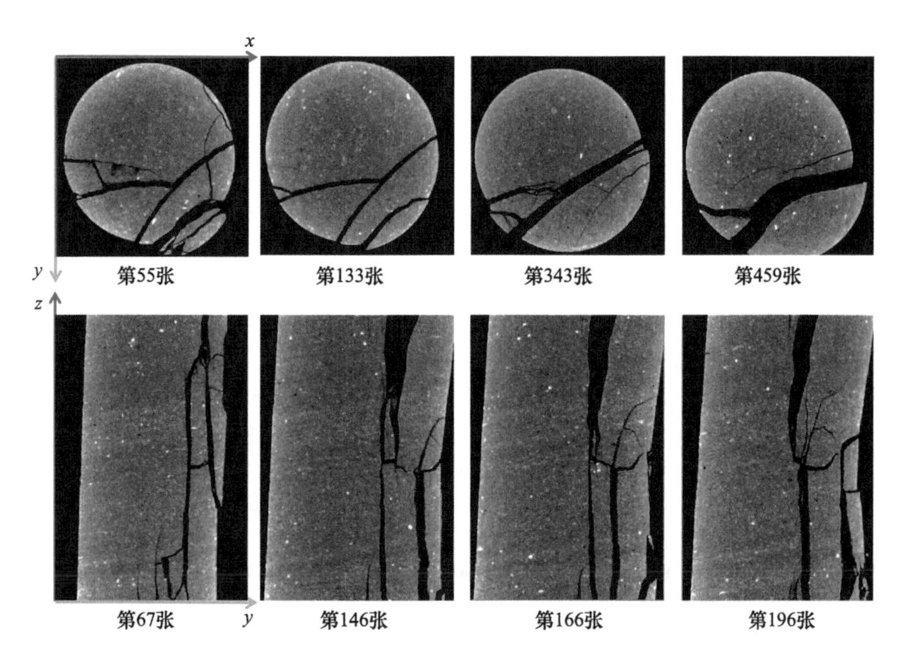

图 3.48　4327-sp-ct 在载荷 1050N 下横截面和竖直剖面照片

首先对其横截面图片进行观察，当发生破坏时，裂隙之间彼此汇聚贯通，并没有呈现一定的方向性。再对竖直剖面的照片进行观察，可以较为清晰地看出试件的破坏形式，试件以倾斜和竖直的剪切破坏作为主要的破坏类型贯通试件上下表面，同时水平方向的破坏使得试件发生大块脱离。综上，水平层理试件发生以倾斜和竖直贯穿试件的剪切破坏为主。

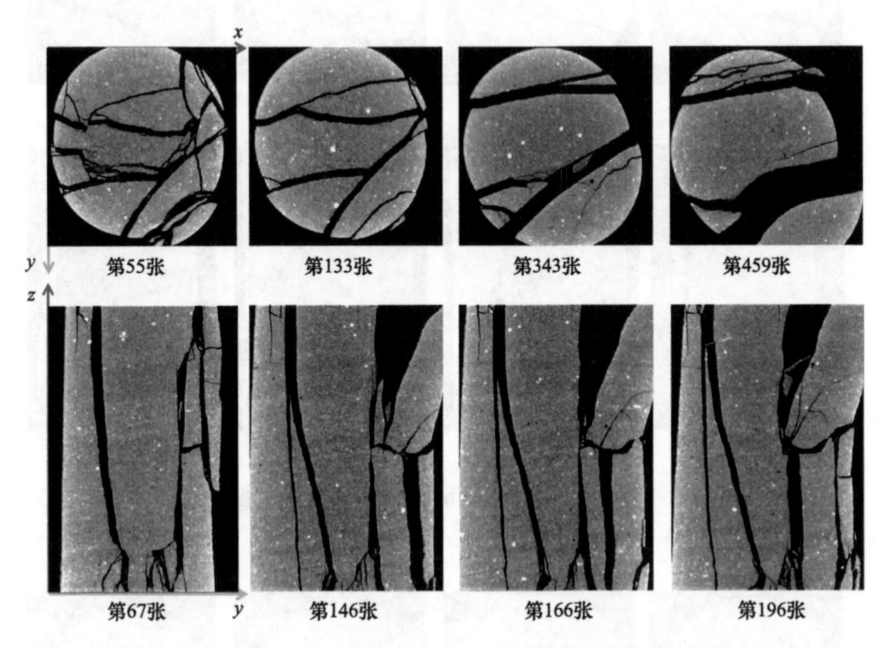

图 3.49　4327-sp-ct 在载荷 1500N 下横截面和竖直剖面照片

（2）垂直层理角度页岩加载过程裂隙演化分析。

4327m 深度垂直层理页岩试件 CT 扫描点的设置如图 3.50 所示，4327m 深度垂直层理页岩加载过程中裂隙的发育演化过程如图 3.51 所示。4327m 深度试件中裂隙出现较早，以贯穿型剪切裂隙为主。

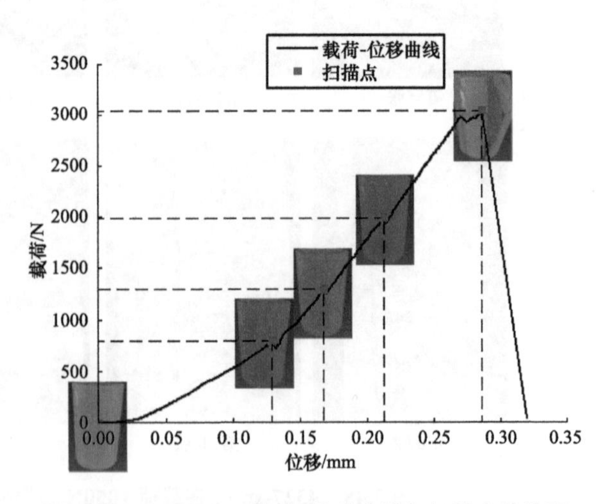

图 3.50　4327-cz-ct 载荷 - 位移曲线与扫描点的选取

图 3.52 为载荷 0N 下 4327m 深度垂直层理页岩单轴压缩过程 CT 扫描的横截面照片和竖直剖面图。横截面照片中可以看见微

缺陷的存在。通过亮色高密度矿物的分布方向和微缺陷情况，可以隐约观察到层状结构的方向。再对竖直剖面进行观察，也可以观察到微缺陷的存在。综上，4327m 深度竖直层理页岩中还有一些微缺陷，同时层状结构主要通过亮色高密度矿物和微缺陷的分布体现。

对竖直层理试件的局部放大图（见图 3.53）进行观察以分析微裂隙的发育情况，此时是加载的弹性阶段，试件处于稳定状态，没有新的裂隙生成。在该阶段，微裂隙也没有发生闭合或者扩展。图 3.54 ~ 图 3.56 分别为载荷 800N、1300N 和 2000N 下 4327m 深度垂直层理页岩单轴压缩过程 CT 扫描的横截面图片和垂直剖面图。这三种载荷下试件处于弹性变形阶段，试件没有新的裂隙生成。综上，4327m 深度页岩垂直层理试件在 800 ~ 2000N 时处于一种弹性稳定阶段。

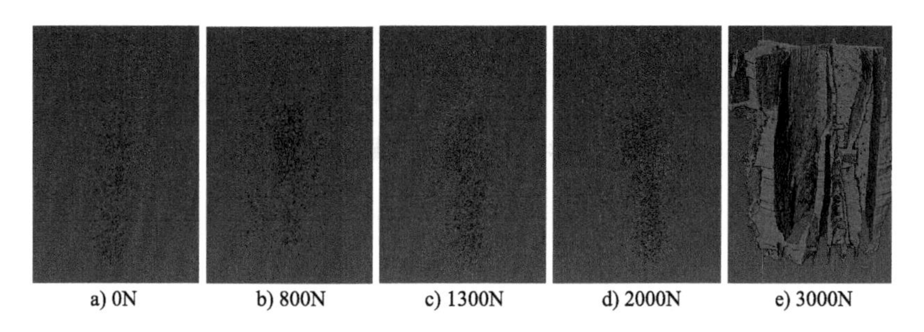

图 3.51 4327-cz-ct 加载过程 CT 扫描图

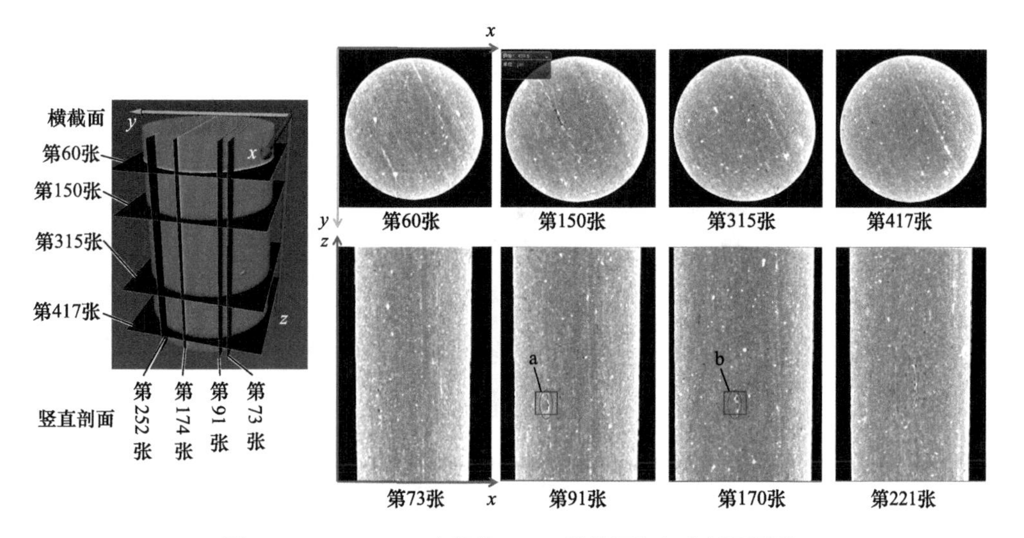

图 3.52 4327-cz-ct 在载荷 0N 下横截面和竖直剖面照片

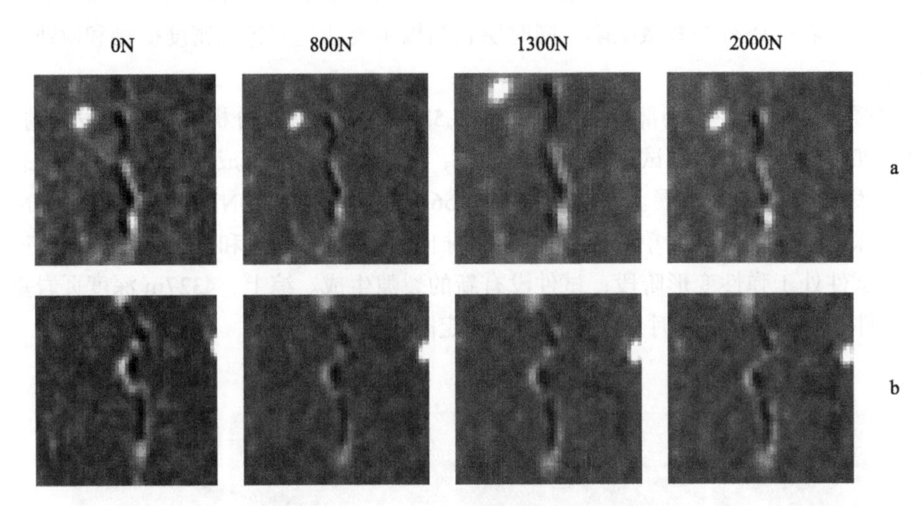

图 3.53　4327-cz-ct 加载过程局部放大图

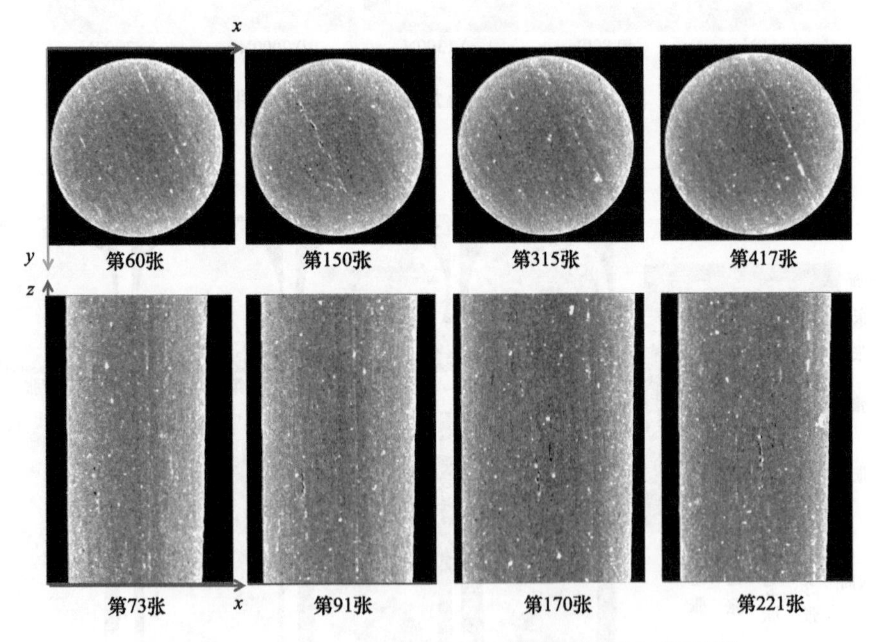

图 3.54　4327-cz-ct 在载荷 800N 下横截面和竖直剖面照片

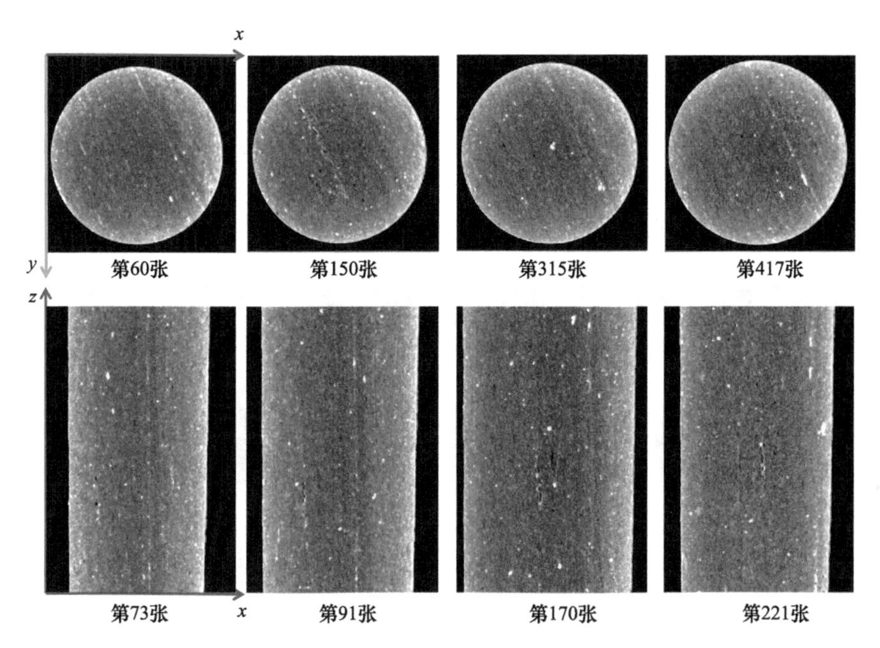

图 3.55 4327-cz-ct 在载荷 1300N 下横截面和竖直剖面照片

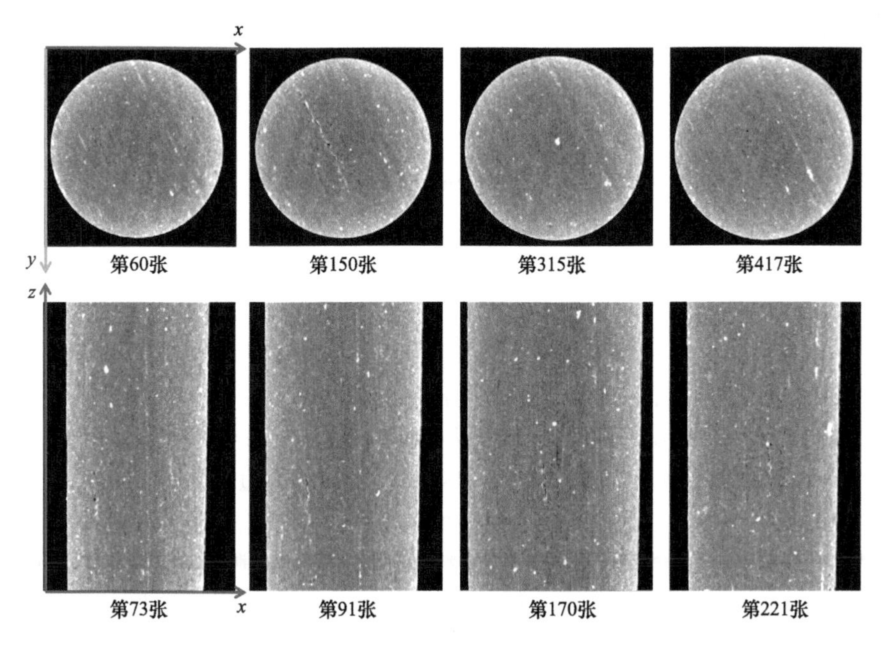

图 3.56 4327-cz-ct 在载荷 2000N 下横截面和竖直剖面照片

图 3.57 为载荷 3000N 下 4327m 深度垂直层理页岩单轴压缩过程 CT 扫描的（与 0N 时相同位置）横截面照片和竖直剖面图。试件突然发生破坏，表现在载荷 - 位移曲线上就是突然的下降。对破坏的裂隙进行观察，首先观察横截面照片，可以发现到沿原先层状结构的裂隙存在。除了沿层理方向的裂隙，还有一些与层理面相交的裂隙连接沿层理方向的裂隙，并延伸到试件的边缘。在竖直剖面的照片上也观察到了裂隙沿竖直方向劈裂。这些现象说明了在垂直层理试件的破坏中明显发生了层理结构引导的竖直劈裂。综上，4327m 深度垂直层理页岩单轴压缩破坏形式以层理结构影响的竖直劈裂为主。

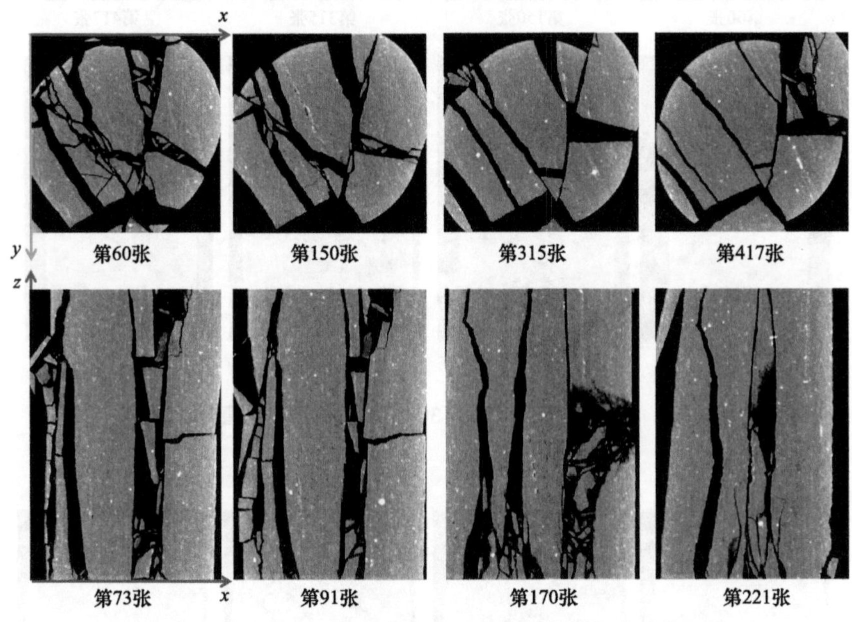

图 3.57　4327-cz-ct 在载荷 3000N 下横截面和竖直剖面照片

3.3　页岩细观结构对各向异性破坏的影响

三个深度的不同层理角度页岩纵横断面上裂隙演化特征以及局部放大细节（见图 3.58），通过观察细节图分析细观结构对破坏的影响。

图 3.58a、b 为 4301m 页岩的裂隙演化特征。观察 4301m 水平层理试件中横截面（圆截面）和纵截面（矩形截面）发现，高密度脆性矿物周边（见图 3.58a 中横截面 C 区域、纵截面 B 区域，见图 3.58b 中横截面 B 区域）多发育孔隙和有机质（POM）。通过对比 400N 和 550N 载荷下横断面裂隙特征对比发现，裂隙是在 POM 扩展下生成。大多数裂隙会沿高密度脆性矿物边界扩展，也可能穿透高密度矿物颗粒（见图 3.58a 中纵截面 C 区域，见图 3.58b 横截面 F 区域），少数为失黏（见图 3.58a 中纵截面 F 区域）和穿透破坏，裂口边缘呈现锯齿状不规则（见图 3.58a 纵截面 D 区域）。4301m

垂直层理试件发生了劈裂破坏，裂纹比水平层理试件裂纹更平直。该深度页岩只有裂隙和有机质具有一定的方向性分布，未见脆性矿物颗粒层状分布。但该深度页岩富含伊利石黏土矿物，其本身的片层状结构对劈裂裂纹具有引导作用。垂直层理试件内部（见图 3.58b 纵截面 A、B、C 区域）也存在亮白色高密度矿物，劈裂裂纹遇到高密度矿物发生偏转。

图 3.58c、d 展示了 4314m 页岩的裂隙演化细节，其中灰白色带状分布矿物为白云石。图 3.58c 中水平层理横断面裂隙特征显示裂隙的扩展仍与 OM（见图 3.58c 中横截面 A、B、C 区域）的存在相关，应是其在应力作用下扩展的结果。在单轴应力作用下，裂纹在纵断面上与主应力有一定的角度（形成剪切作用），剪切裂纹遇到层理面较弱情况（见图 3.58c 中纵截面 A 区域层理面有微裂隙发育）时，又将沿着层理面产生裂隙的扩展。4314m 垂直层理页岩纵横断面裂隙特征显示白云石带对层状页岩劈裂破坏具有引导作用，如图 3.58d 中横截面 D、E 区域，纵截面 D、E、F 区域所示，都清楚地表现出裂隙沿矿物带起裂扩展。作为碳酸盐矿物的白云石属于脆性矿物，因此该深度页岩白云石分布的非均质性以及微裂隙分布特征对各向异性破坏的影响显著。

图 3.58e、f 展示了 4327m 页岩的裂隙演化细节。该深度页岩石英含量高，如试件中的高亮白点，石英矿物颗粒沿着层理成带状分布。石英矿物颗粒周边有微裂隙存在（见图 3.58e 中横截面 A 区）。从图 3.58e 中纵截面 A、C 区域看出，对于水平层理试件，高密度石英矿物周边微裂隙是加载过程中试件起裂扩展的重要原因。纵断面上的主裂纹与主应力方向具有一定角度应是剪切作用所致。当纵向裂纹遇到层理面时，一条沿层理面的裂隙将两个纵向裂纹贯通（见图 3.58e 中纵截面 B 区域）。从页岩横纵断面清楚地看到裂隙是沿层理面产生的（见图 3.58f 中横截面 E、F 区域，图 3.58f 中纵截面 A 区域），其中的裂隙路径“1”就是沿着石英“带”扩展。综上，该深度页岩的脆性石英矿物颗粒以及微裂隙分布是导致页岩各向异性破坏机理的主控因素。

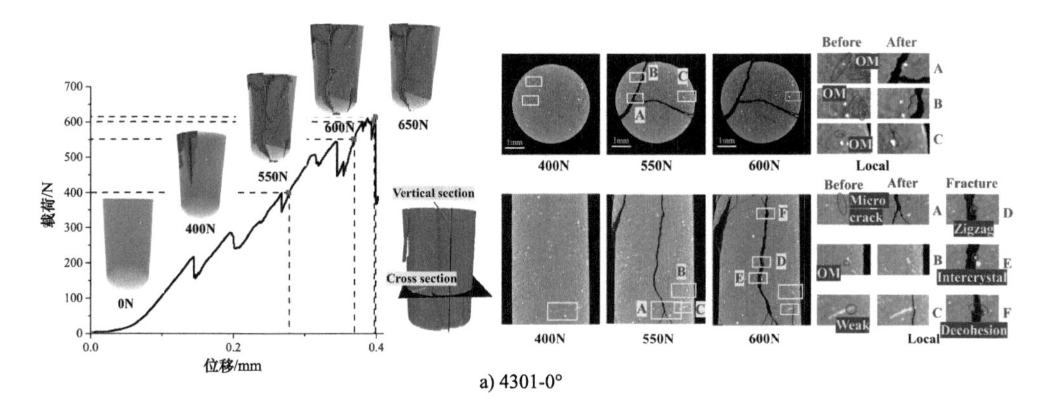

a) 4301-0°

图 3.58 不同深度页岩的单轴加载和 CT 实时扫描结果（左列为载荷-位移曲线和断裂网络三维 CT 数据重建图，右列为横截面和纵截面灰度图像及局部放大图）

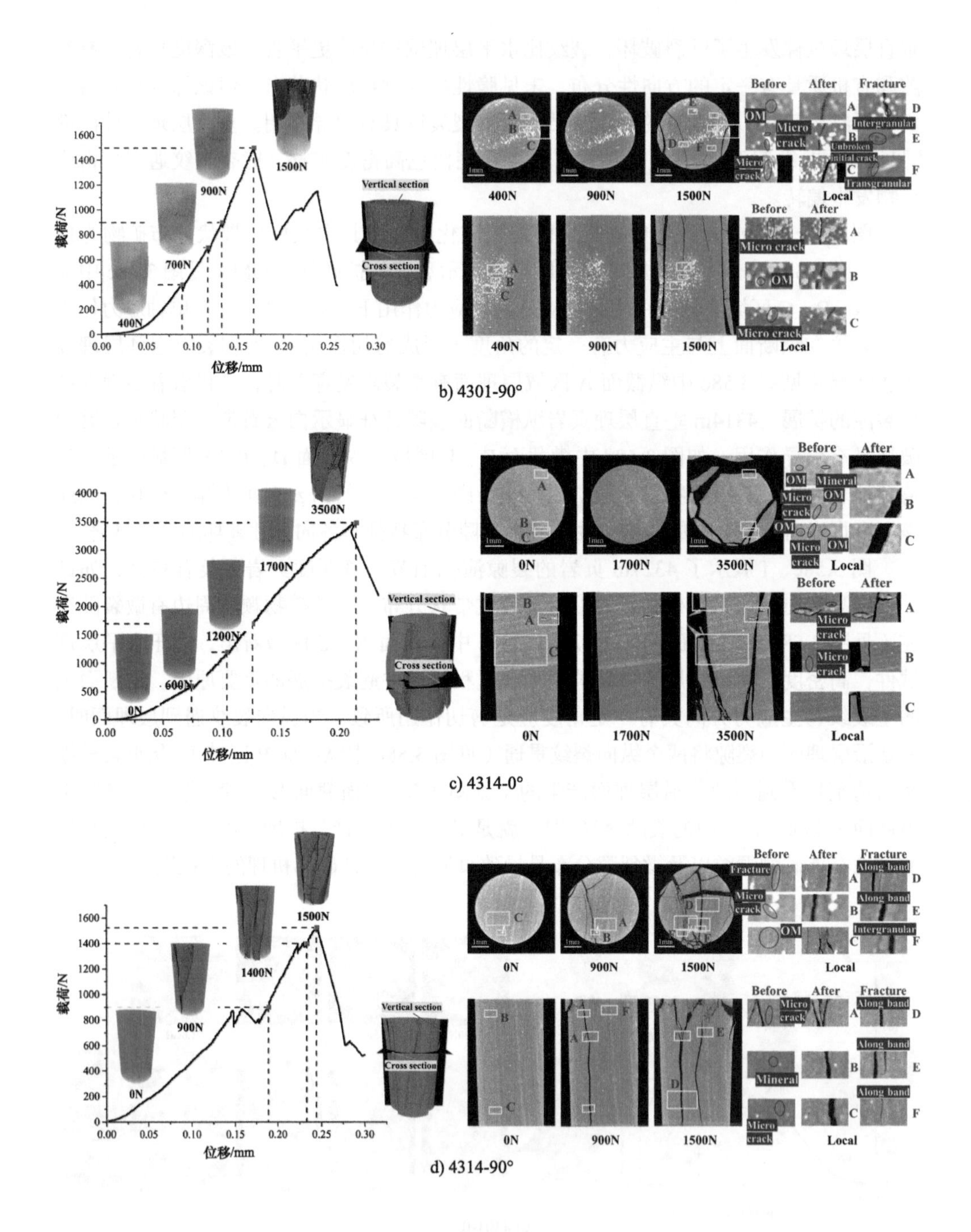

图 3.58　不同深度页岩的单轴加载和 CT 实时扫描结果（左列为载荷 - 位移曲线和断裂网络三维 CT 数据重建图，右列为横截面和纵截面灰度图像及局部放大图）（续）

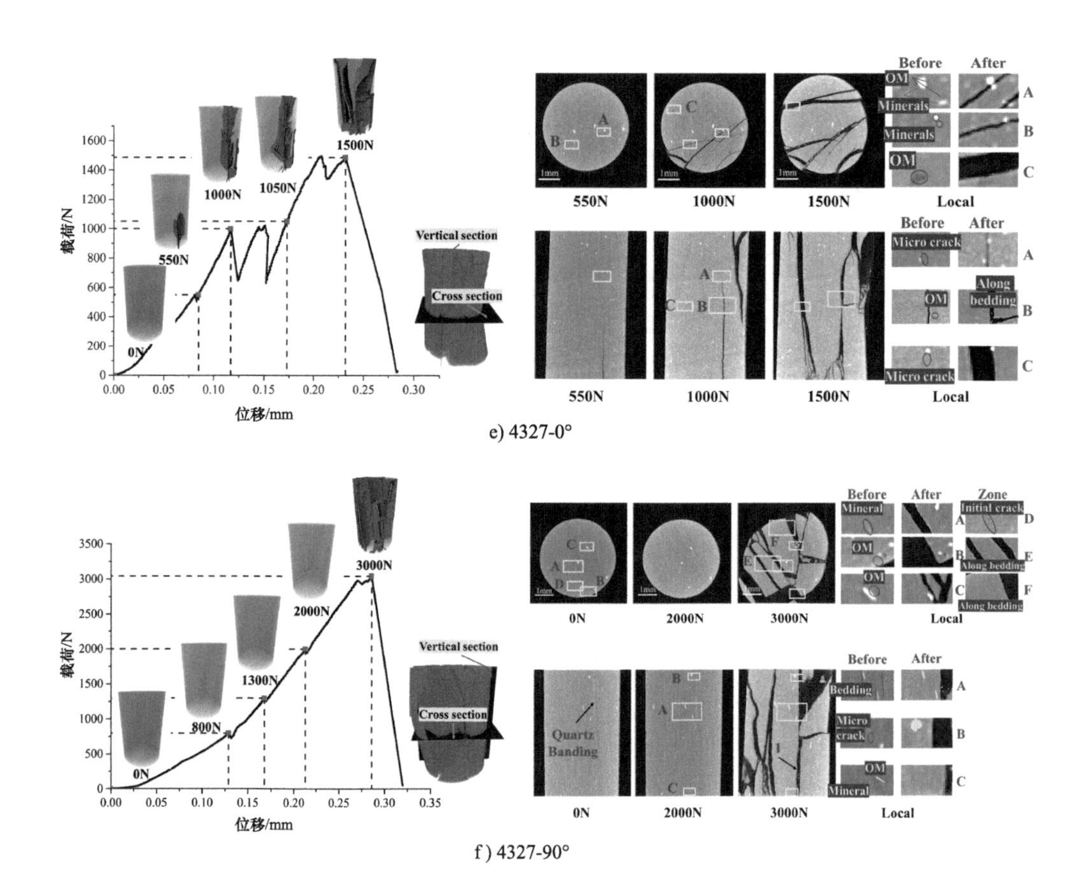

e) 4327-0°

f) 4327-90°

图 3.58　不同深度页岩的单轴加载和 CT 实时扫描结果（左列为载荷-位移曲线和断裂网络三维 CT 数据重建图，右列为横截面和纵截面灰度图像及局部放大图）（续）

3.4　页岩破坏后细观裂隙的各向异性特征

3.4.1　不同层理角度页岩破坏后的细观裂隙特征

对 4314m 深度页岩水平层理和竖直层理破坏后细观裂隙特征进行对比分析。水平层理 CT 图像分割结果如图 3.59 所示。最终样品中的孔隙提取结果如图 3.60 所示，竖直层理 CT 图像分割结果如图 3.61 所示。最终样品中的孔隙提取结果如图 3.62 所示。

为了去除小体积对裂隙角度统计的干扰，取体积大于等于 4 个像素体积（1 像素 × 1 像素 ×1 像素体积为 1 像素体的体积）的裂纹进行体积和角度的统计，统计结果以 5° 为间隔，即 0° 代表 0° ~ 5° 范围内微裂隙数量和体积和。不同微裂隙角度和体积统计结果如图 3.63 所示。图中计数（体积）的百分比为该角度微裂隙数量（体积）占微裂隙总数量（总体积）的百分比。平均裂纹体积为该角度裂纹的体积除以数量。

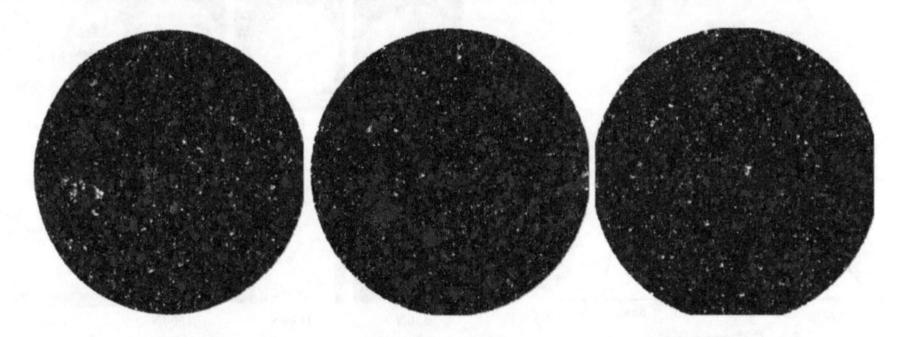

图 3.59　4314m 水平层理页岩高分辨 CT 分水岭阈值分割

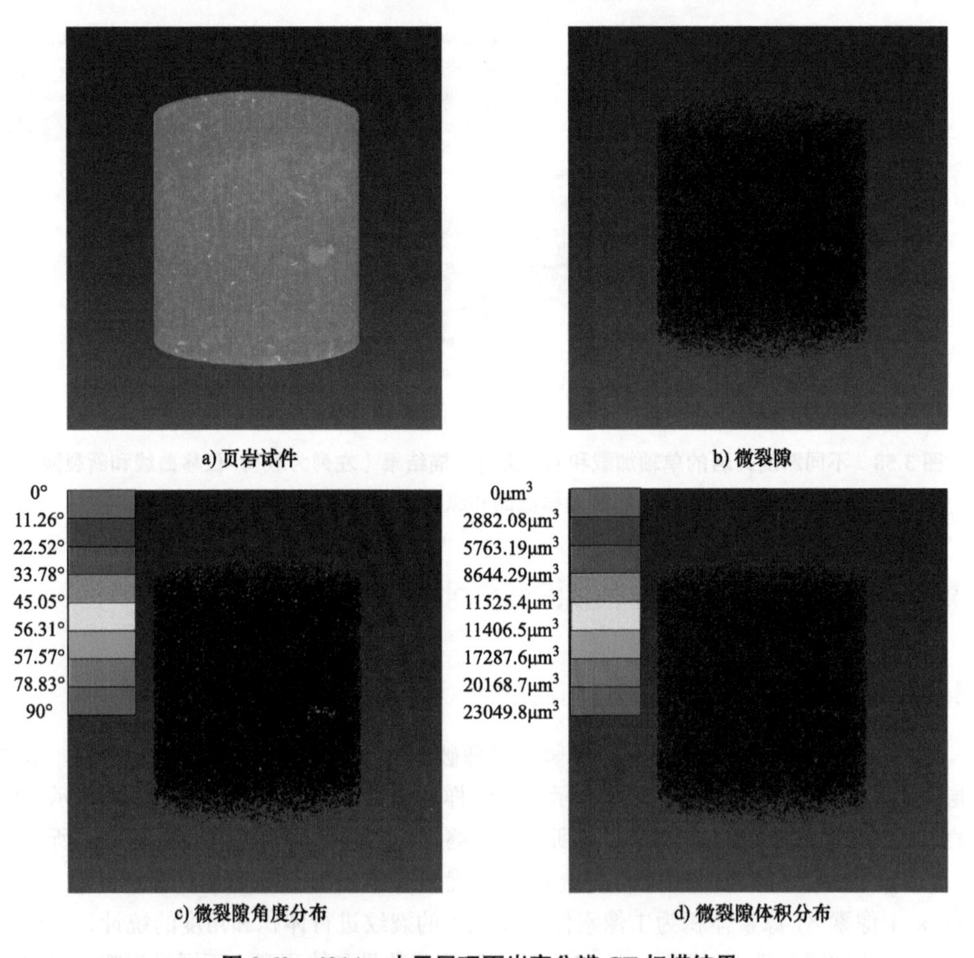

a) 页岩试件　b) 微裂隙　c) 微裂隙角度分布　d) 微裂隙体积分布

图 3.60　4314m 水平层理页岩高分辨 CT 扫描结果

图 3.61 4314m 垂直层理页岩高分辨 CT 分水岭阈值分割

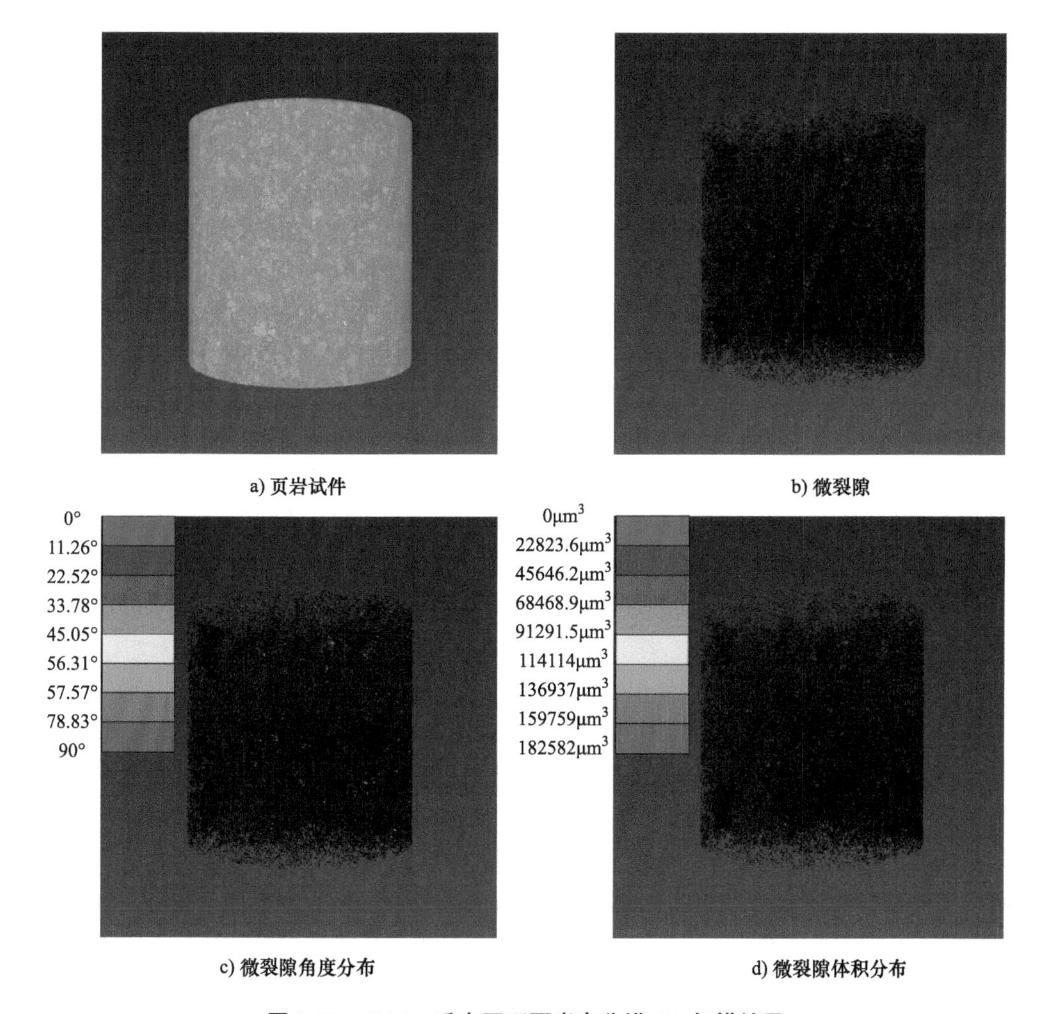

图 3.62 4314m 垂直层理页岩高分辨 CT 扫描结果

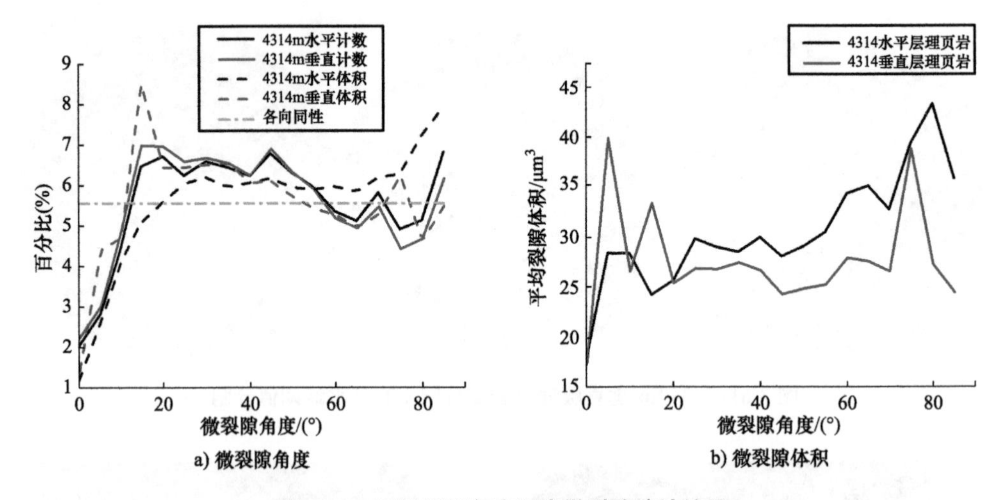

a) 微裂隙角度　　b) 微裂隙体积

图 3.63　不同层理角度页岩微裂隙统计结果

下面分析水平和垂直层理角度页岩微裂隙统计结果。根据图 3.63 裂纹面角度定义知，水平层理的层理面角度为 90°。观察沿层理面方向的裂隙数量可以发现，和第 2 章中孔隙与有机质随角度的变化规律相似，呈现出沿层理方向微裂纹数量增多的特征；观察沿层理面方向裂隙体积（对应 AMICS 试验中的面积），破坏后的裂隙更加集中在层理面方向。这说明该方向的微裂纹由于起裂扩展，使得裂纹体积增大，也使得沿层理面角度的裂隙体积增加，其所占百分比也随之增加。以上表明了层理面对裂纹的起裂扩展有着引导作用，使得裂纹发生沿层理面的起裂扩展。垂直层理页岩也是在层理面角度附近达到计数和体积分布的较大值。两个页岩层理面方位不同，两种页岩破坏后微裂隙方向分布也不同。垂直层理角度页岩平均裂隙的体积在层理面附近 5° 和 15° 处达峰值，也能反映出垂直层理页岩中有许多微裂隙发生了沿层理方向的起裂扩展。

综上，不同层理角度页岩微裂隙都受到层理软弱面影响，都发生了沿层理面方向的起裂扩展。

3.4.2　不同深度页岩破坏后的细观裂隙特征

4327m 深度页岩水平层理 CT 图像分割结果和最终样品中孔隙提取结果如图 3.64 和图 3.65 所示。对 4327m 和 4314m 深度页岩破坏后微裂隙方向和体积特征进行统计分析如图 3.66 所示。4327m 深度页岩与 4314m 深度页岩沿裂纹方向相比沿层理面方向产生的微裂隙较多，但是沿 30° 附近剪切面方向产生的微裂隙较少。在第 2 章的分析结果中，4314m 深度孔隙与有机质颗粒具有更加明显的方向性特征。这说明了不同深度页岩微裂隙在加载过程中受层理面影响发生沿软弱结构起裂的程度不同，这也使得微裂纹在沿层理面方向的集中程度上产生了差异。4314m 深度页岩在加载过程中发

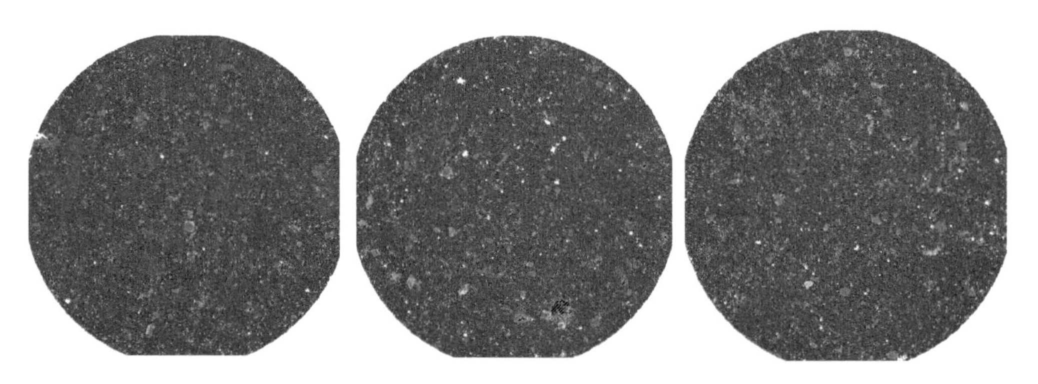

图 3.64　4327m 深度水平层理页岩高分辨 CT 分水岭阈值分割

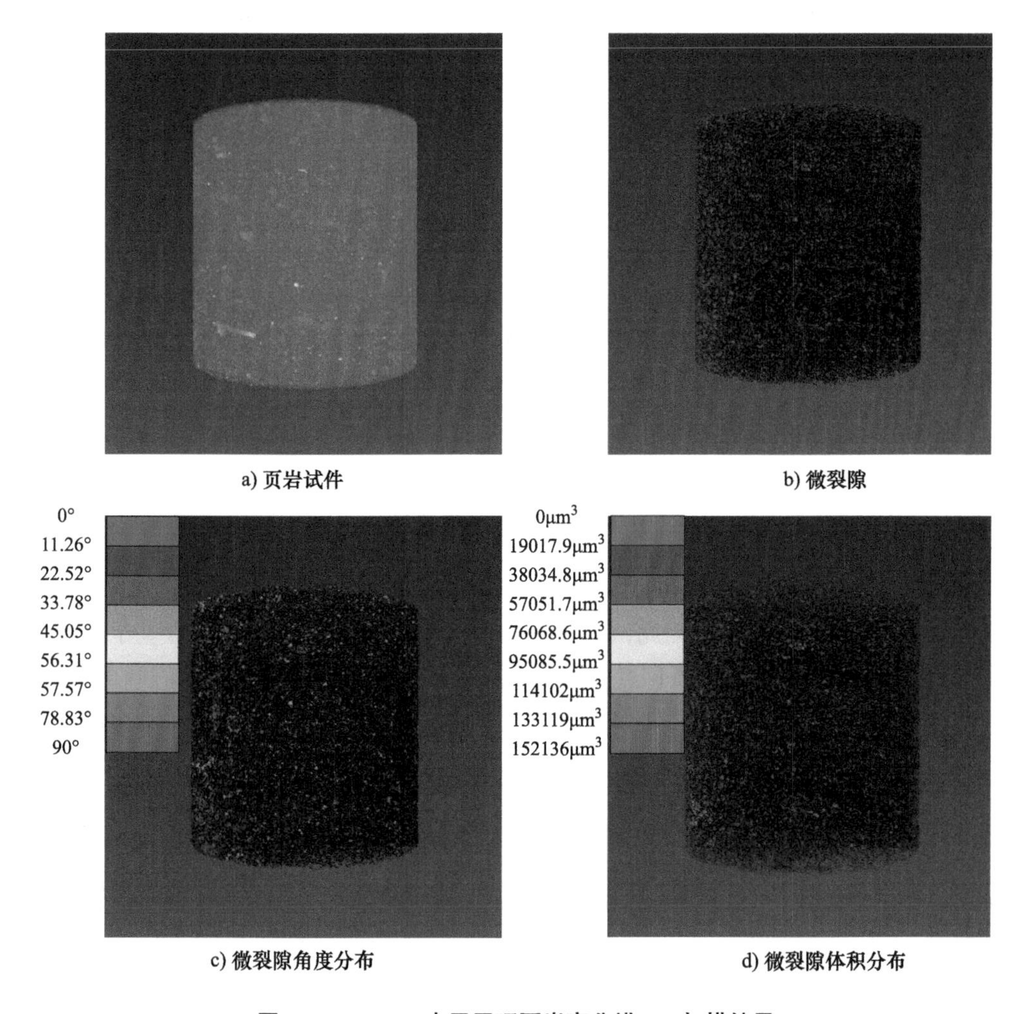

a) 页岩试件　　b) 微裂隙

c) 微裂隙角度分布　　d) 微裂隙体积分布

图 3.65　4327m 水平层理页岩高分辨 CT 扫描结果

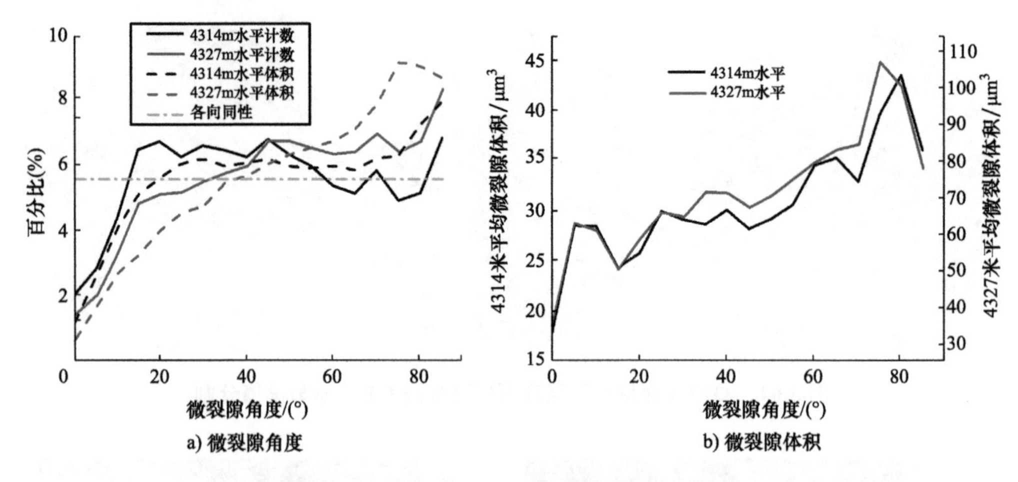

图 3.66　不同层理角度页岩微裂隙统计结果

生了更多的沿剪切面的起裂扩展，使得沿剪切面方向的微裂隙数量和体积有所增加。观察不同深度页岩破坏后微裂隙平均体积发现，不同深度页岩破坏后的平均微裂隙体积大小存在明显差异。其中，4327m 深度层状页岩平均体积明显大于 4314m 深度层状页岩，与 AMICS 分析中 4327m 深度页岩赋存有大面积的孔隙与有机质相符。平均微裂纹的体积变化规律无明显差异，说明不同深度层理面对微裂纹起裂扩展影响微弱。

综上，不同深度页岩在加载过程中，微裂纹受层理软弱面影响发生起裂扩展的程度存在微弱的差异。不同深度页岩的微裂纹平均体积存在明显差异，并与 AMICS 结果中的孔隙与有机质的面积含量结果相吻合。

3.5　层状页岩各向异性 Hoek-Brown 准则修正模型研究

3.1～3.4 节的试验研究表明，不同层理角度页岩中裂隙的发育会受到层理面影响，发生沿层理面的起裂扩展。因此，本节通过考虑层理软弱面的作用，建立基于断裂力学分析的 Hoek-Brown 准则各向异性修正模型，并引入层理面影响程度的修正系数，对各个参数进行敏感性分析，讨论其物理意义，并与文献数据拟合验证了理论模型的有效性。

3.5.1　各向同性 Hoek-Brown 准则的断裂力学分析

从细观角度建立基质体为各向同性材料的 Hoek-Brown 准则理论模型满足如下基本假设[149]：

（1）岩石内随机分布大量裂纹，裂纹彼此独立；

（2）围压对微破裂有抑制作用，考虑外载荷具有轴向对称性的环向等围压情况；

（3）岩石的破坏发生在与最大主应力平行的平面内的概率相同。

基于以上假设建立如图3.67所示的受等围压岩石断裂力学模型，其为与最大主应力方向平行的平面模型（最大主应力σ_1，围压为σ_3）。由于裂纹彼此独立，首先研究平面模型含单个初始贯穿裂纹情况，初始裂纹倾角与σ_3之间的夹角为θ。

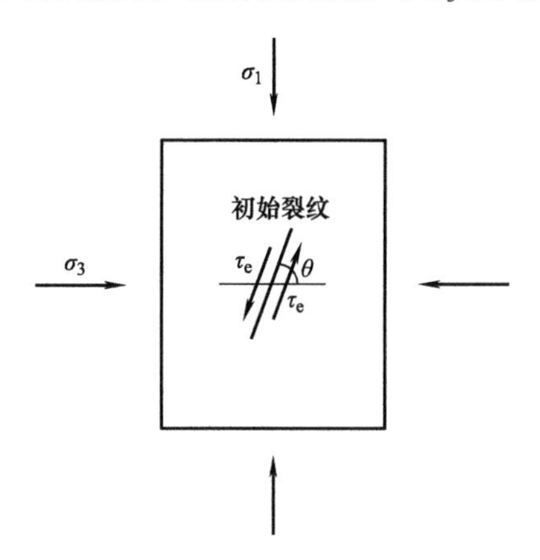

图3.67　等围压下单裂纹断裂力学模型[150]

由断裂力学理论知，图3.66中裂纹为纯Ⅱ型裂纹，初始裂纹所受的有效切应力τ_e表达式为

$$\tau_e=\frac{1}{2}\left[(\sigma_1-\sigma_3)(\cos 2\theta+\mu\sin 2\theta)-\mu(\sigma_1+\sigma_3)\right] \tag{3.4}$$

根据线弹性断裂力学，Ⅱ型裂纹扩展条件表达为

$$K_{\mathrm{II}}\geqslant\kappa K_{\mathrm{IC}} \tag{3.5}$$

上面两式中，μ为摩擦系数；K_{II}为Ⅱ型应力强度因子；K_{IC}为Ⅰ型断裂韧度；κ为常数，其根据断裂准则选取不同值。

左建平[149, 151-152]等认为单裂纹临界起裂条件不足以引发岩石脆性破坏，脆性破坏是岩石内部微破裂密度达到极限的结果。并根据表征微破裂密度的角度公式，通过数学分析推导出表征岩石破坏特征量，理论推导了形如Hoek-Brown准则的破坏准则表达式：

$$\sigma_1=\sigma_3+\sqrt{\frac{\mu\sigma_c}{\kappa\sigma_t}\sigma_c\sigma_3+\sigma_c^2} \tag{3.6}$$

从而得到各向同性岩石Hoek-Brown准则的断裂力学解释，并且使得Hoek-Brown准则参数m具有明确的物理意义。

3.5.2 模型参数的各向异性修正

对于层状岩石由于层理弱面的存在，受其影响裂纹的起裂扩展方向发生改变。此时各向同性断裂分析中的式（3.5）不再适用。本书在前述研究的基础上，考虑层理面对裂纹起裂的各向异性作用，建立层状岩石含单裂纹平面断裂力学模型，如图 3.68 所示。模型认为岩石存在与最小主应力夹角为 θ 的初始微裂纹，同时存在层理弱面，其与最小主应力夹角为 β。为了分析方便，在层理方位建立初始裂纹尖端坐标系 $O'x'y'$，层理方位角在坐标系 $O'x'y'$ 下为 θ'。从图 3.68 可见层理方位角 β 与初始微裂纹方位角 θ 的几何关系为：$\beta-\theta=\theta'$。研究表明对于纯Ⅰ、纯Ⅱ型裂纹，当弱面方向断裂韧性与其他方向断裂韧性的比值分别小于 0.2594、0.6621 时，裂纹总会偏转到弱面方向上 [153]。前面章节的试验也表明层状页岩中裂纹受到层理软弱面影响发生沿层理方向的起裂扩展。该模型首先考虑层理面足够软弱使得初始裂纹全部偏转到层理软弱面的情况。

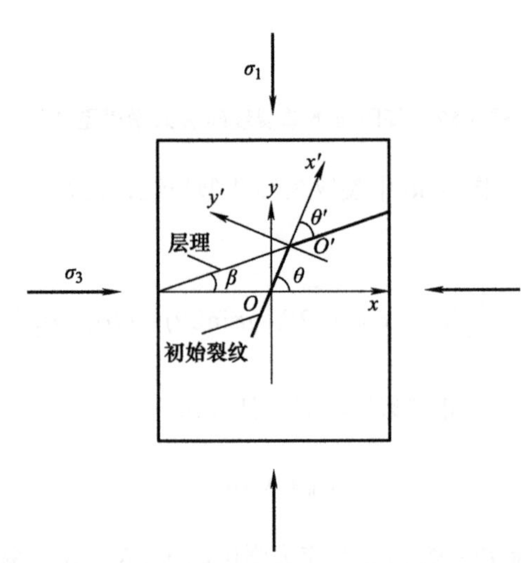

图 3.68 等围压下层状岩石含单裂纹断裂力学模型

初始裂纹扩展过程中尖端会有无数条分叉裂纹，沿层理方向也会有分叉裂纹。为了建立初始裂纹偏转到层理弱面后进一步起裂扩展的条件，建立层理分叉裂纹的坐标系如图 3.69 所示。r'，θ' 为初始裂纹尖端坐标系下的极坐标表达，$\sigma_{r'r'}$、$\sigma_{\theta'\theta'}$、$\tau_{r'\theta'}$ 分别为初始裂纹尖端的径向应力、切向应力和切应力。$\overline{O}_{\overline{x}\overline{y}}$ 为分叉裂纹尖端坐标系，r'，θ' 为其极坐标表达。

Hou[154] 等以裂纹尖端的 Williams 应力解 [155] 为基础，认为与初始裂纹尖端夹角为 θ' 的分叉裂纹起裂扩展微小段距离 a 时，根据连续性假设，分叉裂纹尖端的应力等于初始裂纹尖端角度 θ' 处应力 $\sigma_{r'r'}$、$\sigma_{\theta'\theta'}$、$\tau_{r'\theta'}$，即

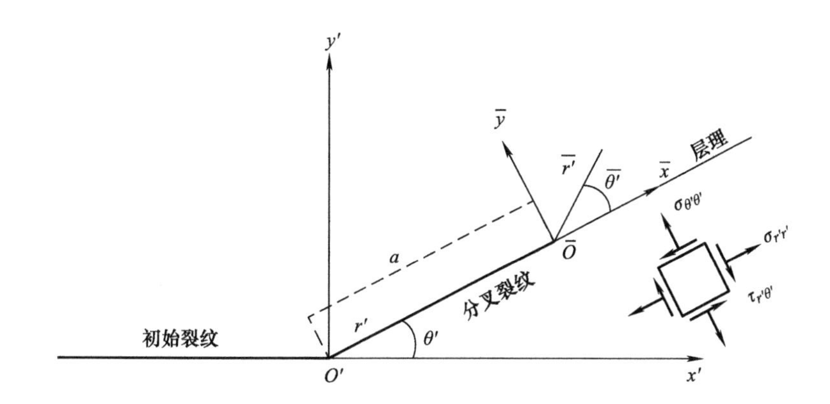

图 3.69　分叉裂纹尖端几何与受力示意图

$$\begin{cases}\sigma_{\theta'\theta'}=\dfrac{1}{2\sqrt{r}}\left[\dfrac{K_{\mathrm{I}}}{\sqrt{2\pi}}(1+\cos\theta')\cos\dfrac{\theta'}{2}-3\dfrac{K_{\mathrm{II}}}{\sqrt{2\pi}}\sin\theta'\cos\dfrac{\theta'}{2}\right]+T\sin^2\theta'+O(r^{1/2})\\ \sigma_{rr}=\dfrac{1}{2\sqrt{r}}\left[\dfrac{K_{\mathrm{I}}}{\sqrt{2\pi}}(3-\cos\theta')\cos\dfrac{\theta'}{2}+\dfrac{K_{\mathrm{II}}}{\sqrt{2\pi}}(3-\cos\theta')\sin\dfrac{\theta'}{2}\right]+T\cos^2\theta'+O(r^{1/2})\\ \tau_{r\theta'}=\dfrac{1}{2\sqrt{r}}\left[\dfrac{K_{\mathrm{I}}}{\sqrt{2\pi}}\sin\theta'+\dfrac{K_{\mathrm{II}}}{\sqrt{2\pi}}(3\cos\theta'-1)\right]\cos\dfrac{\theta'}{2}-T\sin\theta'\cos\theta'+O(r^{1/2})\end{cases}\tag{3.7}$$

以 Hou 等 [154] 人的模型为基础，将层状岩石初始裂隙沿层理面方向的分叉裂纹方位角 θ' 代入初始裂纹 Williams 应力解，建立层理方向分叉裂纹尖端能量释放率公式，即

$$G_\theta=\frac{1}{E'}(\bar{K}_{\mathrm{I}\theta'}^2+\bar{K}_{\mathrm{II}\theta'}^2)=\frac{2\pi r}{E'}(\sigma_{\theta'\theta'}^2+\tau_{r\theta'}^2)\tag{3.8}$$

上面两式中，K_{I}、K_{II} 为初始裂纹的应力强度因子；$K_{\mathrm{I}\theta'}$、$K_{\mathrm{II}\theta'}$ 分别为层理方向分叉裂纹尖端Ⅰ型、Ⅱ型应力强度因子。将式（3.7）代入式（3.8），得层理方向分叉裂纹尖端能量释放率进一步表达式：

$$G_\theta=B_1K_{\mathrm{I}}^2+B_2K_{\mathrm{II}}^2+B_3K_{\mathrm{I}}K_{\mathrm{II}}+B_4\sqrt{2\pi r_{\mathrm{C}}}K_{\mathrm{I}}T+B_5\sqrt{2\pi r_{\mathrm{C}}}K_{\mathrm{II}}T+B_6(2\pi r_{\mathrm{C}})T^2\tag{3.9}$$

式中，$B_1\sim B_6$ 为简化表达式设的参数，其具体表达式如下：

$$\begin{cases} B_1 = \dfrac{1}{4}(\cos\theta' + 1)^2 \\ B_2 = -3\sin^4\dfrac{\theta'}{2} + 2\sin^2\dfrac{\theta'}{2} + 1 \\ B_3 = -\dfrac{1}{2}\sin(2\theta') - \sin\theta' \\ B_4 = -4\cos^5\dfrac{\theta'}{2} + 4\cos^3\dfrac{\theta'}{2} \\ B_5 = 4\sin^5\dfrac{\theta'}{2} - 4\sin\dfrac{\theta'}{2} \\ B_6 = \sin^2\theta' \end{cases} \tag{3.10}$$

依据断裂力学理论，当分叉裂纹尖端能量释放率达到临界值 $G_{\theta C}$ 时开始起裂，即

$$G_\theta = G_{\theta C} \tag{3.11}$$

$G_{\theta C}$ 可通过Ⅰ型裂纹断裂韧性求得：

$$G_{\theta C} = \frac{1}{E'}K_{IC}^2 \tag{3.12}$$

对于不考虑 T 应力的纯Ⅱ型裂纹，由式（3.9）得到沿层理方位分叉裂纹尖端能量释放率公式：

$$G_\theta = \frac{1}{E'}\left(-3\sin^4\frac{\theta'}{2} + 2\sin^2\frac{\theta'}{2} + 1\right)K_{II}^2 \tag{3.13}$$

联立式（3.11）、式（3.12）、式（3.13），得到沿层理弱面分叉裂纹起裂准则公式：

$$K_{IC}^2 = \left(-3\sin^4\frac{\theta'}{2} + 2\sin^2\frac{\theta'}{2} + 1\right)K_{II}^2 \tag{3.14}$$

将式（3.18）代入初始裂纹方位角和层理面方位角几何关系式，可得方向为 θ 初始微裂纹沿层理分叉后起裂条件式：

$$K_{IC}^2 = \left(-3\sin^4\frac{\beta-\theta}{2} + 2\sin^2\frac{\beta-\theta}{2} + 1\right)K_{II}^2 \tag{3.15}$$

通过不同角度的初始裂纹 K_{II} 对角度求导计算极值，得到初始裂纹角度中引起岩石破裂临界角 θ_0，即

$$\frac{\partial K_{\mathrm{II}}}{\partial \theta}=0 \tag{3.16}$$

$$\theta_0=\frac{\pi}{2}-\frac{1}{2}\arctan\frac{1}{\mu'} \tag{3.17}$$

在该角度下岩石的初始裂纹应力强度因子达到最大，最容易引起岩石破裂。选取θ_0作为层理岩石初始微裂纹角度，此时最容易发生沿层理的破坏。将式（3.17）代入式（3.15）得

$$\sqrt{\left(1-3\sin^4\frac{\beta-\theta_0}{2}+2\sin^2\frac{\beta-\theta_0}{2}+1\right)}K_{\mathrm{II}}\geqslant K_{\mathrm{IC}} \tag{3.18}$$

将上式与式（3.9）对比，κ可以写成层理角度的函数，即

$$\frac{1}{\kappa(\beta)}=\sqrt{-3\sin^4\frac{\beta-\theta_0}{2}+2\sin^2\frac{\beta-\theta_0}{2}+1} \tag{3.19}$$

根据式（3.6）各向同性材料 Hoek-Brown 准则中m参数表达形式[149]，对于含层理的各向异性岩石其可以表示为

$$m_1=\frac{1}{\kappa(\beta)}\left(\mu'\frac{\sigma_{\mathrm{c}}'}{\sigma_{\mathrm{t}}'}\right) \tag{3.20}$$

μ'、σ_{c}'、σ_{t}'分别为层理面摩擦系数、抗压强度和抗拉强度。

结合式（3.19），将式（3.20）改写为

$$m_1=m_0\sqrt{-3\sin^4\frac{\beta-\theta_0}{2}+2\sin^2\frac{\beta-\theta_0}{2}+1} \tag{3.21}$$

式中，m_0为m中不随层理角度变化的部分，即

$$m_0=\mu'\frac{\sigma_{\mathrm{c}}'}{\sigma_{\mathrm{t}}'} \tag{3.22}$$

如果只考虑κ对m的影响而忽略其他项的各向异性作用，就得到了初始裂纹沿层理起裂的 Hoek-Brown 准则参数m的各向异性修正。

3.5.3 模型的各向异性修正

上述分析中首先考虑了层理面足够弱的情况，此时裂纹总是沿层理方向起裂。但是层状页岩的真实断裂和破坏十分复杂，并不总是呈现沿层理面方向的起裂扩展。同

时，不同层理角度页岩沿层理方向起裂裂纹数量呈现出明显的差异性[156]，因此模型修正需要考虑裂纹沿层理和基质同时起裂对参数 m 的影响。

设 Hoek-Brown 准则参数 m 沿层理起裂和沿基质起裂时分别为 m_1、m_2。初始裂纹沿基质起裂，可以利用各向同性断裂力学分析结果[149]，Hoek-Brown 准则参数 m_2 计算式如下（κ 为常数）：

$$m_2 = \frac{1}{\kappa}\left(\mu \frac{\sigma_c}{\sigma_t}\right) \tag{3.23}$$

引入修正系数 α 表示层状岩石初始裂纹沿层理和沿基质起裂扩展的比例，则参数 m 可以表示为

$$m = \alpha m_1 + (1-\alpha)m_2 \tag{3.24}$$

修正系数 α 说明了层理弱面影响的程度。α 值越大，层理面的各向异性影响越大，受层理面影响沿层理方向起裂的初始裂纹数量越多。修正系数 α 可以通过实验数据拟合得到。

本书在各向同性岩石 Hoek-Brown 准则断裂力学分析基础上，代入式（3.24）以及不同层理角度的抗压强度 $\sigma_{c\beta}$，得到层状岩石各向异性修正式

$$\sigma_1 = \sigma_3 + \sqrt{[\,\alpha m_1 + (1-\alpha)m_2]\sigma_3\sigma_{c\beta} + \sigma_{c\beta}^2} \tag{3.25}$$

Hoek-Brown 准则各向异性修正式（3.25）是在各向同性 Hoek-Brown 强度准则的断裂力学理论基础上发展而来，因此岩石破坏也被认为是微破裂密度达到极限的结果，继承了各向同性 Hoek-Brown 强度准则岩石破坏特征量的选择，反映了岩石的细观破坏机理，同时考虑了层理各向异性的影响，准则中的相关参数物理意义明确。

3.5.4 修正系数 α 和摩擦系数 μ 对模型参数 m 的影响分析

由上节分析可知，式（3.24）中的参数 m 具有明确的表达式，其与修正系数 α 及基质和层理的抗拉强度、抗压强度、摩擦系数 μ、κ、$\kappa(\beta)$ 值有关。层理面的摩擦系数用 μ' 表示。下面将研究修正系数 α 和层理摩擦系数 μ' 取不同值对 m 的影响。

设 m_0 为 4，m_2 为 5，α 分别取 0,0.5,0.6,0.7,0.8,1，得到 α 的敏感性曲线如图 3.70 所示。当 α 取值小于 1 时，m 曲线随层理角度先减小后增大，取得最小值时的临界角为 θ_0。α 对 m 曲线的幅值影响较大，即不同层理角度下 m 随修正系数 α 的减小而增加，并且随着 β 角的增大，曲线变化幅度随 α 增加而增加。当 $\alpha = 0$ 时，$m = m_2$，即此时 m 为常数，等于各向同性基岩的材料参数 m_2；当 $\alpha = 1$ 时，$m = m_1$，此时参数 m 会随层理角度发生较大变化，呈现出更加明显的差异性，修正系数 α 反映了材料参数 m 的各向异性程度。

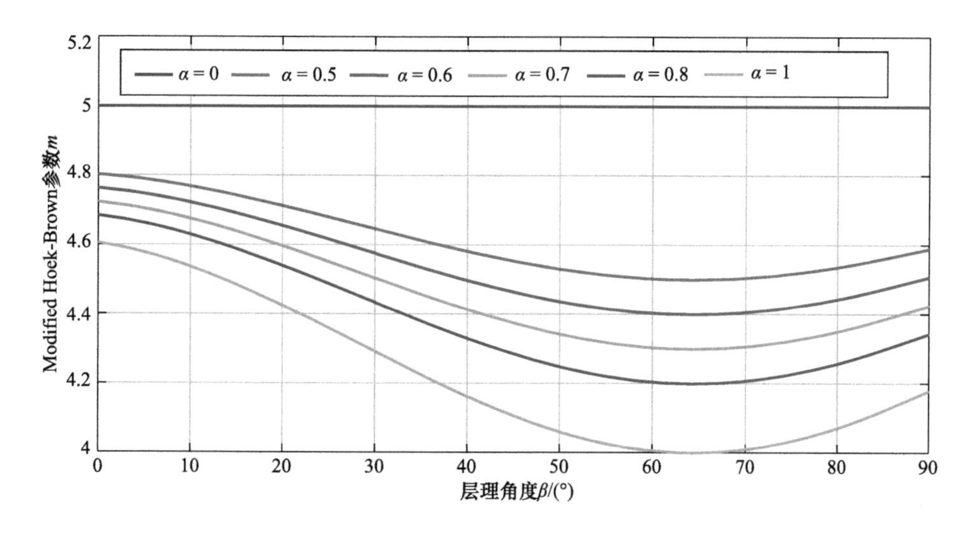

图 3.70　修正系数 α 敏感性曲线

设 σ_c'/σ_t' 为 5，m_2 为 4，α 为 0.8，μ' 分别取 0.5,0.6,0.7,0.8，得到 μ' 的敏感性曲线如图 3.71 所示。图中显示 μ' 取不同值的情况下，m 曲线随层理角度先减小后增大，但曲线随层理角度的变化幅度并不明显。在临界角 θ_0 处取得最小值，因为摩擦系数 μ' 的变化会改变模型中临界角，故曲线极小值点的位置并不同。在相同的临界角下，随着 μ' 增加，m 值变大，是因为随着摩擦系数 μ' 增加，岩石抗剪切的能力和强度提高。

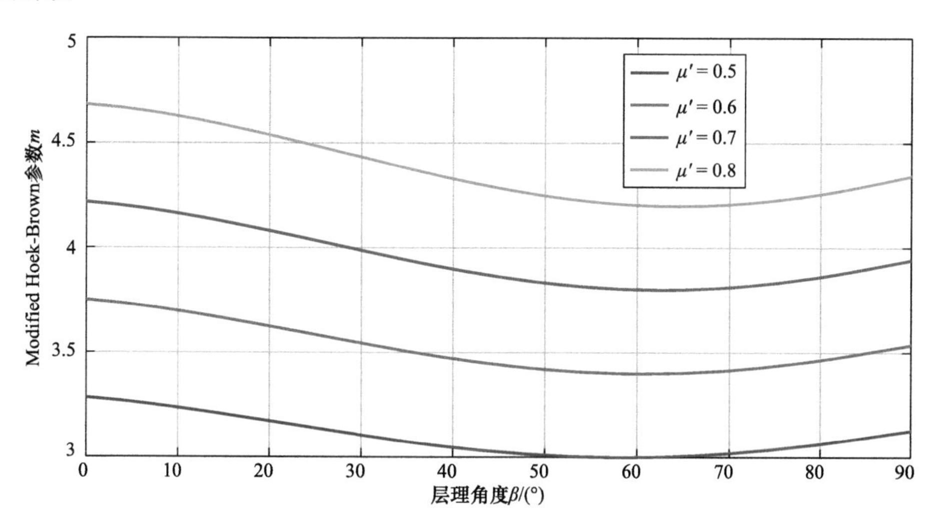

图 3.71　摩擦系数 μ′ 敏感性曲线

3.5.5 Hoek-Brown 准则各向异性修正模型参数的确定及验证

下面将讨论修正模型公式（3.18）中相关参数确定方法。由 3.5.2 节推导过程可知，式（3.20）中的层理相关力学参数的 μ'、σ_c'、σ_t' 可以直接测试出来；$\kappa(\beta)$ 的计算由式（3.19）可知，需要已知材料参数 θ_0，θ_0 通过式（3.17）在已知 μ' 时可计算出来。同理，m_1 与基质相关的力学参数 μ、σ_c、σ_t、κ 也可通过实验测定。

除了上述实验方法，m_2 还可以通过三轴压缩试验数据拟合得到部分材料参数的近似值。在式（3.6）中，为各向同性基岩的 Hoek-Brown 准则参数，即岩石完全为基岩时的材料参数。设 $m' = \mu'\sigma_c'/\kappa\sigma_{t\omega}'$，则 m' 是岩石完全为层理材料时的 Hoek-Brown 准则参数，则 $m_0 = \kappa m'$。m_2 和 m' 均为各向同性材料 Hoek-Brown 准则参数，不随层理角度的改变而改变。根据完整各向同性岩石的 Hoek-Brown 准则表达式 $\sigma_1 = \sigma_3 + \sqrt{m\sigma_3\sigma_c + \sigma_c^2}$，各向同性岩石 Hoek-Brown 准则参数可以通过四组不同围压的三轴压缩试验拟合得到。由于层理面分布在基岩中，且材料性质不同于基岩，很难单独得到层理和基岩的准确材料常数。因此，选取不同角度试件三轴压缩试验中拟合得到的 m 的最小值和最大值分别作为层理和基岩的材料常数 m_0 和 m_0 的估计值，从而得到修正模型的材料常数 m_0、m_2。

修正系数 α 需由拟合得到：①通过单轴压缩试验得到不同层理角度岩石的单轴抗压强度 $\sigma_{c\beta}$；②通过试验或拟合确定 m_0、m_2，以及通过三轴压缩试验数据拟合得到 μ'，根据式（3.17）计算得到 θ_0；③在 θ_0 和 m_0 确定后，根据式（3.21）将不同层理角度 β 代入，得到不同层理角度试件的 m_1。④将得到的不同角度试件的 m_1、m_2 代入式（3.25），得到各个层理角度试件的修正系数 α。

文献[156-159]进行了不同层理角度、不同围压下页岩三轴压缩试验，利用文献中页岩的试验结果对推导的修正模型验证。其中试验所用试件页岩 1、页岩 2、页岩 3 取自龙马溪组，页岩 4 取自牛蹄塘组。通过对层状页岩三轴压缩试验数据进行拟合，得到修正 Hoek-Brown 准则相关参数见表 3.5，进而计算得到不同层理角度页岩试件的修正参数 α 及相关系数 R_2 见表 3.6。将得到的各个参数代入式（3.25）可以绘制出两组页岩修正的 Hoek-Brown 准则曲线如图 3.72 所示。与试验结果对比，拟合的相关系数较高，证明理论与试验结果吻合较好。因此该模型具有一定的准确性，能够反映出层理对沉积岩强度各向异性的影响。

表 3.5 修正 Hoek-Brown 准则相关参数拟合结果

试件名称	m_0	m_2	θ_0/(°)
页岩 1	5.95	11.14	60.72
页岩 2	2.865	6.612	55.79
页岩 3	8.179	2	61.88
页岩 4	1.741	4.913	52.15

表 3.6 不同层理角度页岩试件的参数计算结果

参数名称	0°	15°	30°	45°	60°	75°	90°
页岩 1-α	1		1		0		0.3376
页岩 2-α	0.4545	1	0.8306	0.7622	0	0.5556	0.043
页岩 3-α	0.9387	1	0.9044	0.6096	0.0007	1	0.8134
页岩 4-α	1		0.13	0	0.1575		0.9196
页岩 1-R^2	0.9745		0.9753		0.9769		0.9663
页岩 2-R^2	0.991	0.9657	0.9459	0.9676	0.8806	0.946	0.9284
页岩 3-R^2	0.9341	0.8895	0.9559	0.9504	0.9683	0.9467	0.9025
页岩 4-R^2	0.9807		0.986	0.9719	0.9058		0.8839

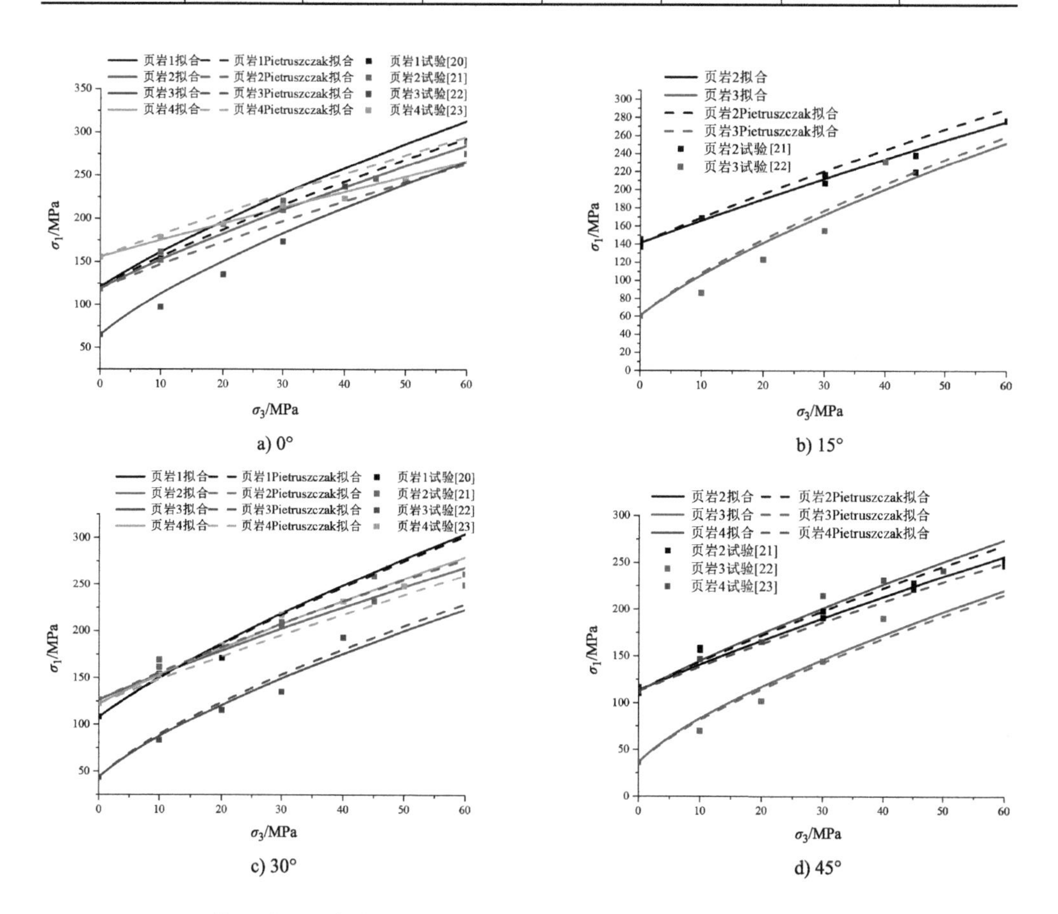

图 3.72 龙马溪组、牛蹄塘组不同层理角度页岩修正的 Hoek-Brown 准则曲线及三轴试验结果对比

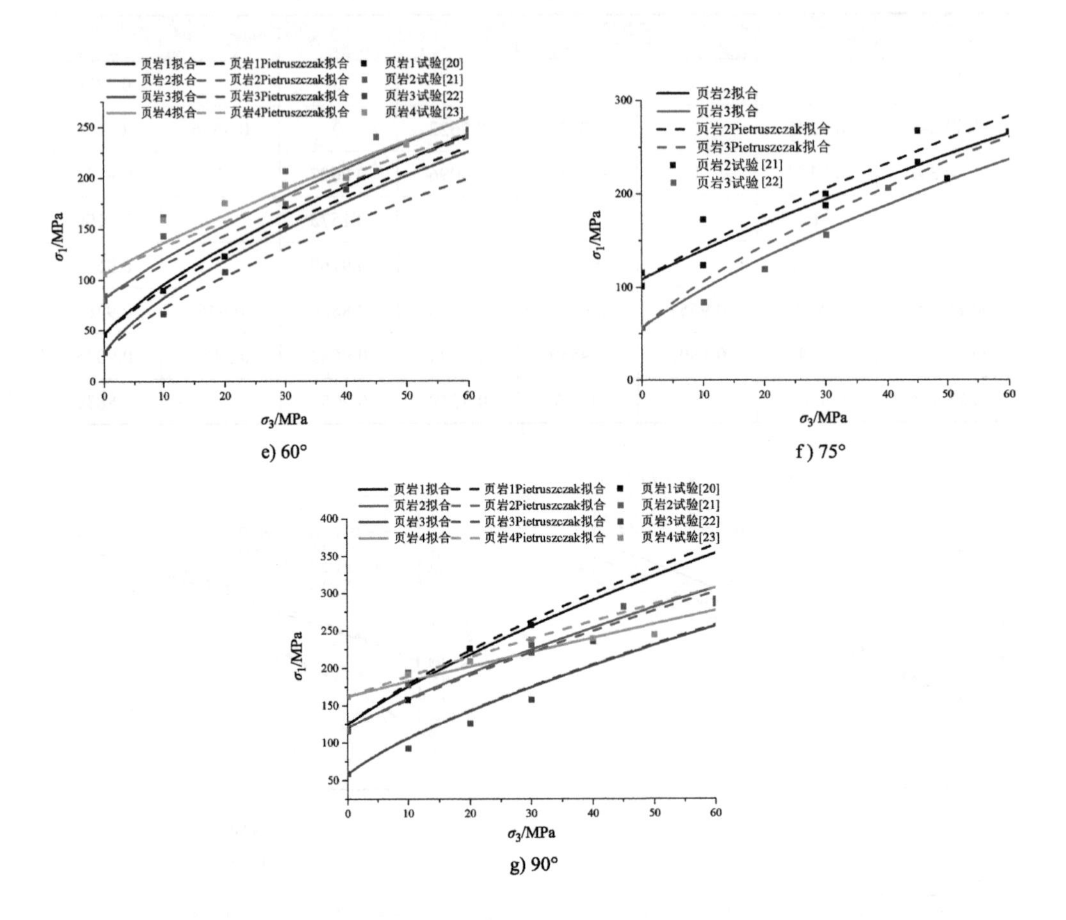

e) 60°

f) 75°

g) 90°

图 3.72 龙马溪组、牛蹄塘组不同层理角度页岩修正的 Hoek-Brown 准则曲线及三轴试验结果对比（续）

Hoek-Brown 各向异性修正模型中，Pietruszczak 等[160]基于临界面方法提出的模型具有较为明确的数学物理意义。该模型认为层状岩石为横观各向同性体，m 随角度的空间分布可写成 $m_\beta = a_1 + a_2\exp[\Omega_0(1-3\sin2\beta)]$，$\Omega_0$ 为描述空间分布偏差的二阶张量 $\boldsymbol{\Omega}$ 的主系数，在横观各向同性的情况下可以写成 $\Omega_0 = \Omega_{11} = \Omega_{33}$。$a_1$、$a_2$ 为与方向无关的系数。本书通过不同层理角度的三轴压缩试验得到 Pietruszczak 修正模型中的各参数拟合结果见表 3.7，拟合的相关系数见表 3.8。将本书修正模型的拟合曲线和 Pietruszczak 修正模型的拟合曲线及试验结果进行对比，如图 3.73 所示。从两个模型拟合结果对比及得到的两个模型拟合的相关系数来看，本书的各向异性修正模型拟合结果较好，说明本文的各向异性修正模型能够较好地表征层状岩石的各向异性破坏。

表 3.7　Pietruszczak 各向异性模型参数拟合结果

试件名称	a_1	a_2	Ω_0
页岩 1	13.43	−5.766	0.3224
页岩 2	3.282	0.921	−0.5543
页岩 3	−701.2	711.4	−0.0006
页岩 4	−227.9	231.3	−0.0004

表 3.8　Pietruszczak 各向异性修正模型拟合的相关系数

参数名称	0°	15°	30°	45°	60°	75°	90°
页岩 1-R^2	0.9883		0.9432		0.9609		0.9576
页岩 2-R^2	0.9365	0.8996	0.9333	0.941	0.8356	0.9006	0.9248
页岩 3-R^2	0.9341	0.8825	0.9516	0.9479	0.8996	0.8786	0.8936
页岩 4-R^2	0.5894		0.9226	0.8812	0.8575		0.5635

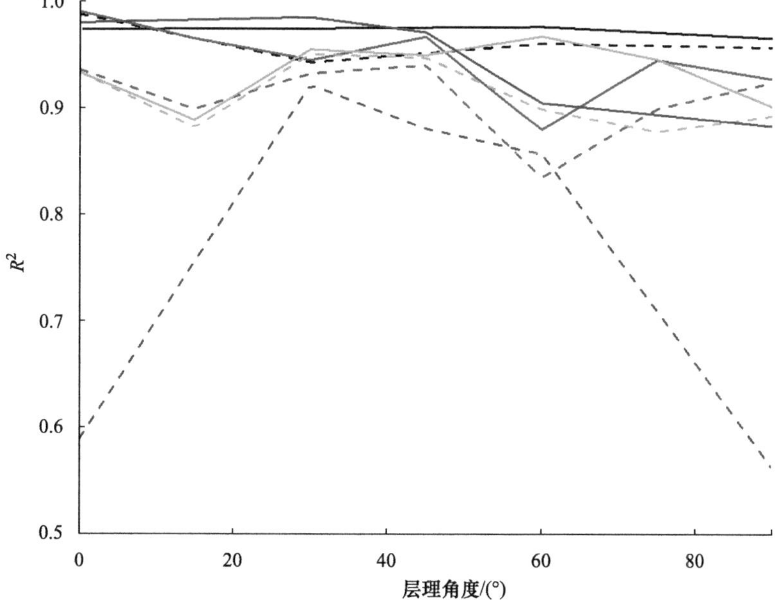

图 3.73　各向异性修正模型与 Pietruszczak 模型拟合结果对比

第4章 基于原位加载CT扫描试验的层理页岩变形场特征研究

页岩的复杂细观结构特征会导致加载过程中的非均匀变形。同时，应变局部化的分布能够反映页岩在加载过程中内部细观结构的损伤演化过程。为了研究层状页岩内部变形特征，本章以深度为4314m的页岩原位加载CT扫描所获得的数字图像作为变形信息载体，基于局部数字体积相关法（Digital Volume Correlation，简称DVC）和全局DVC方法计算单轴压缩条件下层理页岩试件的变形场分布，研究页岩变形演化的层理效应。

4.1 数字体积相关方法

4.1.1 数字体积相关计算模式

目前数字体积相关方法包括两种主流的应用广泛的研究方法，分别为基于子集的局部DVC计算方法（Local-DVC）和基于有限元的全局DVC计算方法（Global-DVC）。

局部DVC算法通过将体积图像的兴趣分析区域划分为若干个小的子区，通过追踪每个子区在参考图像以及变形图像中的坐标变化来计算位移。各个子块体之间是相互独立的，没有考虑子块体间位移的连续性，这样的设置可能会导致子块体出现分离或重叠。局部DVC方法通常能够捕捉物体内部发生的一些较大的变形，对于测量较大变形，该方法的适用程度较高。

全局DVC计算方法则是借助于有限元理论划分被测物体的计算区域，将其划分成若干个小尺寸单元。单元之间是相互连续的，通过节点位移建立单元内部的形函数，实现物体位移场的全局描述。

局部 DVC 方法与全局 DVC 计算方法均有自己独特的特点，可根据被测物体的自然属性以及变形程度选择合适测量变形的计算方法，两种方法的优缺点总结如下：局部 DVC 计算方法的计算速度是很快的，鲁棒性好，对较大变形的适用度较高，但如果待测物体的图像分辨率低，散斑效果不理想，搜索匹配的精度会比较低，计算结果准确度不高；全局 DVC 计算方法的结果能够和有限元数值模拟软件相互验证，对于图像质量较差的仍能够保持较高的计算精度，但计算时间上比局部 DVC 计算方法要更昂贵，且二次开发的难度较高 [161]。

4.1.2 数字体积相关计算原理

通过 DVC 方法计算岩石变形的相关流程如图 4.1 所示。首先利用 AVIZO 将各个层理页岩试件 CT 图像的二维切片数据重构成三维数字体像，然后在初始扫描的试件三维数字体像中部提取方形的感兴趣子图像区域（ROI）作为参考体图像，在每一加载阶段从试件三维数字体像中也提取相同范围区域作为变形体图像，利用数字体积相关法的局部算法和全局算法计算不同层理角度页岩试件在渐进加载过程中的三维位移场和应变场。

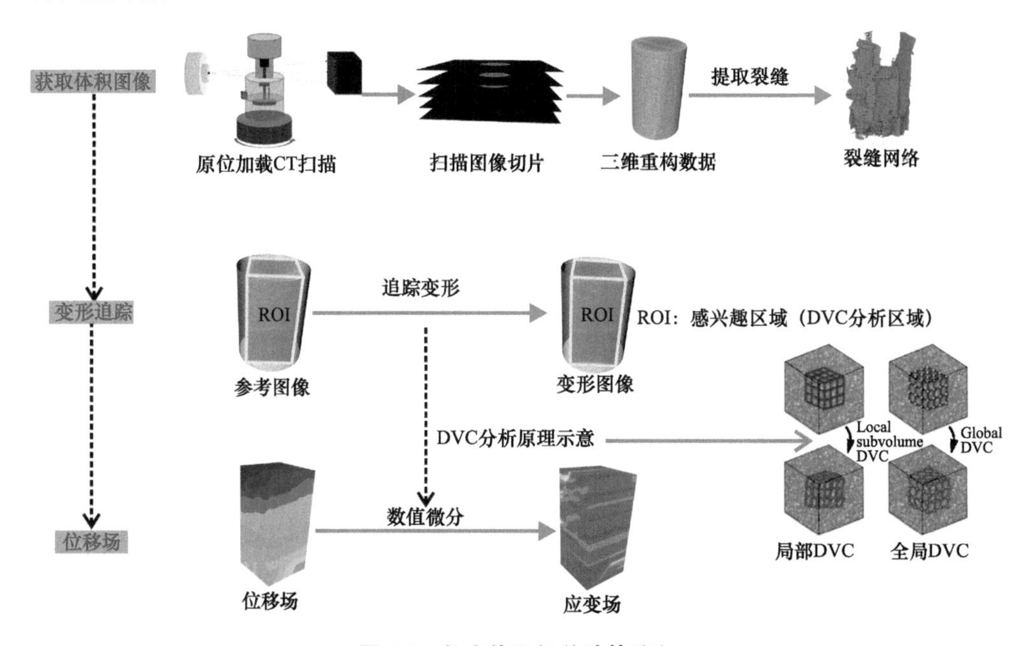

图 4.1 数字体积相关计算流程

在利用局部 DVC 算法计算粗规则网格上的大位移时，将参考体和变形体的计算区域分割成一系列子块体，根据经验确定子块体边长为 120μm × 120μm × 120μm[162]。变形体图像 g 和参考体图像 f 中任一子块体的灰度分布函数分别为 $g(i^*, j^*, k^*)$ 和

$f(i,j,k)$，变形前后各点的位置坐标关系为

$$\begin{cases} i^* = i + u(i,j,k) \\ j^* = j + v(i,j,k) \\ k^* = k + w(i,j,k) \end{cases} \tag{4.1}$$

式中，u, v, w 为参考子块体任一点 (i,j,k) 在 x，y，z 方向的位移函数；(i^*,j^*,k^*) 为相应点在变形后的位置坐标。位移函数的泰勒级数展开（取一阶导数项）为

$$\begin{cases} u(i,j,k) = u_0 + \dfrac{\partial u}{\partial i}\Delta i + \dfrac{\partial u}{\partial j}\Delta j + \dfrac{\partial u}{\partial k}\Delta k \\ v(i,j,k) = v_0 + \dfrac{\partial v}{\partial i}\Delta i + \dfrac{\partial v}{\partial j}\Delta j + \dfrac{\partial v}{\partial k}\Delta k \\ w(i,j,k) = w_0 + \dfrac{\partial w}{\partial i}\Delta i + \dfrac{\partial w}{\partial j}\Delta j + \dfrac{\partial w}{\partial k}\Delta k \end{cases} \tag{4.2}$$

式中，（u_0, v_0, w_0）为子块体中心点的坐标，变形前后子块体的相关性可用相关函数来定量评价，即

$$C = \sum_{M_p \in M} [f_p(i,j,k) - g_p(i^*,j^*,k^*)]^2 \tag{4.3}$$

式中，M 代表子块体；M_p 代表子块体内任一点。由式（4.2）和式（4.3）可知相关系数 C 是关于 $p\left(u_0, v_0, w_0, \dfrac{\partial u}{\partial i}, \dfrac{\partial u}{\partial j}, \dfrac{\partial u}{\partial k}, \dfrac{\partial v}{\partial i}, \dfrac{\partial v}{\partial j}, \dfrac{\partial v}{\partial k}, \dfrac{\partial w}{\partial i}, \dfrac{\partial w}{\partial j}, \dfrac{\partial w}{\partial k}\right)$ 的函数。当相关系数 C 最小时，即 $\dfrac{\partial C}{\partial p} = 0$，变形前后子块体相似度最高，通过参数优化求解相关系数 C 的最小值即可得到子块体位移场。将此位移场作为初始位移可进一步应用全局 DVC 算法计算试件内部的位移场和应变场。

首先，建立位移场方程，即

$$f(x) = g(x + u(x)) \tag{4.4}$$

其中 $\boldsymbol{x}$ 是任意的位置向量，f 代表参考图像，g 代表变形图像，u 为待求的位移场。由于成像噪声影响，变形后的灰度信息和变形前不可能完全一样，式（4.4）并不会被严格满足，因此求解方程（4.4）相当于最小化相关残差，即

$$\Gamma = \int_{\mathrm{ROI}} \left[f(x) - g(x + u(x))\right]^2 \mathrm{d}x \tag{4.5}$$

假设图像之间的光流（图像亮度模式的表观运动，表达了图像的变化）守恒，此问题可以通过牛顿迭代过程规避最小化问题的非线性，并表示为矩阵求逆，即

$$\frac{\partial \Gamma}{\partial u} = \boldsymbol{M}\boldsymbol{\delta}_u - \boldsymbol{b} = \boldsymbol{0} \tag{4.6}$$

即

$$\boldsymbol{M}\boldsymbol{\delta}_u = \boldsymbol{b} \tag{4.7}$$

其中，$\boldsymbol{M}$ 是变形场标量积矩阵，$\boldsymbol{\delta}_u$ 是对有限元自由节点处位移值 $\boldsymbol{u}$ 的修正向量，$\boldsymbol{b}$ 是通过牛顿迭代方法以实现收敛的位移矢量（取决于相关残差的图像梯度）。全局 DVC 算法每次计算迭代后会更新其位移增量，当位移增量值小于 0.01 倍体素单元的边长时，算法收敛，即得到最终位移场，然后通过位移场微分即可求得应变场[163]。局部算法与全局算法执行计算时是先后独立进行的。局部算法没有考虑子块体间位移变化的连续性，这可能会导致变形子块体间出现分离或重叠，而全局 DVC 法借助有限元理论划分计算区域，通过节点位移建立单元内部的位移形函数，能够实现位移场的全局描述。

4.1.3 数字体积相关计算流程

本章使用了基于 MATLAB 开发的增广拉格朗日算法（ALDVC）开源程序进行层状页岩单轴压缩状态下内部变形场的计算分析，并对程序语言做了部分修改，以适用于试验数据更准确有效及完整的计算。ALDVC 结合了局部（快速计算时间）和全局（兼容位移场）方法的优点，算法建立在开源的增广拉格朗日数字图像相关（2D-ALDIC）技术的基础上，通过使用乘法器的交替方向方法（ADMM）解决了一般的运动优化问题，并且在保持低计算成本的同时具有较高的精度和准确度，与当前的局部和全局 DVC 方法相比有显著的改进，能够有效地测量物体的三维位移场和应变场[164]。

ALDVC 程序算法总共包括八个部分：

（1）第一部分通过“MATLAB mex setup”从 C/C++ 源代码构建 mex 函数，用于图像灰度值插值，其中线性、三次样条插值（默认）和三次卷积插值通过此节代码调用。

（2）第二部分输入执行 DVC 计算的参考体积图像和变形体积图像，设置 DVC 的一些计算初始参数，在计算初始位移猜测之前，首先将 CT 扫描得到的 TIFF 切片图像转换成 MATLAB 中 .mat 数字矩阵文件格式，每个体积图像作为数字单元存储在 mat 文件中，将包含不同加载阶段页岩扫描信息的图像数字矩阵文件夹设置在 MATLAB 的工作路径下，然后加载包含参考图像信息和变形图像信息的数字矩阵，并且定义图像中感兴趣的区域，设置 DVC 计算子集的尺寸和步长，选择合适的初始变形猜测方法。

（3）第三部分执行基于傅里叶互相关（FFT-CC）的初始变形结果猜测，在变形小于 0.5 倍子集尺寸时，一般选择 xcorr（-）零归一化互相关函数求解初始猜测，对于位移大于子集一半尺寸大小的变形，一般选择 bigxcorruni（-）针对大变形的零归一化互相关函数求解初始猜测。但是该方法计算成本较为昂贵，消耗的计算时间长。基于 FFT 计算初始变形完成后，可以通过应用中值过滤器以及设置位移的上限和下限来去除这些相关系数异常的坏点（图像的噪声点）。

（4）第四部分执行 ALDVC 的子问题 1 即局部方法进行 DVC 计算，通过反向高斯牛顿方法（IC-GN）解决子问题 1，然后去除图像中的坏点。

（5）第五部分执行 ALDVC 的子问题 2 即全局方法进行 DVC 计算，本节可选择有限差分法和八节点有限元法执行全局计算。在实际应用中，有限差分法在计算速度上略优于有限元法，在 ROI 边界附近具有更好的精度，因此本书应用有限差分法计算试件不同加载阶段的变形场。

（6）第六部分执行利用乘法器迭代的交替方向方法（ADMM）进行数字体积相关的迭代计算，使位移收敛，位移变化幅值小于所设定的收敛值，此时得到的位移结果是稳定可靠的。

（7）第七部分执行检查 ALDVC 基础上 ADMM 迭代的收敛性，并删除计算过程中产生的一些临时变量，以释放部分内存空间。

（8）第八部分执行计算应变，本书中选择有限差分法计算格林拉格朗日应变，等效应变和体积应变由应变分量计算得到，最后保存计算数据和结果并且展示三维位移场和应变场云图，程序执行全流程如图 4.2 所示。

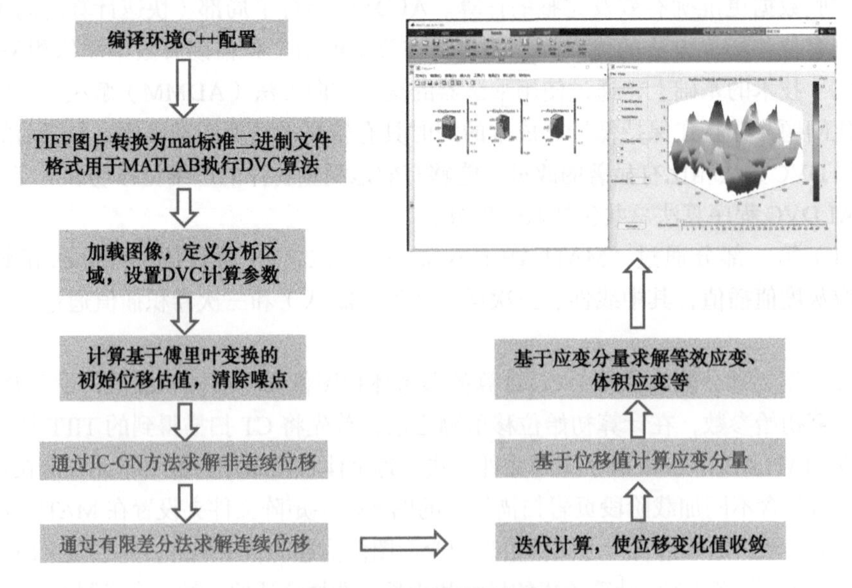

图 4.2　DVC 计算流程

4.2 层理页岩裂缝演化过程的定量化表征

4.2.1 裂纹面积演化特征

通过三维可视化软件 AVIZO 计算试件各加载阶段的裂纹表面积[165]，计算公式为

$$L=\int_{\delta K}\sqrt{\left[x'(t)\right]^2+\left[y'(t)\right]^2+\left[z'(t)\right]^2} \tag{4.8}$$

式中，$x(t)$、$y(t)$、$z(t)$ 为边界曲线 K 的参数表示；$x'(t)$、$y'(t)$、$z'(t)$ 表示对边界范围参数 t 求导；L 为计算对象边界面积；δK 表示边界曲线 K 所围区域。

裂纹表面积变化可以定量描述裂纹的时空演化过程。选取试件不同层 xy 平面方向的 CT 切片图像进行各扫描步的裂纹表面积统计，不同层理角度试件各加载阶段（每次加载对应一个步骤）裂纹面积随试件高度的变化如图 4.3 所示。图中为纵坐标 0 ~ 500 层切片对应试件全部高度。0° 试件（0N，600N，1200N，1700N，3500N）前 4 次扫描只在偏上部位置存在细小裂纹，最后扫描阶段裂纹贯穿整个试件。从曲线可以看出裂缝表面积在中间高度处最大。45° 试件（0N，400N，500N，700N，1500N）曲线的下加载端首先出现裂纹，步骤 3 和步骤 4 的裂纹在试件垂直高度上都有扩展，此阶段面积曲线交叉，反映了裂纹面出现闭合现象。从步骤 4 和步骤 5 同一试件高度相邻两扫描步的面积增量较为明显，裂纹的在整个试件高度处都有扩展，距离下端面越近，扩展越严重。90° 试件（0N，900N，1400N，1500N）从步骤 1 ~ 5 裂纹面积成梯度增加，从统计高度来看，各扫描步面积曲线几乎平行，这是由于试件的层理方向是竖直的，在不断加载轴向载荷时，试件内部较为均匀地发展了多条平行于层理面的竖向劈裂裂纹。综上研究，发现 0° 页岩试件最终破坏时的裂缝面积要大于 45° 和 90° 试件；而 45° 和 90° 试件在加载过程中裂纹面积较为明显；三者裂纹出现的位置不同。因此，压裂过程中可综合考虑层理方位和需要在压裂裂缝位置施加压裂载荷。

4.2.2 裂纹分形维数演化特征

大量研究表明，岩石的裂隙网络具有分形特征，表现出一定的自相似特性，可用分形维数来度量试件的碎裂程度[166]，分形维数计算公式如下：

$$d=\lim_{\varepsilon\to 0}\left[\log N(\varepsilon)/\log\left(\frac{1}{\varepsilon}\right)\right] \tag{4.9}$$

式中，ε 为小立方体一边的长度；$N(\varepsilon)$ 为用此小立方体覆盖被测形体所得的数目；d 为分形维数。维数公式（4.9）意味着通过用边长为 ε 的小立方体覆盖被测形体来确定形体的维数。分形维数越大，表明岩石破裂程度越大。

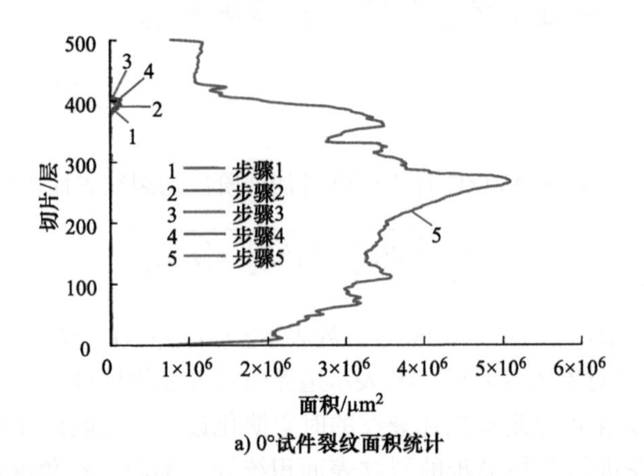

a) 0°试件裂纹面积统计

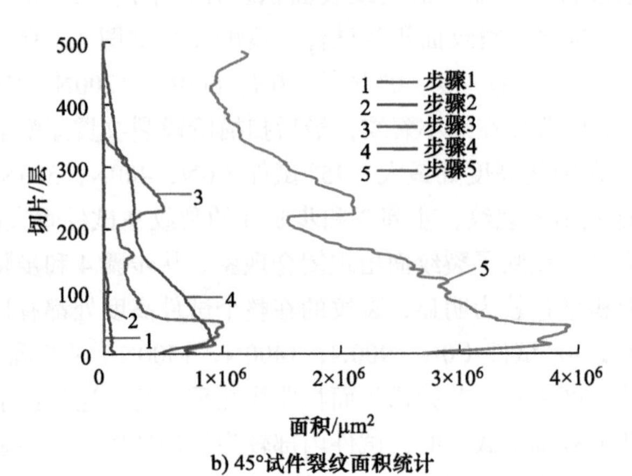

b) 45°试件裂纹面积统计

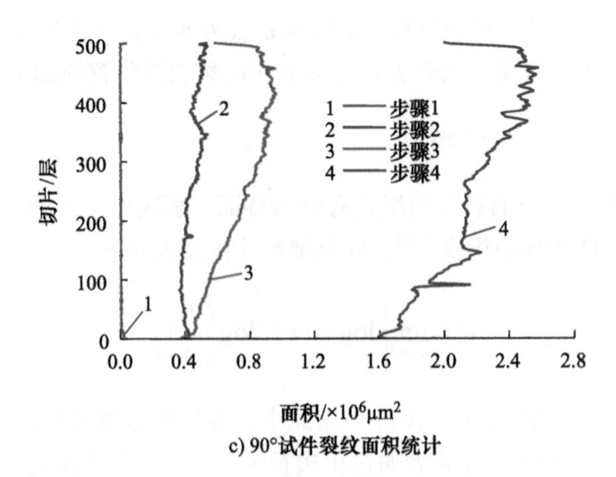

c) 90°试件裂纹面积统计

图 4.3　不同层理试件高度上的裂纹面积分布

图 4.4 为三个层理角度页岩试件裂隙分形维数随载荷变化曲线。从图中可看出，0°层理试件在载荷为 600N 时，部分原始裂隙及孔隙在轴压的作用下闭合，裂缝分形维数减小，而后随着载荷的增加裂缝的分形维数增加缓慢。当载荷增加至 1700N 后，分形维数快速增长，最终的分形维数约为 2.25。45° 层理试件在载荷为 400N 时底部出

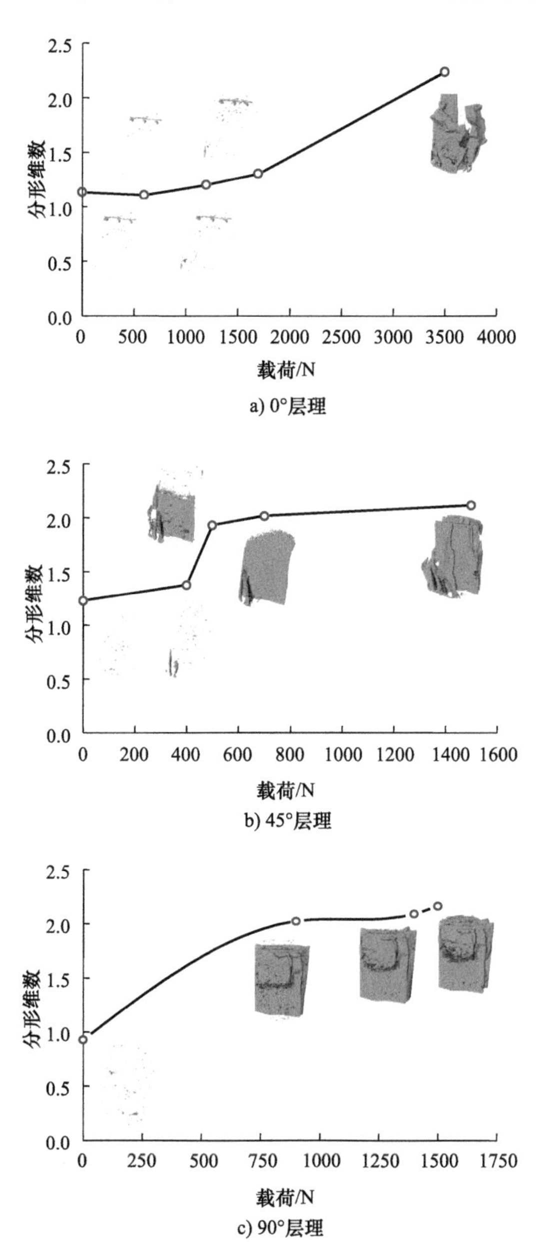

图 4.4　不同层理角度页岩试件裂缝分形维数随载荷变化曲线

现沿层理的小裂隙带，分形维数仅达到1.3，当载荷达500N时，试件已出现明显纵向裂隙面并与层理的裂隙方向平行，分形维数突然增长到2。随着载荷增加分形维数轻微增加，说明裂缝网络的复杂程度并无明显变化。90°层理试件加载到900N时，内部已经发育了完整裂隙面，分形维数接近2。随着载荷加载至1500N，试件劈裂破坏，但分形维数仍然接近2，变化不大。综上得出0°页岩试件破坏缝网复杂度要大于45°和90°试件，说明沿着层理面的破裂会减小裂隙复杂度；但0°试件出现复杂缝网需要达到临界载荷，而45°和90°试件在加载中期就出现了缝网。

4.3 层理页岩变形场演化特征分析

4.3.1 DVC计算区域的选择

经过原位加载CT扫描所获得的页岩试件三维图像数据由1004×1024×1010个体素组成。由于原位加载扫描时加载台的顶、底部会与试件接触，扫描图像会不可避免地包含部分原位加载台信息，同时造成较为严重的伪影，影响后续对页岩试件CT图像的处理和分析，因此本书在选取待分析的CT切片图像时，只选取了1010张切片图像中第250张切片至第750张切片中间所包含的所有切片图像，这样可以有效地避免图像处理与分析中的部分噪声和伪影等问题。

同时，考虑到ALDVC目前只能执行八节点六面体网格计算，为了避免圆柱样品靠近边界处计算错误而影响变形计算的精度[167]，保证计算的效率，计算时选取靠近样品中心的一个长方体块作为DVC的感兴趣计算区域，如图4.5所示，该图是样品在水平方向的一张二维CT切片，选定2790μm×2790μm作为水平方向的计算区域，对应图中圆形切片橙色框内的区域，z轴选择5400μm高度的计算区域，DVC分析以材料三维结构自身的密度差异所造成的灰度分布差异作为其散斑结构，整个的计算区域大小足够包含页岩试件的内部颗粒分布特征信息。

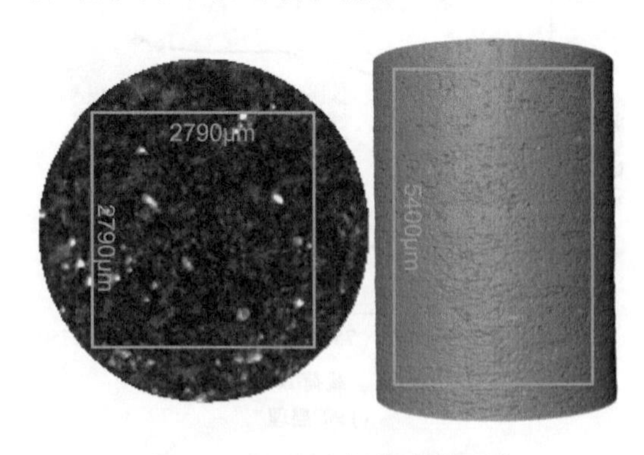

图4.5 DVC分析的试件区域

4.3.2 DVC 计算窗口尺寸的选择

数字体积相关法中，DVC 计算窗口尺寸的选择将直接影响整像素位移搜索的准确性和亚像素位移计算精确度，也影响变形场的测量结果。另一方面，三维立体图像相较于二维平面图像，具有更加庞大的数据信息量，因此计算窗口尺寸的大小是否合适也会直接对计算机程序的运行内存和时间成本造成很大的影响 [168]。

利用 75° 试件的两次空载扫描图像作为 DVC 分析的参考体和变形体图像，计算得到位移与应变矩阵，位移、应变矩阵与零矩阵之间的标准差与均值可用于评估 DVC 计算的误差，并根据均值与标准差选择最优的 DVC 计算窗口尺寸。图 4.6 和图 4.7 所示为使用 ALDVC 计算的五组不同子区尺寸下和五组不同步长尺寸下的应变标准差和应变均值变化曲线，子区尺寸（单位为个体素）分别为 10 × 10 × 10、20 × 20 × 20、30 × 30 × 30、40 × 40 × 40、50 × 50 × 50，步长尺寸（单位为个体素）分别为 5 × 5 × 5、10 × 10 × 10、15 × 15 × 15、20 × 20 × 20、25 × 25 × 25。对于子区的尺寸选择不宜过大也不能太小，选取的尺寸如果过小，所选取的子集并不能够包含页岩试件足够的特征信息，在执行匹配计算时会导致很多信息的缺失，从而导致 DVC 计算精度变差；增大尺寸虽然会提高精度，但是增加了计算时间，导致计算成本的上升，程序执行效率变低，并且当选区的子区尺寸过大时，会导致很多小变形不能够被识别，屏蔽了不均匀变形。因此，在满足计算条件和计算精度的情况下尽可能选取稍大些的子集，且为了兼顾试验目的和 ALDVC 的计算性能，综合六个应变分量的标准差与均值变化情况来看，本书所有 DVC 计算采用的子区尺寸为 0.33mm × 0.33mm × 0.33mm，子区步长为 0.11mm × 0.11mm × 0.11mm。

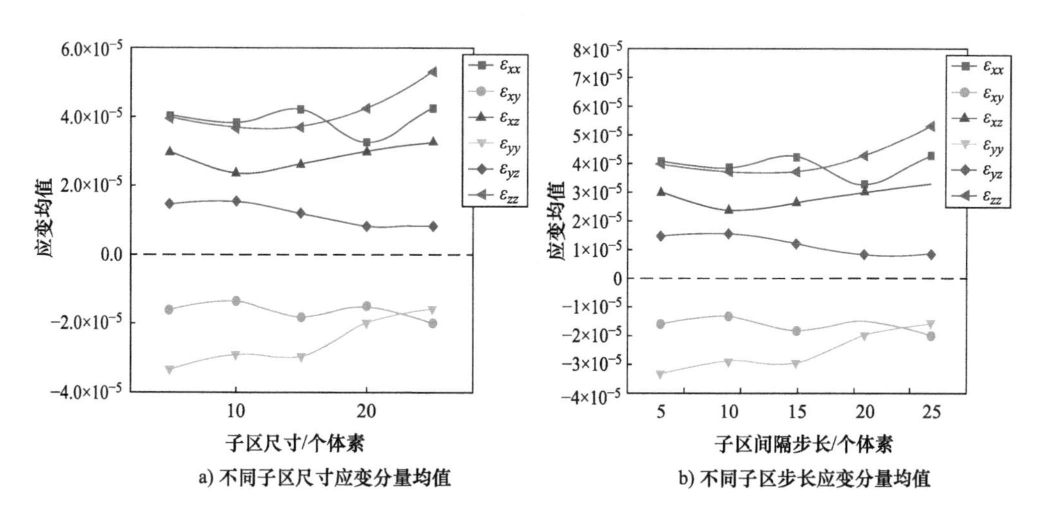

a) 不同子区尺寸应变分量均值　　b) 不同子区步长应变分量均值

图 4.6　不同计算窗口尺寸应变分量的均值比较

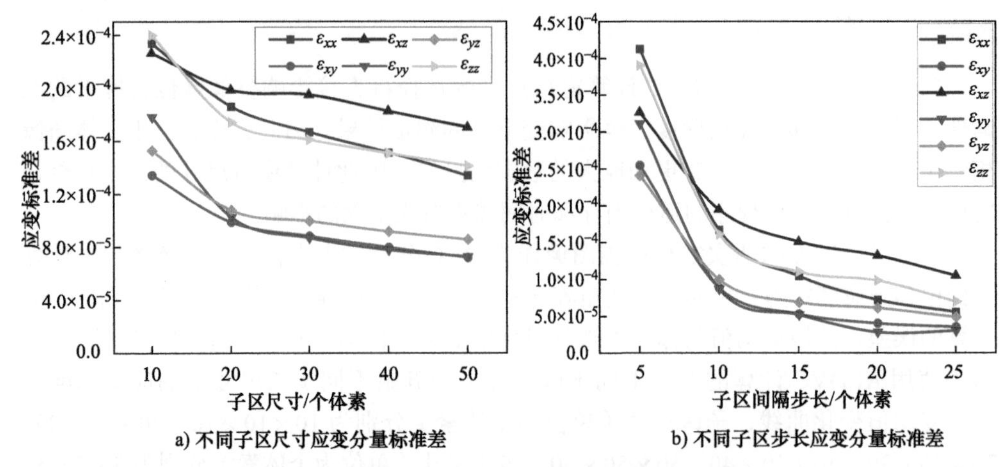

a) 不同子区尺寸应变分量标准差　　b) 不同子区步长应变分量标准差

图 4.7　不同计算窗口尺寸应变分量的标准差比较

4.3.3　层理页岩试件的变形场分析

本节主要通过数字体积相关算法，计算各向异性页岩单轴加载过程中的位移与应变信息，从而分析试件单轴压缩过程中整体的损伤变形情况。所使用的计算机配置为 AMD Ryzen 7 5800H CPU 3.20 GHz 处理器，电脑运行内存 32G，软件版本为 MATLAB 2018b。

利用 DVC 得到了试件在 x, y, z 三个方向上的位移，求得试件的合位移为

$$|u|=\sqrt{u_x^2+u_y^2+u_z^2} \tag{4.10}$$

三个层理角度页岩试件在不同应力水平下的整体位移场分布如图 4.8 所示。从图 4.8a 看出，0° 页岩试件初始加载阶段逐渐被压实，整体位移值不断增大，由于下平台固定的位移加载方式导致试件下部位移增值更加明显。随应力水平增加，位移场分布趋于均匀，位移场梯度逐渐演化至沿水平层理方向。

图 4.8b 显示，45° 层理试件随轴向应力的增加，位移场梯度逐渐向 45° 层理方向演化。31MPa 时试件外部并未观察到裂缝，但位移云图已明显有颜色分层出现，39MPa 时位移场“分层”处两侧位移差值更加明显。通过应力水平 39MPa 时试件的裂缝发育情况看到分层处正好对应着裂缝发育位置，这说明了 DVC 技术具有预测试件变形的能力。

图 4.8c 为 90° 层理页岩试件云图中位移场分布，与 0°、45° 试件位移场“分层”过渡的现象不同，由于 90° 试件的损伤破裂主要发生在沿垂直层理方向上，当应力水平达到 66MPa 时，位移云图中试件在虚线 C 的右侧位移大，左侧位移小，位移在此处不连续，103MPa 时虚线 C 两侧位移值均有不同程度的增大，试件沿此处层理面产生裂缝。

通过微分测量的位移值可得到 x, y, z 方向正应变以及切应变，如图 4.9 所示为不同层理角度试件、不同应力水平下的正应变 ε_x 及 ε_y 演化过程。

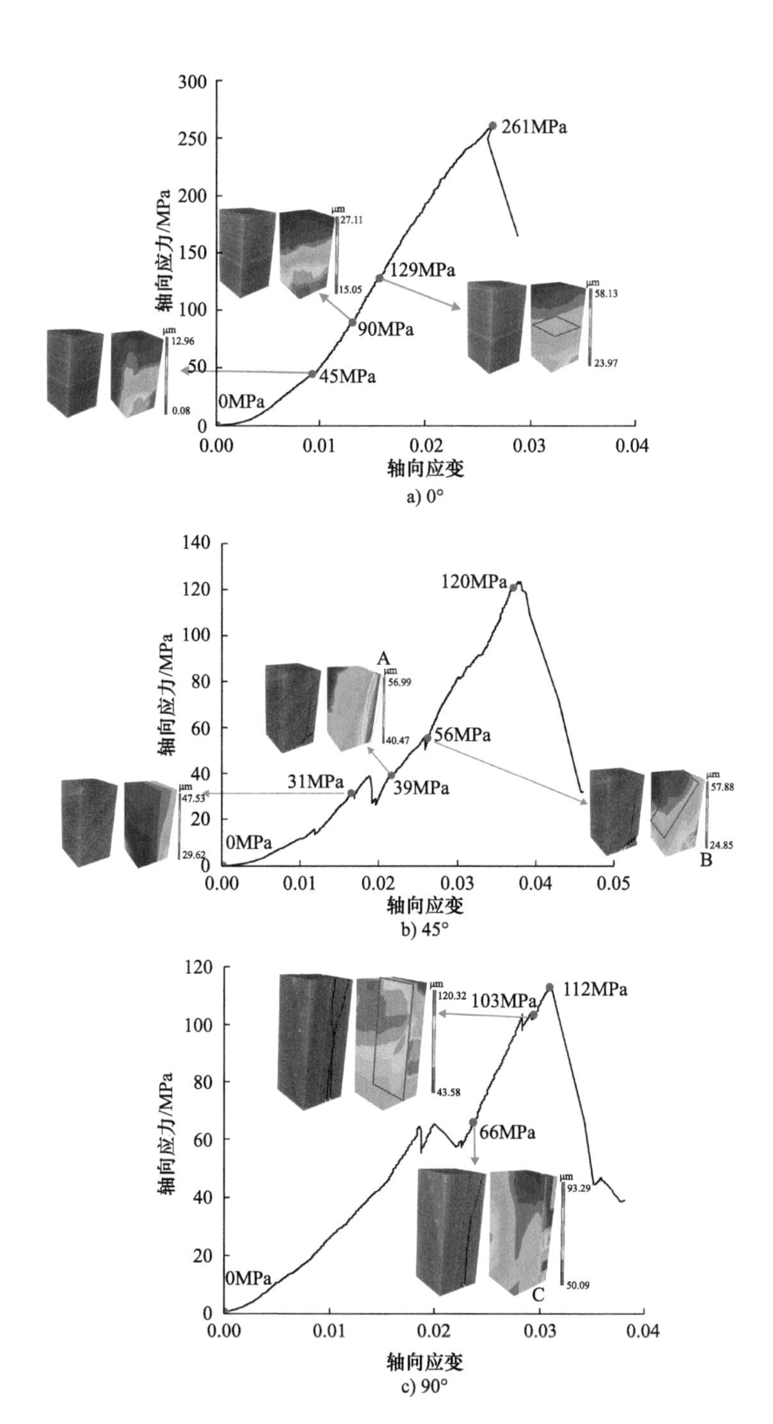

a) 0°

b) 45°

c) 90°

图 4.8 0°、45°、90° 层理试件位移场分布（左侧云图为原始位移场，右侧云图为加载后合位移场）

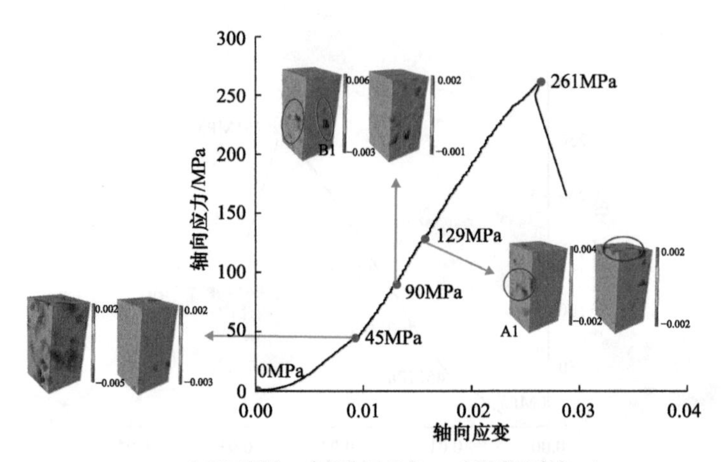

a) 0°(云图中，左图为正应变ε_x；右图为切应变ε_{yz})

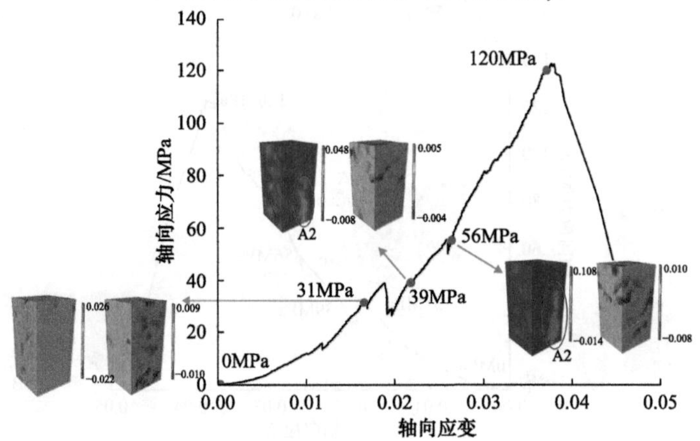

b) 45°(云图中，左图为正应变ε_x；右图为切应变ε_{yz})

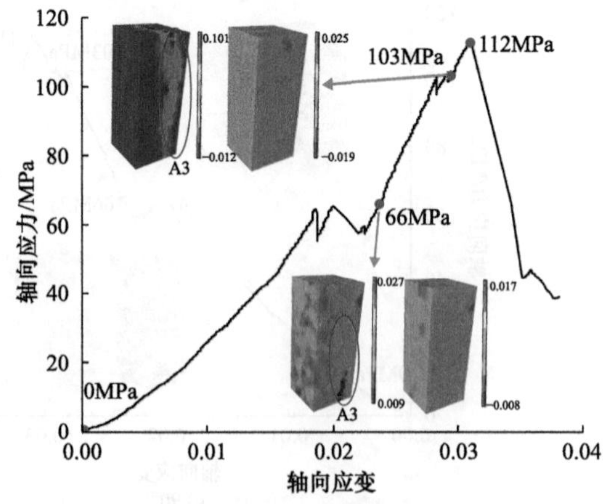

c) 90°(云图中，左图为正应变ε_x；右图为切应变ε_{yz})

图 4.9　0°、45°、90° 层理试件应变场分布

图 4.9a 所示 0° 层理试件在整个分析阶段，ε_x 和 ε_y 数值大小始终相当，试件在拉伸和剪切共同作用下发生破坏。通过应变云图看到应变集中多出现在试件的中间区域，这与上述分析中"裂纹面积在试件中间高度达到峰值"一致。0° 试件表现的应变变化在有关研究中有所提及[169]。

图 4.9b 45° 层理试件在应力达到 39MPa 时，A2 区域处形成了纵向发育的张拉应变 ε_x 局部化带和沿层理方向的切应变 ε_{yz} 局部化带，至 56MPa 时 A2 处张拉局部化带进一步发育延伸，试件在该处首先发生张拉破坏。同时此应力水平下平行于层理的剪切局部化带数量增加，切应变数值也与张拉应变数值相当，可推断试件既发生了张拉破坏又发生了沿层理的剪切破坏。

图 4.9c 90° 层理试件在 66MPa 时，A3 处出现了正应变集中区域，试件的切应变较小。当应力增加至 103MPa 时，A3 处的正应变局部化带明显发育延伸，并且正应变值增幅很大，正应变云图和切应变云图形成了强烈的对比，切应变只在数值上有小幅增加但云图未见变化，而切应变与最大正应变相差一个数量级，因此推断试件主要以张拉劈裂破坏为主。

为了直观显示试件在不同应力水平下其内部应变演化过程，分别选择试件内部、*XZ* 平面和 *XY* 平面平行的平面、中间位置剖面进行应变场分析。从图 4.10 中看出，0° 层理页岩试件 *YZ* 面上切应变 ε_{xz} 随着载荷增加出现应变集中，但受到层理影响，没有形成贯通的剪切局部化带；同时 *YZ* 平面方向的中间剖面切应变 ε_{xy} 也较大。*YZ* 面上拉应变 ε_x 集中区域较少，这与三维应变场云图表面结果不同，说明试件内部主要受剪切作用影响，但层理面限制了剪切面贯通。45° 层理页岩试件 *YZ* 平面方向的中间剖面在加载后期（39MPa）出现了 ε_x 剪切局部化带，其位置与裂缝出现位置相吻合，切应变 ε_{xz} 集中区域逐渐偏向层理方向。90° 层理页岩试件在 66MPa 时，剖面 ε_x 有两处纵向发育的集中区域，103MPa 时形成了贯穿纵面的 ε_x 剪切局部化带，ε_{xz} 和 ε_{xy} 相比 ε_x 变小得多。与上述三维应变分析结果一致，试件破坏主要由拉伸作用导致。

利用 CT 图像，以页岩试件内部自有的灰度分布差异作为天然散斑特征结构，由 ALDVC 计算得到各加载阶段试件内部三维位移场与应变场，通过分析得到以下结论：

（1）不同层理角度页岩试件内部位移分布图反映出沿三个方向的变形随着载荷的增加而增加。加载方向与层理面角度越大，试件位移变化则以沿轴向压缩变形为主；加载方向与层理面角度越小，试件位移变化则以径向膨胀为主。由于试件内部结构的非均质性，变形呈现明显的非均匀性。在加载初期，由于端部效应试件的顶、底部位移较大，随着载荷增加，位移逐渐呈现分层过渡，位移场最终演化结果与试件的断裂破坏模式具有良好的一致性。

（2）由应变云图直观地反映出了试件内部变形的不均匀性、由小于 CT 分辨率尺度微裂隙引起的变形局部化带的产生及其演化过程，同时也反映出微裂隙在试件内部发育延伸的过程。所得应变局部化带与试件最终破坏断裂区域位置一致，在 CT 扫描上还未出现可见裂缝时，DVC 应变图中已出现应变局部化现象，通过 DVC 分析能比 CT 扫描图像更灵敏更准确地判断试件中裂缝的出现。

（3）不同层理角度页岩的单轴加载力学性质和变形破坏模式存在差异。综合不同层理试件变形演化情况，0° 试件表现为张拉和剪切共同破坏，但层理面会限制裂缝贯通；30° 试件表现为变形是由单侧积累导致的剪切破坏，变形具有突发性；45° 试件张拉与剪切局部化带同时出现，且切应变集中于层理方向，破坏由张拉和剪切作用共同控制；75° 试件和 90° 试件都表现为明显的张拉破坏，由主应变引起的变形局部化现象明显，裂缝在载荷作用下顺层理延伸方向贯穿试件，造成破坏。

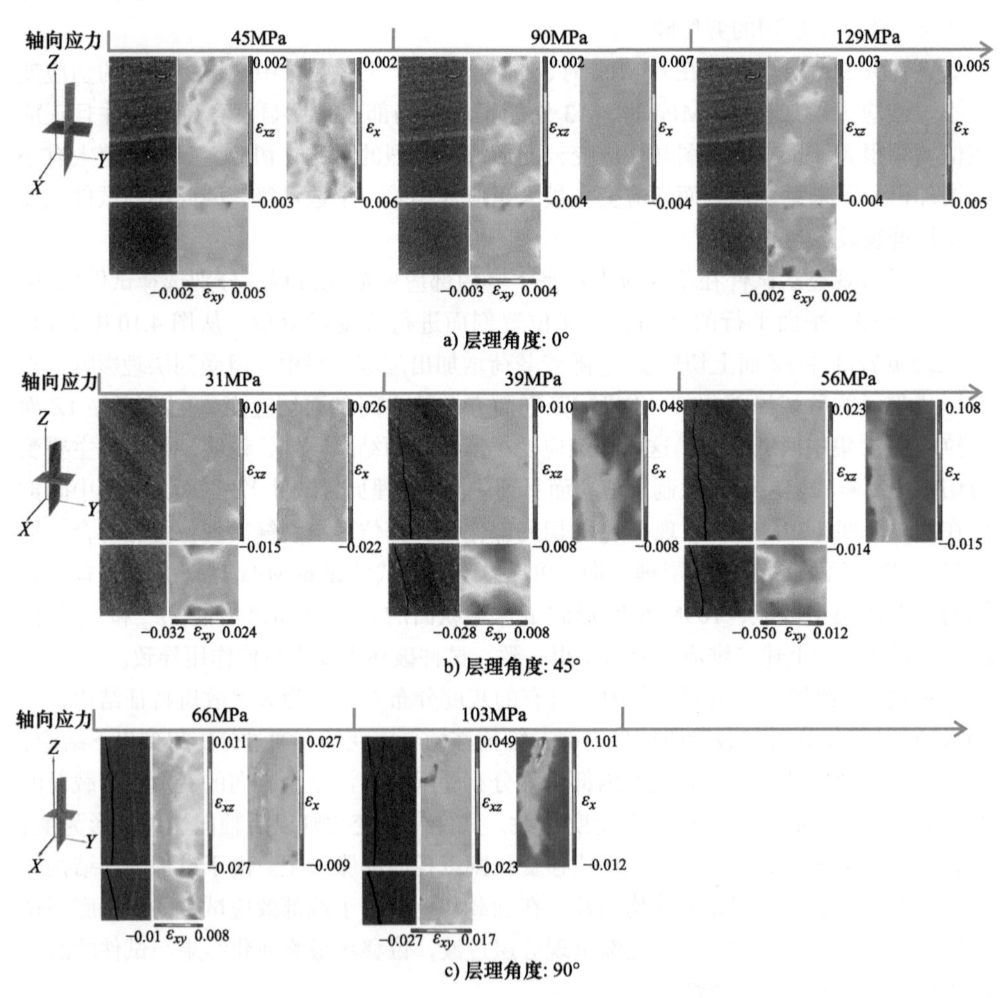

图 4.10　0°、45°、90° 层理试件剖面应变分布

第 5 章 层状页岩各向异性断裂及损伤演化规律研究

层理面的存在会影响裂纹的起裂扩展，也使得页岩表现出各向异性断裂行为及损伤集中。本章开展不同层理角度页岩巴西圆盘劈裂和三点弯曲试验，并通过数字散斑相关方法（DSCM）对加载全过程的位移场和应变场进行观测，对层理页岩的损伤、裂纹起裂扩展过程进行表征。

5.1 数字散斑相关方法基本原理

数字散斑相关方法（Digital Speckle Correlation Method，简称 DSCM 或 DIC）是在 20 世纪 80 年代由 I.Yamaguchi[170]，W.H.Peter，W.F.Ranson[171] 等人同时独立提出的。之后还有很多学者做了一系列的研究和改进，并应用到了岩石等材料的力学性质试验[172]。该方法是通过摄像机记录物体表面变形前后的散斑场图片，根据其试件表面随机分布的散斑点在变形前后的概率统计相关性来确定物体表面的位移场，然后利用相关识别程序进行获取物体的位移变形信息。

DSCM 的基本原理是跟踪监测物体表面上不同状态下的几何数字散斑点，跟踪记录物体表面上散斑点的运动信息。现用函数表示物体变形前后的图像：$Is=F(x, y)$ 是物体的原始状态下（作为对比图像）的灰度函数；$It=G(X, Y)$ 则是物体变形后（作为变形后图像）的灰度函数；先将图像分为 $m \times n$ 个区间，然后在物体原始状态下，选择散斑图中一个合适的小区间，并在变形后的散斑图像中找寻与其原始状态图像相对应的微结构。由于散斑图像的随机分布，判断两者是否对应的关键就是两个小区间的脚本图像关联系数：

$$C = \sum_{i=1}^{m}\sum_{j=1}^{n}[f(x,y)-\bar{f}\prod\iint g(x',y')-\bar{g}] \Bigg/ \sqrt{\sum_{i=1}^{m}\sum_{j=1}^{n}\left[f(x,y)-\bar{f}\right]^{2}}\sqrt{\sum_{i=1}^{m}\sum_{j=1}^{n}[g(x',y')-\bar{g}]^{2}} \tag{5.1}$$

式中，$f(x, y)$ 为对比散斑图像上小区间的灰度空间函数；$g(x', y')$为变形后散斑图像上小区间的灰度空间函数；$\bar{f}$ 和 $\bar{g}$ 分别为 $f(x, y)$ 与 $g(x', y')$ 的平均值。在处理散斑图的过程中，采取十字搜索法找到像素精度的位移，并使用亚像素搜索来提升丈量的精细度。

当前 DSCM 方法中常见的散斑场有两种：一种是激光散斑，即用激光照射物体表面，在物体前方形成散斑场；另一种是白光散斑，利用物体表面的自然或人工散斑点，然后用强白光作光源，拍摄物体表面得到散斑场。其中，激光散斑只适合于小变形测量，对于岩石（接近破坏时变形较大，散斑场要求观测的视场较大）不再适用。而白光散斑因其对周围环境的要求低、不用复杂的预处理工作、光路要求相对简单等优势在岩石变形破坏试验中应用较为普遍。

在白光散斑研究方面，潘一山等 [173] 通过白光散斑法对煤岩体的局部化变形特征进行了探讨；马少鹏等 [174] 发明了一种适用于测量岩石破坏的 Geo-DSCM 系统，并用该试验系统研究了多类岩石的变形破坏过程；宋义敏等 [175] 使用自行研究的 DSCM 试验系统重点测量了岩石瞬态破坏过程；李元海等 [176] 通过数字散斑测量手段，对隧道围岩的变形破坏模型进行了观测研究。

数字散斑法进行试验时，由数字图像采集系统和数字图像相关计算程序两部分组成。试验装置示意图如图 5.1 所示。数字图像采集系统的作用是采集试件上人工散斑的灰度值信息。图像采集设备可以采用工业摄像机（CCD）或采用数码相机。第一步，将相机或摄像机安装好，需要重复操作才能逐渐校正试验结果，根据试验预设的加载速率调节摄像机的采集速率。第二步，在加载过程中确保光源的稳定，从而获得稳定的灰度值信息，摄像机对试件进行数码图像的采集。第三步，数字图像通过数据传输到计算机中。变形记录的数据通过图像处理软件和 MATLAB 相关代码进行处理，得到位移场和应变场在试验中的变化过程。

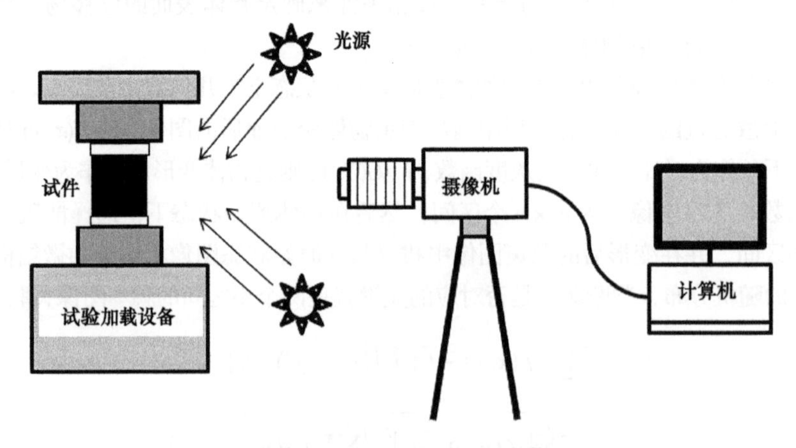

图 5.1　试验装置示意图 [177]

为了计算结果的精确性，对图像中散斑场的分布要求很高。散斑场要求斑点颗粒尺寸均匀、层次明显，颗粒的分布呈明显的随机性。由于页岩试件为黑色，制作人工散斑场时首先需要使用黑色自喷漆将试件表面喷涂覆盖成黑色，待黑色漆面干燥后再在其表面随机喷涂白色的散斑点，从而实现人工制作散斑。喷涂完成后将此人工散斑场表面放置于 DSCM 测量系统中。

5.2 巴西劈裂和三点弯曲试验介绍

1. 巴西劈裂试验

试验所用岩样取自四川省长宁县五峰组页岩，整体呈现灰黑色，岩块表面有明显的层理发育。为确保岩样成分稳定，选取同一位置的大块原岩钻取岩芯，加工时首先需要将整体页岩岩样沿轴向且平行于层理面的方向钻取，再用高速切割机切割出直径 50mm、高度 25mm 的圆盘试件，最后在打磨机上打磨圆盘两个端面，保证试件端面平行度和表面平整度符合要求后自然晾干。

最后得到巴西劈裂试件圆盘层理面与轴向加载面夹角为 θ，如图 5.2 所示。为了得到不同层理角度对试验的影响，本试验选取了 7 个不同层理加载角度，分别为 0°、15°、30°、45°、60°、75°、90°，每个角度取两个岩样。本次共进行 7 组试验，在试验之前测量各试件的物理指标见表 5.1。

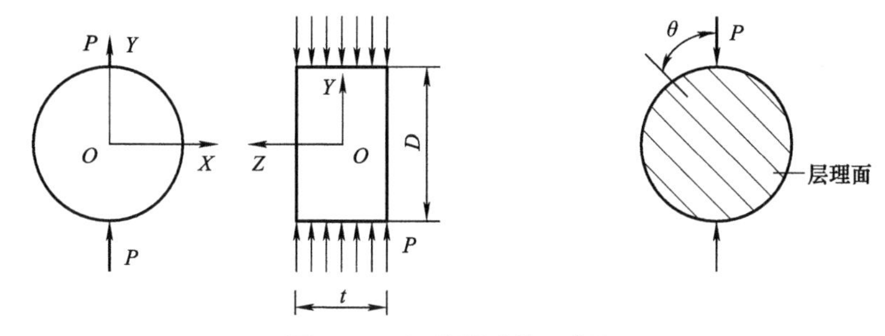

图 5.2 巴西劈裂试件示意图

表 5.1 岩样的物理数据

试件标号	平均直径 /mm	平均高度 /mm	质量 /g
p-0	49.40	25.10	120.14
p-15	49.45	25.07	120.31
p-30	49.39	24.90	119.74
p-45	49.40	25.01	120.30
p-60	49.42	25.06	119.58
p-75	49.40	25.02	119.74
p-90	49.39	25.00	120.08

本次试验采用 DNS100 电子万能试验机开展常温下的页岩巴西劈裂试验（见图 5.3）。试验采用位移加载方式，加载速率为 0.03mm/min。采用工业摄像机（CCD）拍摄试件表面裂尖区域的裂纹扩展过程，系统数据采样周期为 1s，CCD 的像素个数为 2448×2048 个，采集和存储速率设定为 30 帧 /s。试件表面喷了珠光漆，为了研究试件加载过程中位移与应变场演化规律，试件安装如图 5.4 所示。采用常规巴西劈裂全过程试验方法，根据相关规范，对岩样施加轴向压力，使用位移控制，加载至试件破坏为止，并记录试验数据见表 5.2。

图 5.3　DNS100 电子万能试验机

图 5.4　巴西劈裂试件安装示意图

表 5.2　巴西劈裂试验结果

试验数据	0°	15°	30°	45°	60°	75°	90°
峰值载荷 /kN	13.728	15.832	18.172	20.044	21.014	24.033	26.461
抗拉强度 σ_t / MPa	6.995	8.067	9.260	10.213	10.708	12.246	13.483

Amadei[178] 等认为，巴西圆盘劈裂中试件的抗拉强度可表示为

$$\sigma_t = \frac{2P}{\pi DL} \tag{5.2}$$

式中，σ_t 为岩石抗张强度；P 为破坏载荷；D 为试件直径；L 为试件厚度。

2. 三点弯曲试验

关于岩石断裂韧度测试方法的探索和研究是从 20 世纪 60～70 年代开始的，其中最常被采用的是三点弯曲试验[179]。1986 年 Kuruppu 等人向国际岩石力学与工程（ISRM）推荐半圆形试件的三点弯曲加载试验作为一种岩石 I 型断裂韧度测量方法[180]。2014 年国际岩石力学协会将该方法作为推荐方法[181]。该方法的过程区尺寸小，受试件厚度的影响小[182]，因此适用于试件小且不易采集的情况。由于本书中的试件由地下页岩加工而成，不易采集且试件尺寸较小，因此本书采用半圆形试件进行三点弯曲加载试验。国际岩石力学与工程学会对于其几何尺寸的推荐值见表 5.3[183]。三点弯曲试验中用到的半圆形试件的示意图如图 5.5 所示。

表 5.3　ISRM 对半圆盘三点弯曲试验参数推荐值

符号	表述	参考范围
R	试件半径	长于 5 倍纹理尺寸或者 38mm
B	试件厚度	大于 0.4D 或者 30mm
a	预制裂纹长度	$0.4 \leqslant a/R \leqslant 0.6$
S	支座间距离	$0.5 \leqslant S/2R \leqslant 0.8$
P	载荷	

岩样同样取自四川省长宁县五峰组页岩，且为确保岩样成分稳定，与巴西劈裂试验试件取自同一大块原岩钻取岩芯，尺寸为半径 R = 50mm，厚度 B = 30mm，底部 2 个支撑点之间的距离 2S 为 50mm，裂纹长度 a（包含裂纹尖端）为 20mm，各个参数之间的比例为 a/R=0.4，S/R=0.5。层理与加载线的夹角即为层理倾角 β，如图 5.6 所示，β 分别选取为 15°、30°、45°、60°、75°，每个角度取两个岩样，试件信息见表 5.4。

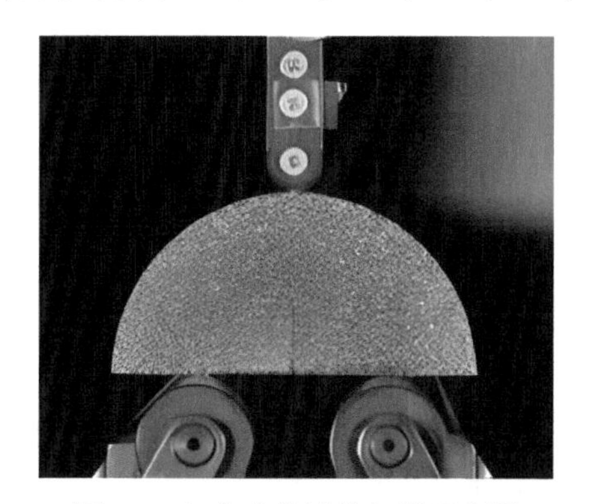

图 5.5　三点弯曲试件加载示意图

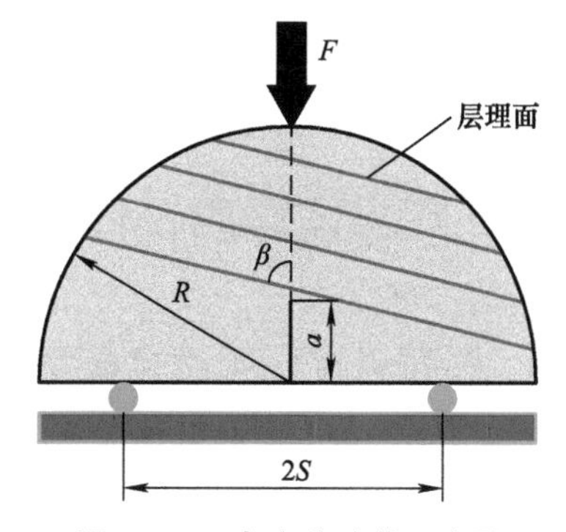

图 5.6　三点弯曲试件示意图

表 5.4　试验岩样信息

不同角度	试件编号	直径 /mm	厚度 /mm	缝长 /mm	质量 /g
15°	15°-1	99.83	30.45	19.91	286.72
	15°-2	99.88	30.54	19.85	289.96
30°	30°-1	99.92	29.71	19.84	277.93
	30°-2	99.95	29.92	19.91	287.38
45°	45°-1	99.80	30.37	19.91	283.39
	45°-2	99.86	29.89	19.96	283.95
60°	60°-1	99.85	30.37	20.04	291.04
	60°-2	99.76	30.47	19.78	283.22
75°	75°-1	99.79	29.61	20.25	282.72
	75°-2	99.75	29.75	20.03	282.11

本次试验采用DNS100电子万能试验机开展常温下的页岩三点弯曲试验。试验采用位移加载方式，加载速率为0.01mm/min。为了研究试件在加载过程中的位移与应变场演化规律，与巴西劈裂试验类似，同样采用数字散斑法全程监测试件位移场。采用工业摄像机（CCD）拍摄试件表面裂尖区域的裂纹扩展过程，系统数据采样周期为1s，CCD的像素个数为2448×2048个，采集和存储速率设定为30帧/s。试验过程示意图如图5.7所示。

图5.7　三点弯曲试验过程示意图

5.3　不同层理角度试件破坏模式

5.3.1　巴西劈裂试验试件破坏模式

图5.8为页岩巴西圆盘试件的破坏模式，均质岩石的巴西劈裂试验一般从圆盘中心开裂，圆盘破坏为典型的拉伸破坏。页岩由于层理的影响，在层理面上不仅存在拉应力还有切应力，层理面的抗剪强度相对较弱，中心破裂位置还会偏离加载线的直径方向，导致没有实现中心起裂。页岩巴西劈裂试验根据试件裂纹路径及其分布，破坏模式可以划分为三种情况。

（1）层理张拉劈裂破坏。当层理角度为0°时，裂纹为直线形，裂纹沿着层理面方向扩展，且穿过加载轴线，属于典型的拉伸破坏。由于层理面力学性质相对较弱，导致层理与基质交界面处在加载过程中出现应力集中，使得裂纹最早在加载线附近萌生，然后在圆盘两端开始出现微裂纹。随着试件不断加载，裂纹沿着加载线竖向开裂，继续向圆盘中心扩展，出现宏观裂纹后贯通整个试件，最终页岩巴西圆盘试件沿加载线劈裂破坏。加载过程中，水平方向的拉应力由层理结构面间的黏聚力承担，法向的压应力由基质矿物结构承担，而层理结构面间力学性质较弱，黏聚力较低，出现层理张拉劈裂破坏，此时层理对裂纹扩展影响较小。

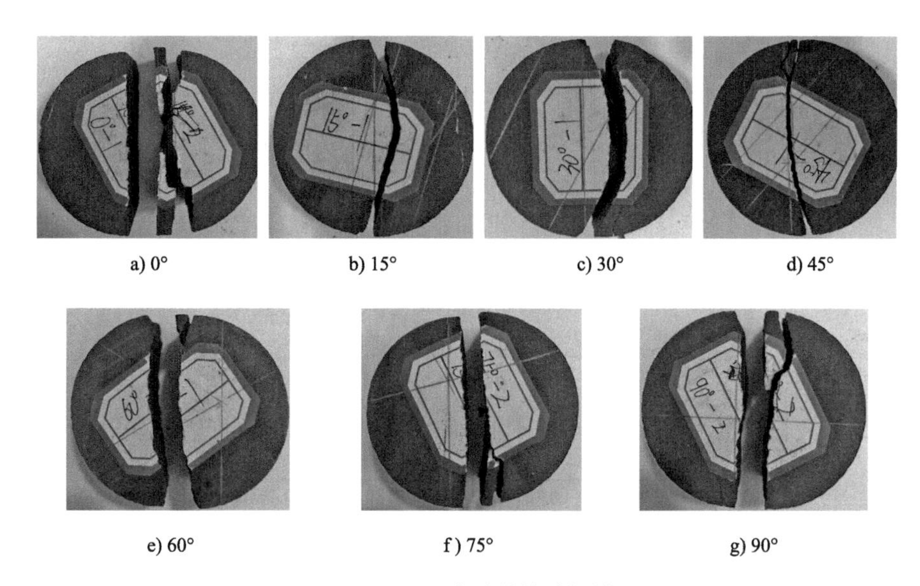

a) 0° b) 15° c) 30° d) 45°

e) 60° f) 75° g) 90°

图 5.8 巴西圆盘试件的破坏模式

（2）基质和层理面张剪破坏。可分为两种情况：①当层理角度为 15° 和 30° 时，圆盘裂纹呈折线形分布，在圆盘的下端首先出现一段沿层理方向的裂纹，然后圆盘的中部附近发生转折，最后裂纹沿直线扩展贯通至上端，属于张剪破坏。②当层理角度为 45° 和 60° 时，其主裂纹呈弧线形分布，在加载端处起裂，沿试件中部向一侧凸出，不再是规则沿加载线方向。裂纹的直线段相对较短，除矿物基质颗粒间的张拉劈裂拉破坏外，逐渐出现剪切破坏。在层理剪切滑移的影响下，裂纹向层理方向发生偏转，逐渐形成弧线形。这些表明层理对裂纹的扩展和演化具有引导作用，致使裂纹扩展路径发生了改变。

圆盘在加载过程中受到拉应力和切应力以及加载方向的压应力作用。由于应力方向与层理存在角度，试件由片状层理结构面间的胶结结构和基质矿物结构中颗粒结构共同抵抗拉应力。因为层理角度为 45° 时，应力方向与层理角度之间的相互作用效果最明显，此时破坏载荷最大，抗拉强度最大。另外岩石内部存在的孔隙、微小裂纹、节理等缺陷，也会影响裂纹扩展方向，导致裂纹不能完全规则沿加载线方向。

（3）基质张拉劈裂破坏。当层理角度为 75° 和 90° 时，加载两端首先产生微裂纹，进而沿着加载方向扩展，断裂面呈凹凸不平状。这说明在层理面的影响下，有部分微裂纹转向层理方向扩展，在破坏过程中形成层间的拉伸破坏等次生裂纹，形成多个破裂面，此时层理对裂纹扩展存在阻碍作用。

5.3.2 三点弯曲试验试件破坏特征

图 5.9 为 45° 试件的载荷 - 位移曲线与位移场，可将其分为四个阶段。

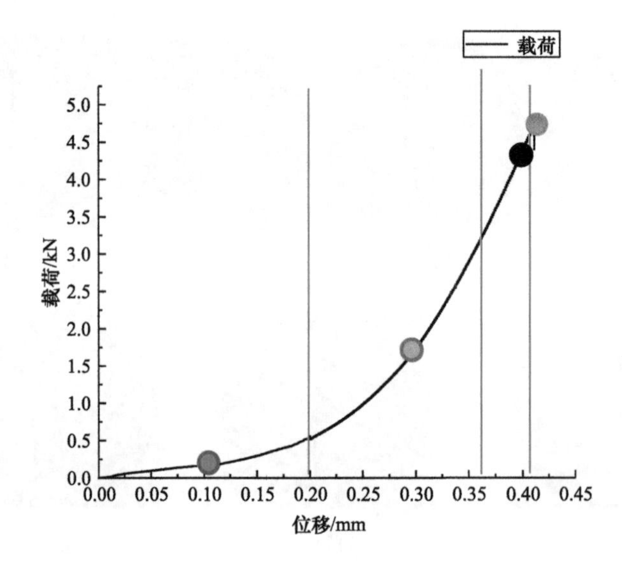

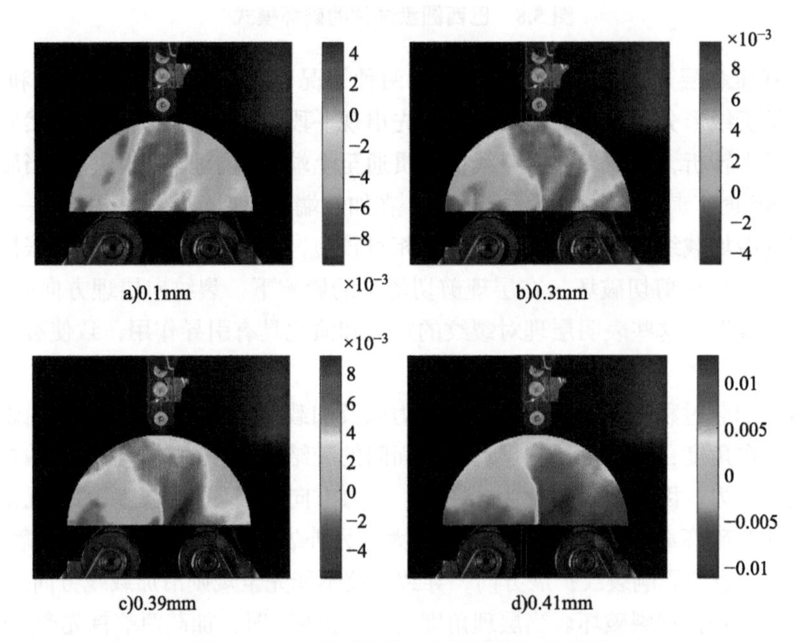

图 5.9　45° 试件载荷 - 位移曲线与位移场

（1）第一阶段：弹性加载期，位移在 0 ~ 0.2mm，此阶段曲线基本呈线性变化，位移变化较大，这是因为岩石含有孔隙，易于压缩，因此属于压密阶段。由于加载速率恒定，试件位移均匀增加，此阶段可近似认为试件处于弹性变形阶段，没有表现出由于层理的存在而产生的各向异性现象，此时没有明显的裂纹出现。

（2）第二阶段：位移在 0.2 ~ 0.35mm，曲线曲率逐渐增大，整体呈非线性增加，此阶段可认为是损伤的聚集阶段，通过 DSCM 的图像可知，在预制裂缝处出现了较大的位移差，这是因为载荷作用下发生应变积累的结果，并且此阶段后期会出现应变集中现象，此时伴随着裂纹萌生。

（3）第三阶段：位移在 0.36～0.41mm，载荷-位移曲线曲率急剧增加且趋于定值，根据 DSCM 张拉应变场可以看出，预制裂缝处的水平位移改变更加明显，且在第三阶段末段处表现出由于受层理面的影响而明显产生的各向异性位移场分布。随着载荷的继续施加，试件沿层理面方向产生的位移差逐渐增大，裂纹沿层理面扩展和滑移，最终形成破裂面。

（4）第四阶段：当载荷达到峰值后，在短时间内裂纹迅速贯通，试件破坏，承载力出现陡降，试件首先发生沿层理面的剪切破坏，后又转向加载点扩展的拉伸和剪切复合破坏。

通过比较不同角度的载荷-位移曲线（见图 5.10），可以发现，不同角度的载荷-位移曲线均大致可以分为四个阶段：弹性变形阶段—损伤集聚阶段—裂纹扩展阶段—破坏阶段。而且还可以观测出试件峰值载荷随层理角度的增大而增大。这是由于随着层理角度的增大，层理弱面对试件破坏产生的作用也越来越小，其强度也就越来越大。

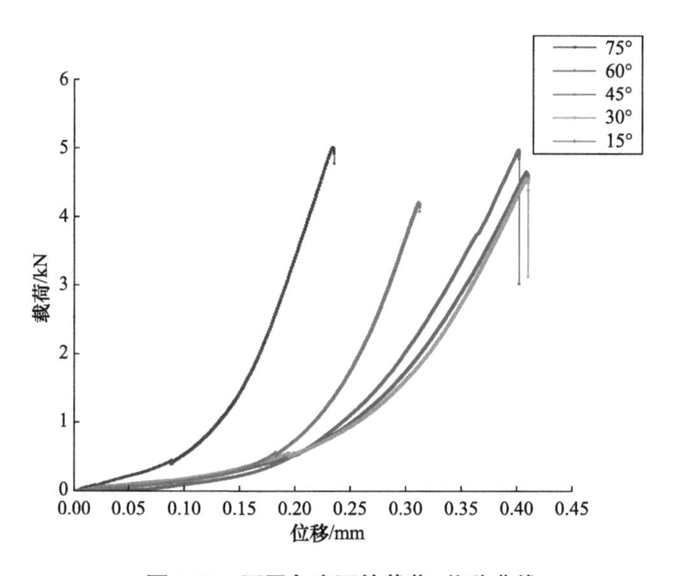

图 5.10　不同角度下的载荷-位移曲线

图 5.11 为不同层理角度试件的破坏情况，其中层理角度 15°、30°、45° 试件的裂纹起裂与扩展沿层理方向，此时层理对裂纹的扩展和演化具有引导作用。而对于层理角度 60° 和 75° 的试件，预制裂纹尖端处的转向并不是很明显，裂纹的扩展方向近乎竖直，断裂面不平整，这说明有部分微裂纹转向层理方向扩展，在破坏过程中形成层

间次生裂纹。

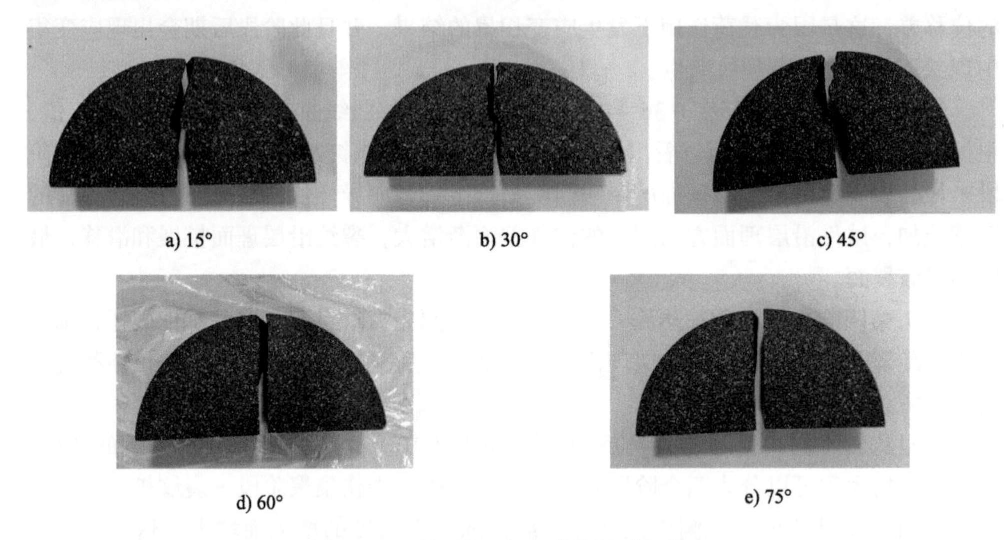

a) 15°　b) 30°　c) 45°

d) 60°　e) 75°

图 5.11　不同层理角度试件的破坏情况

5.4　变形场演化规律

5.4.1　巴西劈裂试验变形场演化规律

图 5.12a 为 45° 试件载荷 - 位移曲线与变形场。以 $\beta = 45°$ 时的变形场演化规律为例，分别对加载过程中的几个典型时刻进行标记，同时选取试验刚开始时的第一张散斑图像为参考图像，通过数字散斑法对各标记点对应的图像进行计算，最终得到各典型时刻试件的表面位移场和应变场演化云图。

图 5.12b ~ d 为层理角度 45° 时圆盘试件的变形场，50.80s 位移场分布比较均匀，张拉应变场随机分布无明显规律，此时没有明显的裂纹出现；随着载荷的继续增加，99.93s 在张拉应变场中，沿圆盘加载两端出现张拉应变集中区域，水平位移场呈张拉对称趋势，竖直位移场上下加载端应力集中明显，此时裂纹有起裂的趋势；到 186.67s 时，原加载方向应变局部化带更加明显，上加载点附近又出现另一条沿层理方向较为明显的应变局部化带，从位移场演化过程图中可清楚地看到，位移场的分布受层理的影响限制，说明此时沿层理方向的次生裂纹开始起裂；到 189.30s 时，沿层理方向的次生裂纹迅速扩展，应变能不断释放，随之裂纹停止扩展，然后试件沿加载方向的原主裂纹迅速扩展至破坏。

由不同层理角度下张拉应变场（见图 5.13）可知，阶段 a 中张拉应变场随机分布无明显规律，此时没有明显的裂纹出现；阶段 b 时，在加载端处纷纷出现张拉应变集

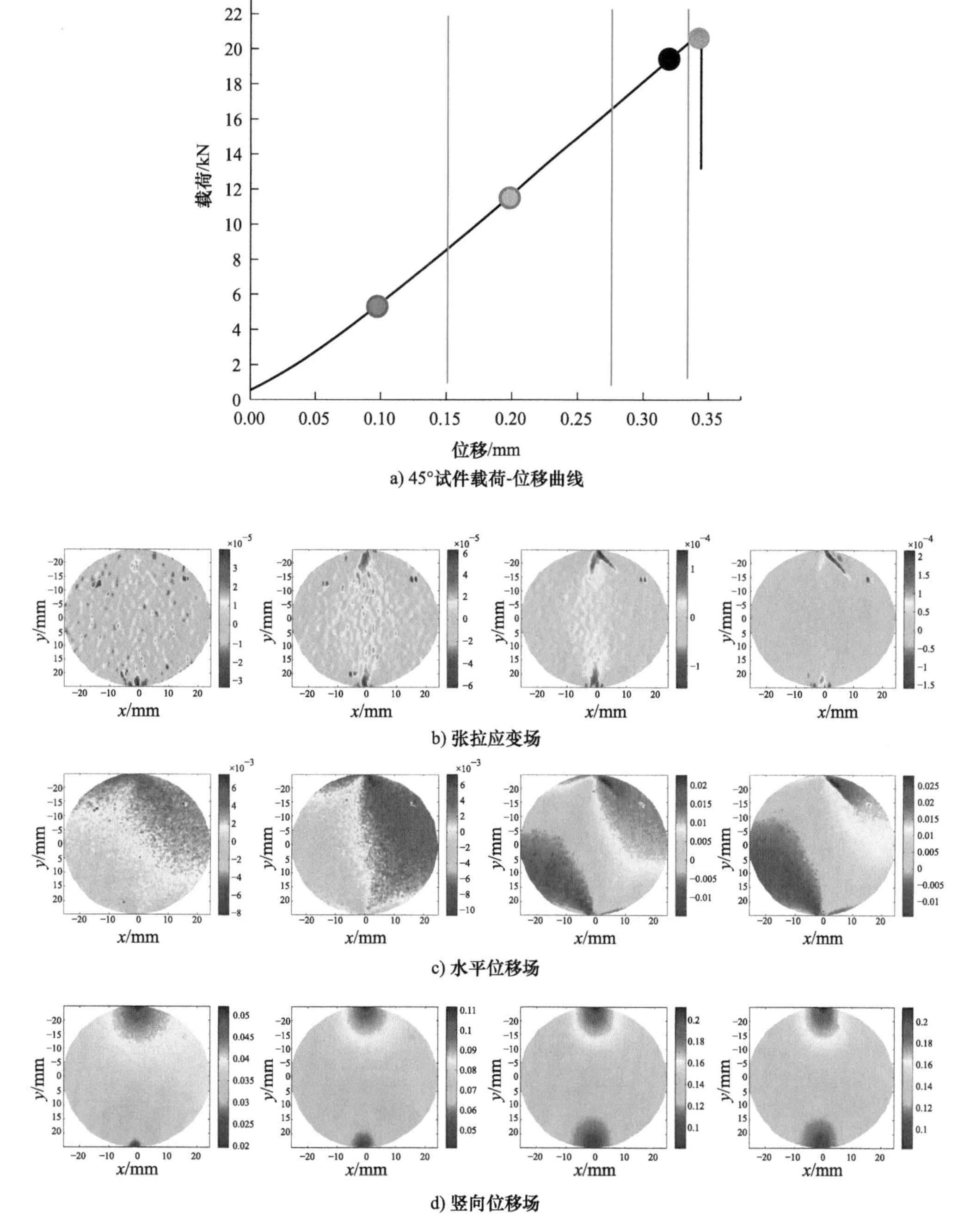

图 5.12　45° 试件载荷 - 位移曲线与变形场

（b ~ d 图中，从左至右分别为加载时刻 50.80s、99.93s、186.67s、189.30s）

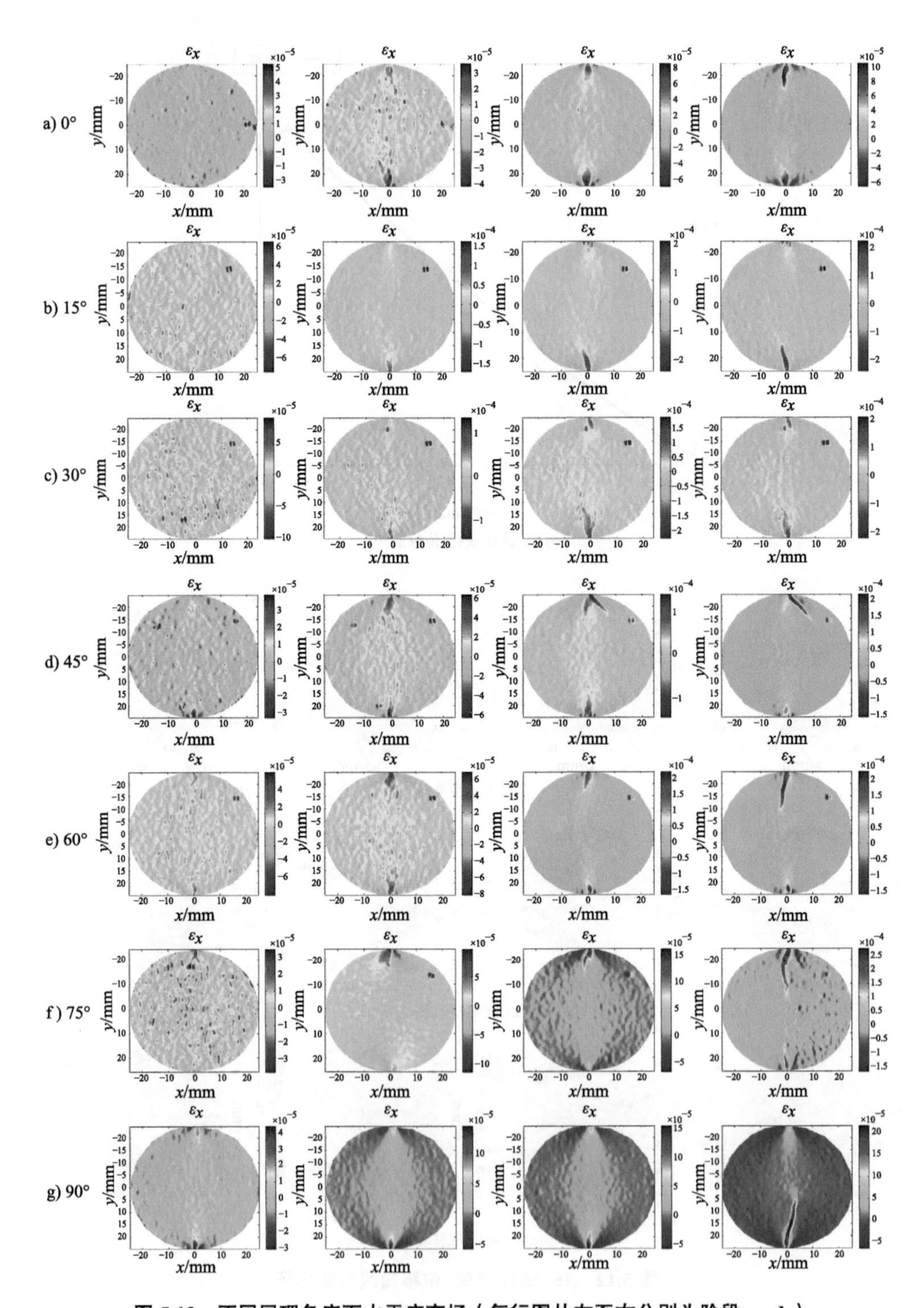

图 5.13　不同层理角度下水平应变场（每行图从左至右分别为阶段 a ~ b）

中区域，且应变场中左右对称，层理还未对其产生影响；到阶段 c、d 时，在加载端处开始起裂扩展，层理角度 $\theta=0°$ 时，裂纹沿层理方向扩展，且穿过试件加载轴线。层理角度 $\theta=15°$、$30°$、$45°$ 均沿层理方向起裂，张拉应变局部化带起始夹角与层理夹角更加契合。在加载端处裂缝起初沿着层理方向起裂扩展，然后在圆盘的中部附近发生转折，最后裂纹扩展贯通至另一加载端；层理角度 $\theta=60°$，$75°$，$90°$ 时，裂纹在加载端处起裂，这并不是简单的按照层理方向起裂，而是在拉伸和剪切复合作用下，沿着小于层理夹角的方向起裂扩展，最终均会向另一加载端处扩展，但裂纹基本沿加载线方向扩展。

5.4.2 三点弯曲试验变形场演化规律

图 5.14 为 45° 试件的破坏路径及散斑数据处理图像。对于层理角度为 45° 的试件，在加载 117.27s 时，张拉应变场、剪切应变场、水平位移场随机分布且无明显规律，可认为是加载的初期阶段，此时裂纹未起裂。

$t=410.47$s 时，张拉应变场中预制裂缝处出现应变局部化带且呈对称分布，裂隙呈Ⅰ型张拉扩展趋势；水平位移场中预制裂缝处水平位移已经产生，但在裂缝尖端上方并未产生位移变化；剪切应变场此时没有明显变化。这表明因为预制裂缝的存在，导致预制裂缝处最早产生了水平位移，损伤在预制裂缝处开始汇集。

$t=449.53$s 时，张拉应变场应变局部化带进一步汇集，并且没有出现局部化带的转向，仅为张拉损伤的进一步汇集，水平位移场并没有出现明显的变化。这表明此时层理还未对其产生影响，裂纹在起裂阶段还未扩展。

当加载到 469.07s 时，张拉应变局部化带进一步集聚至最大，位移场沿水平方向呈非对称分布，且裂纹尖端扩展方向转向层理面。这表明在层理的影响下，试件结构内部的损伤发生转向，岩石沿层理面发生了界面滑动，裂纹同时存在Ⅱ型的滑移，并且使剪切作用下的损伤出现并且集聚，剪切应变场也出现了裂纹尖端沿层理方向的应变局部化带，进一步表明裂纹为Ⅰ-Ⅱ复合型裂纹。此时裂纹沿层理弱面扩展，随后在极短的时间内，裂纹急剧扩展，沿层理扩展一段后转向上加载点扩展，最终贯穿整个试件，试件最终破坏与图 5.14b 一致。综上所述，在层理倾角为 45° 试件中，层理对裂纹的扩展和演化具有引导作用，致使裂纹扩展路径发生了改变。

不同层理角度试件临界破坏时变形场如图 5.15 所示。由分析可知，15°、30° 与 45° 试件类似，水平位移场中预制裂缝尖端的起始转向方向为层理方向，同时张拉应变场和剪切应变场也可以看出应变局部化带明显转向层理方向。这表明 $15°\leqslant\beta\leqslant45°$ 的试件裂纹起裂与扩展均沿层理方向，裂纹从起始的Ⅰ型转化为Ⅰ-Ⅱ复合型，层理对裂纹的扩展和演化具有引导作用。而对于 60° 和 75° 的试件，从水平位移场、张拉应变场可以看到，预制裂纹尖端处的转向并不是很明显，只是发生了轻微的偏转，剪切应变场变化不明显，并且层理倾角越大，裂纹的方向越接近竖直，表明此时层理对其裂纹扩展方向影响较小。

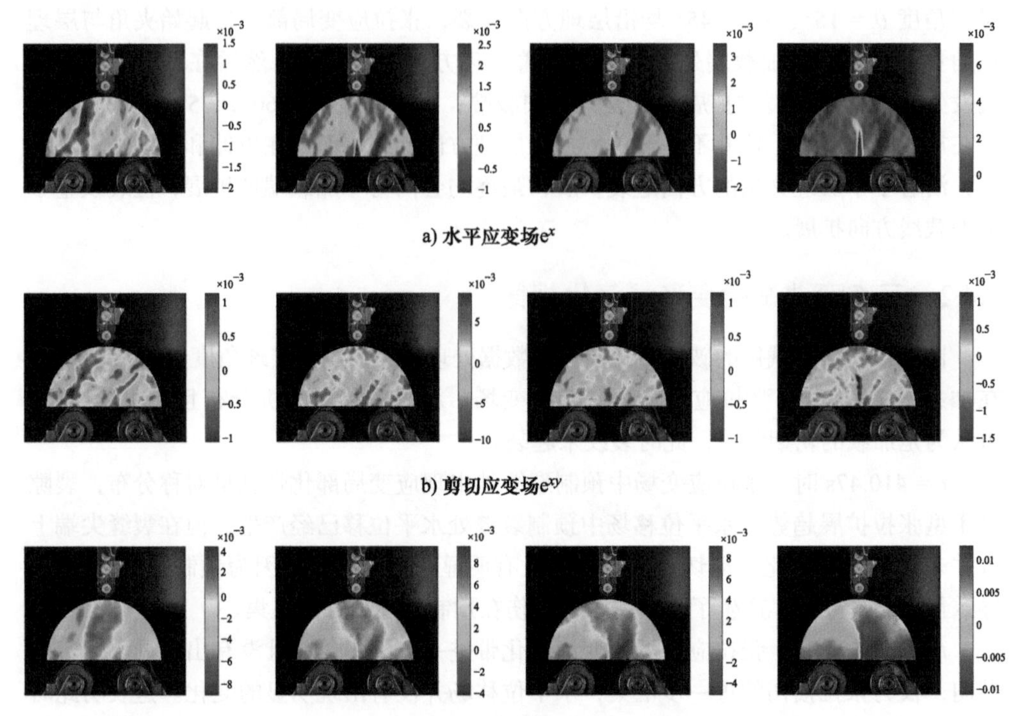

a) 水平应变场e^x

b) 剪切应变场e^{xy}

c) 水平位移场U

d) 破坏路径

图 5.14　45° 试件破坏信息

（a～c 图中，从左至右分别为加载时刻 117.27s，410.47s，449.53s，469.07s）

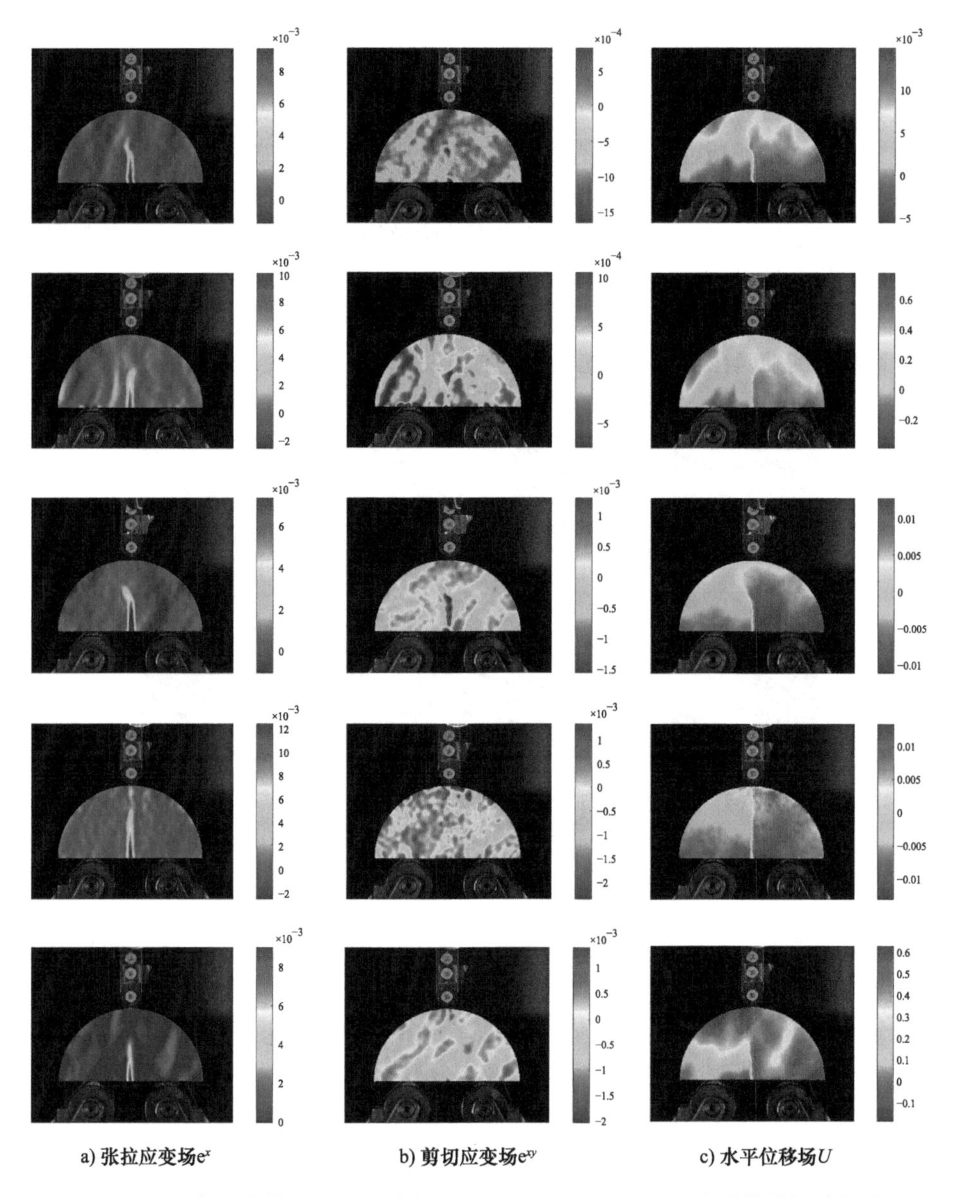

a) 张拉应变场e^x　　b) 剪切应变场e^{xy}　　c) 水平位移场U

图 5.15　不同层理角度（从上至下分别为 75°、60°、45°、30°、15°）试件临界破坏时变形场

综上所述，对于层理角度$\beta \leqslant 45°$的试件，在层理的影响下，裂纹尖端沿层理方向起裂扩展，此时层理对裂纹的扩展和演化具有引导作用；对于$\beta \geqslant 60°$的试件，层理对其裂纹扩展方向影响较小，裂纹沿着与竖直略有夹角方向扩展，对比破坏后的图片，可以更加直观清晰地看到这种现象。由于页岩中层理的影响，试件裂纹的起裂扩展是受到拉伸与剪切的综合作用。

5.5 损伤局部化分析

在数字散斑试验数据分析的基础上，提出基于三点弯曲试验描述的损伤演化因子方法。数值较大的正应变点可以有效描述试件的损伤演化及破坏过程。在此基础上，通过分析较大应变数值的应变点试验数据，对岩石层理与基质的损伤程度进行表征，进而定量描述层理性岩石破坏规律以及岩石从弥散损伤、应变局部化、裂纹起裂扩展至断裂破坏的全过程。

因为裂纹从萌生到扩展，应变与位移变化较明显的区域集中在预制裂缝上部，因此为提高数据的准确性与精度，选取一定的扩展区域进行研究，如图 5.16 所示。

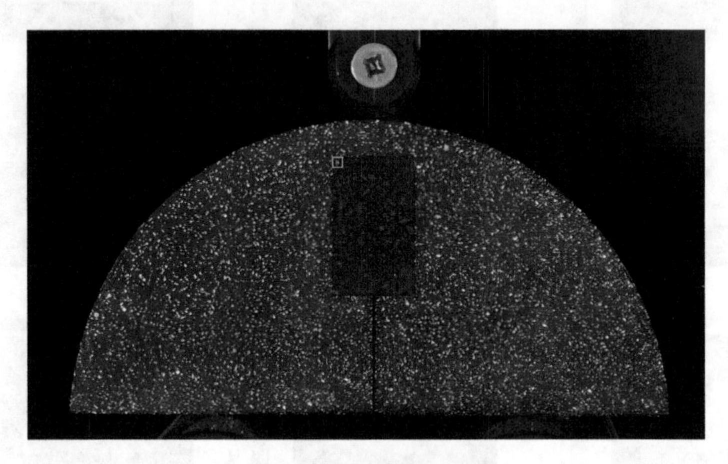

图 5.16　选取观测区域

在岩石断裂损伤试验中，较大应变点与岩石损伤破坏密切关联，并且可以有效描述试件的损伤演化及破坏过程。因此，本书通过统计前 m 个较大损伤点应变的平均值，计算其与所有测点应变平均值之差占最大差值的比值，并用此比值反映岩石试件的损伤程度。m 一般取所有测点数 N 的 5%～10%，本书取 $m = 7\% \times N$。

定义所有测点应变平均值为

$$\bar{\varepsilon}_N = \frac{1}{N}\sum_{i=1}^{N}\varepsilon_i \tag{5.3}$$

前 m 个较大损伤点应变平均值为

$$\bar{\varepsilon}_m = \frac{1}{m}\sum_{i=1}^{m}\varepsilon_i \tag{5.4}$$

则两者之差为

$$\bar{\varepsilon}=\frac{1}{m}\sum_{i=1}^{m}\varepsilon_i-\frac{1}{N}\sum_{i=1}^{N}\varepsilon_i \tag{5.5}$$

定义损伤程度因子 D 为

$$D=\frac{\bar{\varepsilon}}{\bar{\varepsilon}_{\max}} \tag{5.6}$$

式中，$\bar{\varepsilon}_{\max}$ 为多个时间点的 $\bar{\varepsilon}$ 值中的最大值。

因页岩受到层理构造的影响，破坏多为拉伸-剪切复合破坏形式，本书定义拉应变损伤程度因子为 D_f，切应变损伤程度因子为 D_v。

（1）张拉作用下的损伤程度因子 D_f：

$$D_f=\frac{\bar{\varepsilon}_f}{\bar{\varepsilon}_{f\max}} \tag{5.7}$$

$$\bar{\varepsilon}_f=\frac{1}{m}\sum_{i=1}^{m}(\varepsilon_x)_i-\frac{1}{N}\sum_{i=1}^{N}(\varepsilon_x)_i \tag{5.8}$$

式中，ε_x 为拉应变；$\bar{\varepsilon}_{f\max}$ 是 $\bar{\varepsilon}_f$ 的最大值，是临界破坏时 $\bar{\varepsilon}_f$ 的值。

（2）剪切作用下的损伤程度因子 D_v：

$$D_v=\frac{\bar{\varepsilon}_v}{\bar{\varepsilon}_{v\max}} \tag{5.9}$$

$$\bar{\varepsilon}_v=\frac{1}{m}\sum_{i=1}^{m}(\varepsilon_{xy})_i-\frac{1}{N}\sum_{i=1}^{N}(\varepsilon_{xy})_i \tag{5.10}$$

式中，ε_{xy} 为切应变；$\bar{\varepsilon}_{v\max}$ 是 $\bar{\varepsilon}_v$ 的最大值，即临界破坏时的 $\bar{\varepsilon}_v$ 的值。

当加载过程中出现 $D_f\geqslant D_v$ 时，表明拉伸作用下的损伤大于剪切作用下的损伤，即裂纹更易因为拉伸作用起裂扩展；反之，$D_f<D_v$ 表明拉伸作用下的损伤小于剪切作用下的损伤，即裂纹更易因为剪切作用起裂扩展。最后可以定量判断出裂纹在加载过程中的扩展方向。

以三点弯曲试验中层理角度45°页岩试件为例，据前文所确定的试件局部观测区域的应变与位移演化云图如图5.17所示，试件的破坏情况如图5.18所示。根据式（5.7）和式（5.8）计算出了45°试件在加载不同时间点的损伤因子值见表5.5。

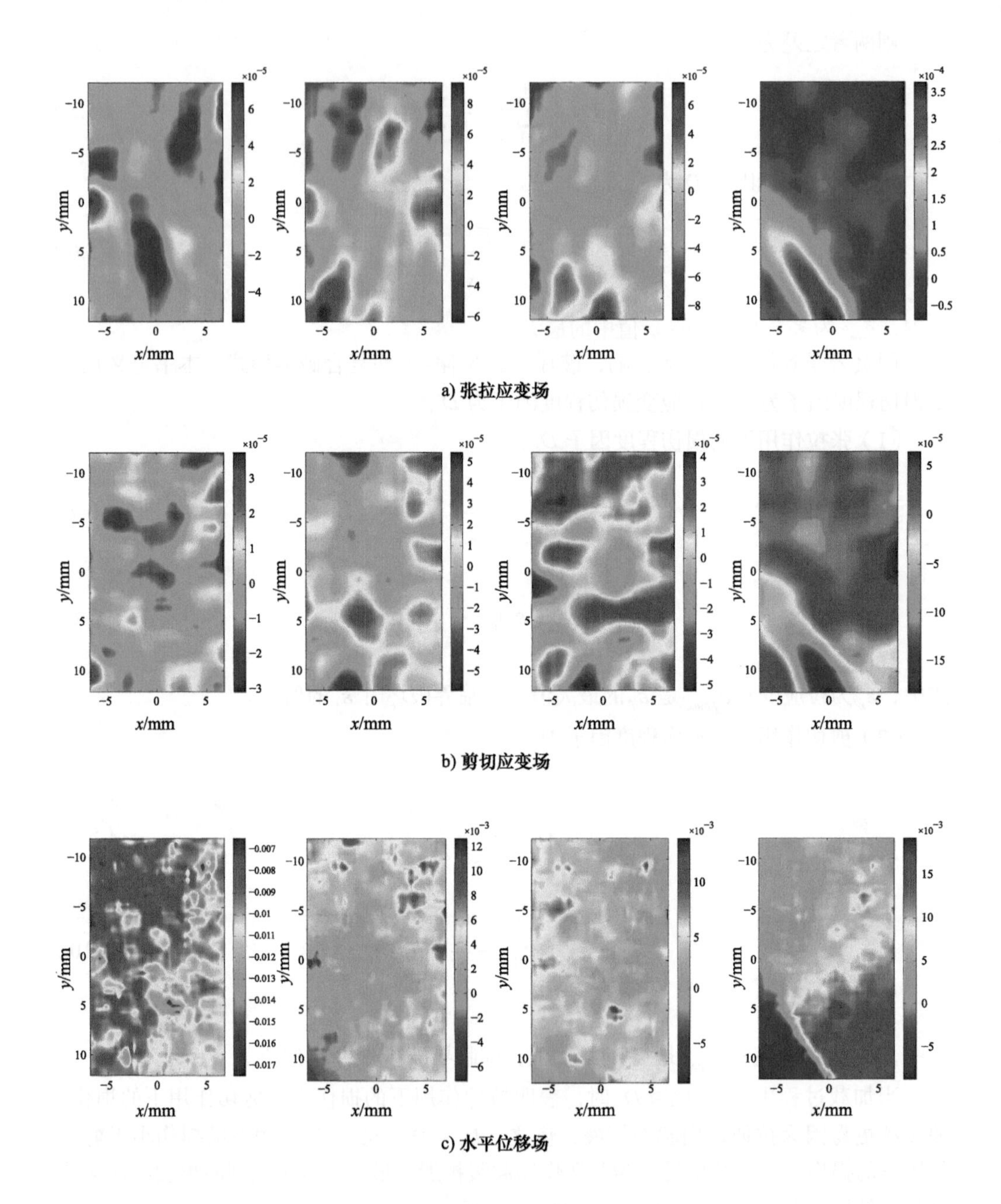

图 5.17　确定观测区域后的 DSCM 图像

（每行 4 张图片，从左至右分别为加载时刻 117.27s、410.47s、449.53s、469.07s）

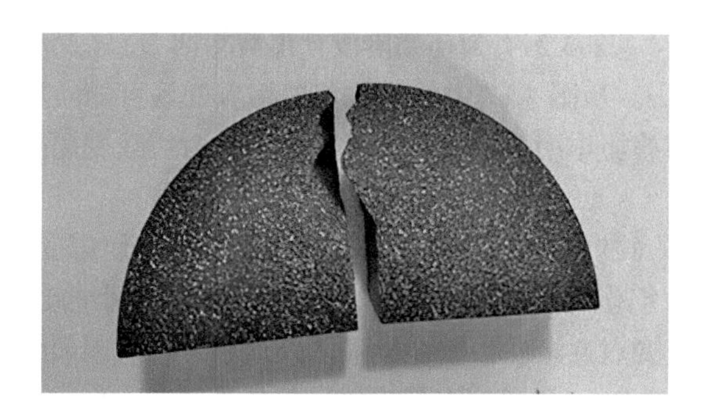

图 5.18　45° 试件破坏路径

表 5.5　45° 试件损伤因子值

损伤因子类型	0	58.6	117.3	175.9	234.5	293.2	351.8	371.4	390.9	410.5	430.0	449.5	469.1
D_f	0	0.122	0.066	0.133	0.148	0.227	0.174	0.142	0.098	0.099	0.096	0.124	1
D_v	0	0.132	0.171	0.192	0.166	0.257	0.352	0.340	0.198	0.304	0.208	0.240	1

通过观察 45° 试件损伤程度因子变化曲线（见图 5.19），现可以将其分为三个阶段。

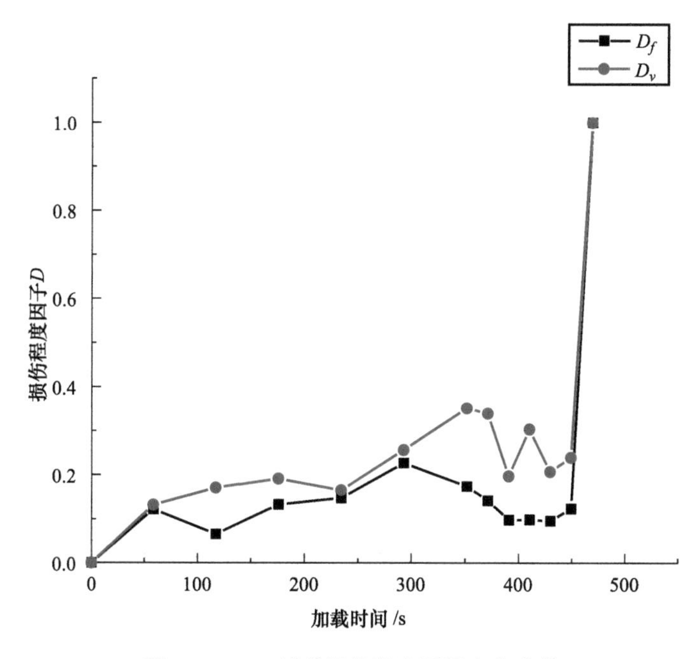

图 5.19　45° 试件损伤程度因子变化曲线

（1）第一阶段（0 ~ 293.2s）为初始阶段，加载初期 D_v 与 D_f 值相差不大，且变化平缓，其值均约在 0.2。从图 5.17 中的张拉与剪切应变场可知，加载初期应变点主要呈弥散分布，拉伸与剪切作用造成的损伤值较小。此时裂纹受层理影响较小，仍为 I 型张拉裂纹。

（2）在第二阶段（293.2 ~ 430.0s）为损伤聚集阶段，切应变损伤程度因子 D_v 明显有所增大，而张拉损伤程度因子 D_f 变化不大，并且有减小的趋势。从图 5.17 应变场可以看出，较大应变点逐渐在预制裂缝尖端处汇聚，在预制裂缝尖端逐渐形成应力局部化带。加载 430.0s 时，微裂纹汇集串接，促使裂纹基本形成。由于在此阶段，D_v 仍一直大于 D_f，说明剪切作用下的损伤仍为主要损伤，因此裂纹易在剪切作用下产生，即裂纹的萌生扩展更易在层理方向。

（3）在第三阶段（430.0 ~ 469.10s）为扩展阶段，切应变与张拉应变损伤程度因子在缓慢增长后迅速上升，在前半段 D_v 仍大于 D_f，此时应变局部化带在层理方向集聚，最后同时到达损伤峰值，表明剪切损伤与张拉损伤均达到最大，此时裂纹迅速扩展直至贯通。根据图 5.17 中加载时间为 469.10s 时的应变与位移图可以明显看出，应变局部化带扩展的方向与层理面重合，进一步表明裂纹起始的扩展方向不是沿竖直方向，而是沿着层理面扩展，与曲线（见图 5.19）的变化吻合。最终仅在短短的几秒之内裂纹就贯穿整个试件，裂纹由 I 型张拉裂纹变成 I-II 型复合型裂缝。由于三点弯曲试验的特性，均质材料中预制裂纹尖端一般会向上部加载点扩展，45° 页岩试件在层理的影响下，裂纹最先起裂于层理面，扩展一段距离后转向加载点扩展至断裂。

45° 页岩试件整个加载过程中 D_v 均大于 D_f，表明在层理弱面的影响下，更易于发生剪切作用主导的沿层理面的裂纹。综上所述，通过描述损伤程度因子这种方法可以实现定量分析剪切作用和张拉作用的程度，从而判断层理页岩裂纹的基本走向。

图 5.20 为不同角度下的损伤程度因子曲线，可以发现 15°、30° 试件的损伤程度因子曲线与 45° 试件类似，并且在峰值前 D_v 明显要比 D_f 大得多，说明 15°、30° 试件损伤主要为剪切作用下的损伤，即裂纹的萌生扩展更易在层理方向。裂纹起始时是沿层理方向起裂扩展。而对于 60°、75° 试件的损伤因子曲线，我们可以看出图中既有 $D_v > D_f$，也有 $D_v > D_f$，在各阶段均相差不明显，说明在加载过程中剪切作用与张拉作用造成的损伤对裂纹的产生影响相近，均不可忽略，并且其大小易出现波动。因此，最后形成的裂纹不是严格按照层理方向，预制裂纹尖端处的转向并不是很明显，只是发生了轻微的偏转。

页岩中的层理弱面是导致剪切损伤程度因子增加的原因，在页岩三点弯曲试验中，损伤程度因子可以直观地得出剪切作用与张拉作用的比重，由此来判断裂纹起始是否会向层理面扩展。至于判断裂纹沿层理扩展到何种程度后向上部加载点处发生转向，从图 5.20 中曲线很难表示出来，因为最后在极短的时间内裂纹扩展贯通，相机基本捕捉不到。但对于实际工程中，我们比较关心的是裂纹起裂的原因与方向，因此此种定量方法能有效满足实际工程的需求。

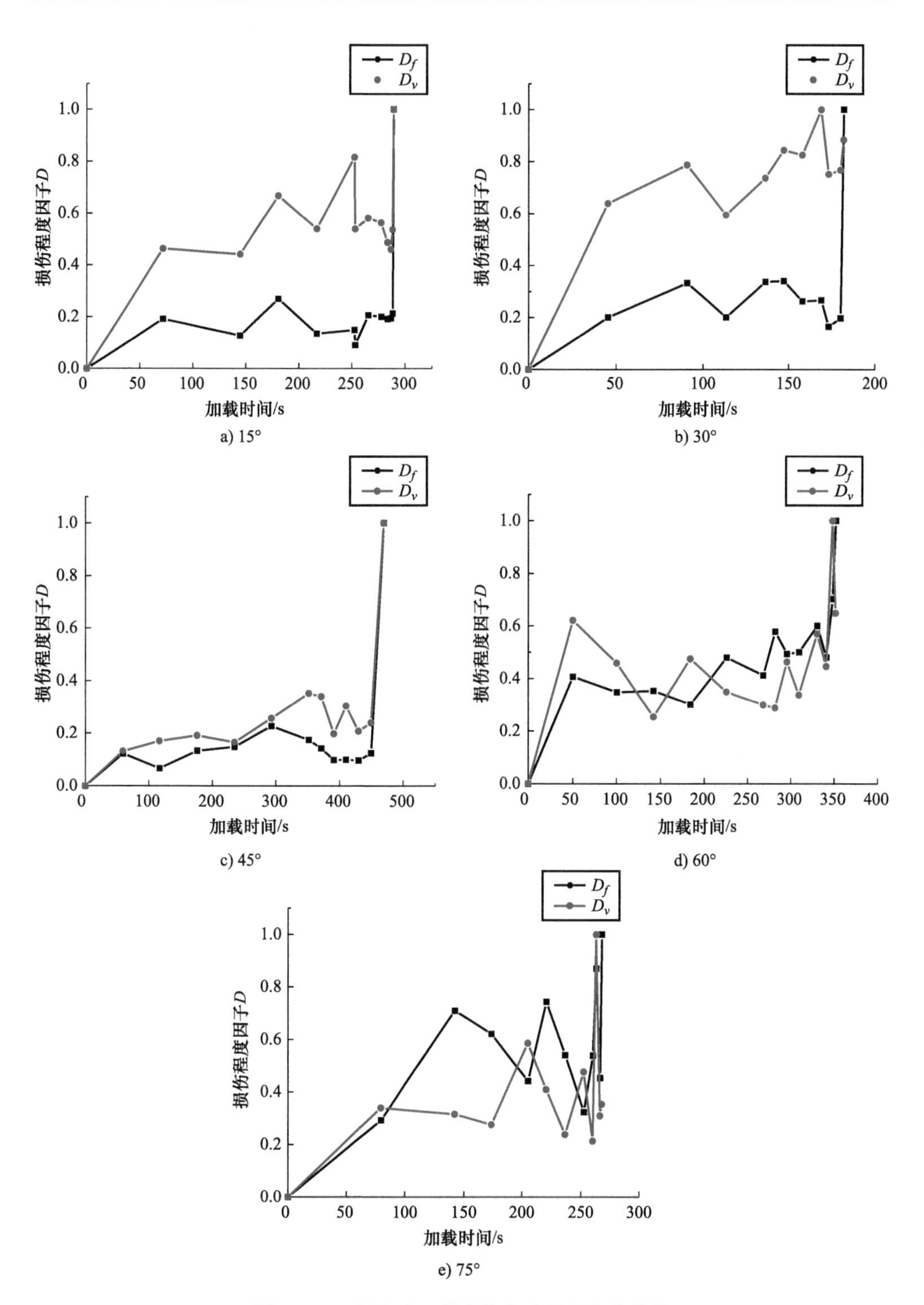

图 5.20 不同角度下的损伤程度因子变化曲线

第6章

页岩裂纹遇层理起裂扩展准则研究

关于层理弱面对页岩裂纹扩展规律影响的研究多限于试验分析和定性评价，因此应用断裂力学理论建立页岩的裂纹沿层理面起裂扩展准则尤为重要。

本章采用裂纹尖端应力场 Williams 解 [184]，获得沿层理分叉裂纹尖端应力场；在考虑 T 应力情况下，基于最大周向应力判据建立了层理性页岩的 Ⅰ 型裂纹沿层理面起裂与扩展条件；对比不考虑 T 应力的 Ⅰ 型裂纹沿层理起裂扩展准则，研究了不同层理角度下裂纹沿层理面起裂与扩展规律，分析 T 应力对裂纹扩展角、起裂和扩展临界强度比的影响；将理论预测结果和文献中颗粒流程序 PFC 数值模拟结果进行对比分析，验证了裂纹沿层理起裂扩展准则的合理性。

6.1 页岩沿层理分叉裂纹尖端周向应力场解析推导

裂纹尖端应力场可以表述为 Williams 特征级数展开式，包括奇异项、常数项以及若干非奇异项。传统的思路是只运用了 Williams 展开式中的奇异应力项 $r^{-1/2}$，而将高次的 $O(r^{1/2})$ 项和非奇异应力项忽略，认为其对裂尖处开裂的影响小。非奇异应力项主要指平行于裂纹方向的常数，即 T 应力，它是影响 Ⅰ 型裂纹扩展路径是否稳定的一个主因。研究表明，仅仅运用奇异应力项 $r^{-1/2}$ 难以准确描述和预测裂纹的扩展，还需考虑 T 应力对裂纹扩展的影响 [185-186]。

考虑 T 应力下裂纹尖端附近的应力场为

$$\sigma_r = \frac{1}{2\sqrt{2\pi r}}[K_{\mathrm{I}}\cos\frac{\theta}{2}(3-\cos\theta) + K_{\mathrm{II}}\sin\frac{\theta}{2}(3\cos\theta - 1)] + T\sin^2\theta + O(r^{1/2}) \quad (6.1)$$

$$\sigma_\theta = \frac{1}{\sqrt{2\pi r}}\cos\frac{\theta}{2}\left(K_{\mathrm{I}}\cos^2\frac{\theta}{2} - \frac{3}{2}K_{\mathrm{II}}\sin\theta\right) + T\sin^2\theta + O(r^{1/2}) \quad (6.2)$$

$$\sigma_{r,\theta}=\frac{1}{2\sqrt{2\pi r}}\cos\frac{\theta}{2}\left[K_{\mathrm{I}}\sin\theta+K_{\mathrm{II}}(3\cos\theta-1)\right]-T\sin\theta\cos\theta+O(r^{1/2}) \qquad (6.3)$$

式中，θ 为裂纹角；r 为与裂纹尖端的距离；σ_r、σ_θ、$\sigma_{r,\theta}$ 分别为极坐标 θ-r 下的裂纹尖端应力；K_{I}、K_{II} 分别表示Ⅰ型和Ⅱ型断裂强度因子。为便于研究，引入两个参数 B、α[187]，将 T 应力和临界裂纹扩展区域半径 r_c 及裂纹长度 a 无量纲化，可得

$$B=\frac{T\sqrt{\pi a}}{K_{\mathrm{I}}},\alpha=\sqrt{\frac{2r_c}{a}}$$

设层理弱面与裂纹面的夹角为 β，如图 6.1 所示。对于含Ⅰ型裂纹的页岩，裂纹扩展过程中尖端会有无数条分叉裂纹，沿层理方向也会有分叉裂纹，建立层理分叉裂纹的坐标系如图 6.2 所示，分叉裂纹尖端附近的应力用 $\bar{\sigma}_r$、$\bar{\sigma}_\theta$、$\bar{\sigma}_{r,\theta}$ 表示。

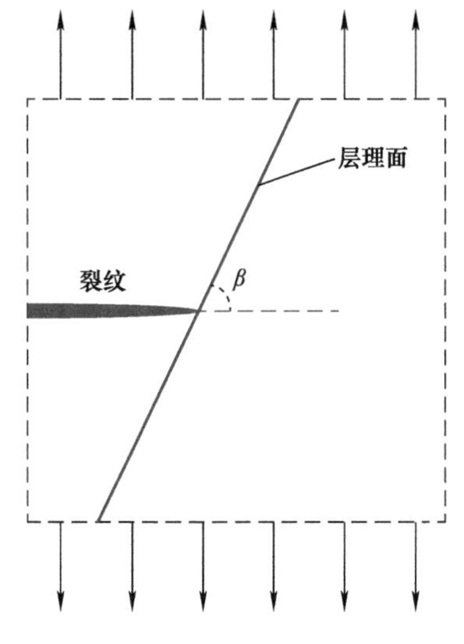

图 6.1 裂纹与层理弱面夹角

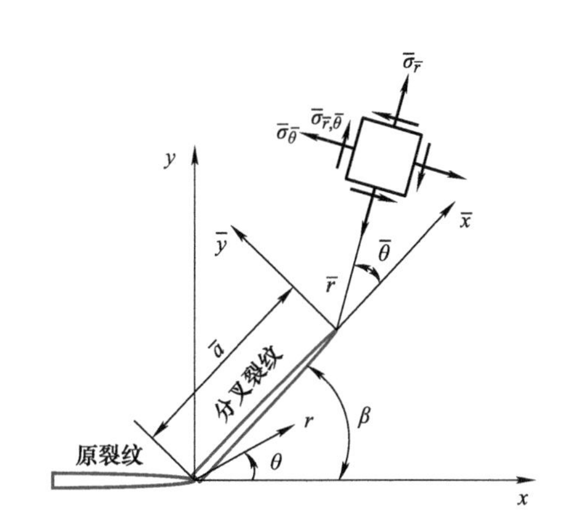

图 6.2 层理分叉裂纹坐标系

根据连续性假设[188]，裂纹分叉后，如分叉裂纹长度 $\bar{a}$ 很小，则可认为沿层理分叉裂纹的尖端应力、位移场仍等于未分叉前该点原有的应力、位移场，即

$$\lim_{\bar{a}\to 0}\bar{\sigma}_{\bar{r}}=\sigma_\beta \qquad (6.4)$$

$$\lim_{\bar{a}\to 0}\bar{\sigma}_{\bar{r},\bar{\theta}}=\sigma_{r,\beta} \qquad (6.5)$$

式中，$\bar{a}$ 是分叉裂纹长度；σ_β 和 $\sigma_{r,\beta}$ 为裂纹角 θ 等于层理角度 β 时的 σ_θ 和 $\sigma_{r,\theta}$。$\bar{x}$、$\bar{y}$ 是以分叉裂纹尖端为原点的新坐标系（以下简称新坐标系）中的坐标值。

在沿着层理分叉裂纹建立的新坐标系中，分叉裂纹尖端附近应力场中，原裂纹

沿层理方向的 $\sigma_{r,\theta}$ 为分叉裂纹尖端提供了切应力，分叉裂纹已经不是简单的纯Ⅰ型断裂，而是Ⅰ-Ⅱ复合型裂纹。分叉裂纹尖端的应力强度因子 $\bar{K}_{\mathrm{I}}$、$\bar{K}_{\mathrm{II}}$ 分别为

$$\bar{K}_{\mathrm{I}}=\lim_{r\to 0}\sqrt{2\pi r}\bar{\sigma}_{\bar{y}}=\lim_{r\to 0}\sqrt{2\pi r}\sigma_{\beta} \tag{6.6}$$

$$\bar{K}_{\mathrm{II}}=\lim_{r\to 0}\sqrt{2\pi r}\bar{\tau}_{xy}=\lim_{r\to 0}\sqrt{2\pi r}\bar{\sigma}_{r,\beta}=\lim_{r\to 0}\sqrt{2\pi r}\sigma_{r,\beta} \tag{6.7}$$

根据式（6.2）和式（6.3），代入 σ_{β}、$\sigma_{r,\beta}$ 可得

$$\bar{K}_{\mathrm{I}}=K_{\mathrm{I}}\cos^3\frac{\beta}{2}+\sqrt{2\pi r}T\sin^2\beta \tag{6.8}$$

$$\bar{K}_{\mathrm{II}}=\frac{1}{2}\sin\beta\cos\frac{\beta}{2}K_{\mathrm{I}}-\sqrt{2\pi r}T\sin\beta\cos\beta \tag{6.9}$$

把分叉裂纹尖端的应力强度因子 $\bar{K}_{\mathrm{I}}$、$\bar{K}_{\mathrm{II}}$ 代入含 T 应力的裂纹尖端应力场公式，即将式（6.8）、式（6.9）代入式（6.2），则沿着层理分叉裂纹尖端周向应力为

$$\begin{aligned}\bar{\sigma}_{\bar{\theta}}=\frac{1}{\sqrt{2\pi r}}\Bigg[&\cos^3\frac{\bar{\theta}}{2}\left(\cos^3\frac{\beta}{2}K_{\mathrm{I}}+\sqrt{2\pi r}T\sin^2\beta\right)-\\&\frac{3}{4}\cos\frac{\bar{\theta}}{2}\sin\bar{\theta}\left(K_{\mathrm{I}}\cos\frac{\beta}{2}\sin\beta-T\sqrt{2\pi r}\sin 2\beta\right)\Bigg]+T\sin^2\bar{\theta}\end{aligned} \tag{6.10}$$

整理得

$$\begin{aligned}\bar{\sigma}_{\bar{\theta}}=K_{\mathrm{I}}\frac{1}{\sqrt{2\pi r}}\Bigg[&\cos^3\frac{\bar{\theta}}{2}\left(\cos^3\frac{\beta}{2}+B\alpha\sin^2\beta\right)-\\&\frac{3}{4}\cos\frac{\bar{\theta}}{2}\sin\bar{\theta}\left(\cos\frac{\beta}{2}\sin\beta-B\alpha\sin 2\beta\right)+B\alpha\sin^2\bar{\theta}\Bigg]\end{aligned} \tag{6.11}$$

6.2　*T* 应力影响下页岩裂纹遇层理扩展判据

由于最大周向应力准则形式简单，而且对于页岩类材料抗拉强度较低的情况，更能接近实际情况[189]。本书在考虑非奇异应力项对裂纹扩展影响的基础上，利用最大周向应力判据研究层理性页岩脆性破坏的裂纹扩展，重点分析不同方向层理的裂纹尖端周向应力以及受Ⅰ型断裂载荷的裂纹遇层理时的扩展规律。

根据最大周向应力准则，脆性断裂发生在裂纹尖端周向应力最大的方向。页岩内部存在层理弱结构面，层理弱面在强度上弱于基质体，使得页岩的力学特性在平行于层理面方向、斜层理方向与垂直于层面方向上存在明显的各向异性。设页岩基质抗拉

强度为 S_t，层理弱面抗拉强度为 S_t^*。裂纹扩展过程中遇层理弱面是否沿层理弱面起裂扩展，由两个比值确定：一是沿层理方向分叉裂纹尖端周向应力与层理弱面抗拉强度之比，另一个是原 I 型裂纹尖端周向应力与基质抗拉强度之比。

页岩中原 I 型裂纹尖端最大周向应力（$\theta=0$）为

$$\sigma_\theta = \frac{K_\mathrm{I}}{\sqrt{2\pi r}} \tag{6.12}$$

裂纹沿原 I 型裂纹方向起裂需满足裂纹尖端的最大周向应力 σ_θ 大于基质的抗拉强度 S_t，即

$$\frac{|\sigma_\theta|}{S_t} > 1 \quad (\theta = 0) \tag{6.13}$$

裂纹在层理处起裂需满足沿层理方向分叉裂纹尖端周向应力 $\bar{\sigma}_{\bar{\theta}}$ 大于层理弱面的抗拉强度 S_t^*，即

$$\frac{|\bar{\sigma}_{\bar{\theta}}|}{S_t^*} > 1 \quad (\bar{\theta} = 0) \tag{6.14}$$

结合式（6.11）可推得

$$\bar{\sigma}_{\bar{\theta}=0} = K_\mathrm{I} \frac{1}{\sqrt{2\pi r}} \left(\cos^3 \frac{\beta}{2} + B\alpha \sin^2 \beta \right) \tag{6.15}$$

在新坐标系下，若分叉裂纹的尖端沿着层理方向（$\bar{\theta}=0$ 方向）的周向应力与层理弱面抗拉强度之比大于原 I 型裂纹尖端最大周向应力与基质抗拉强度之比，则分叉裂纹优先起裂，即裂纹优先沿层理处起裂。裂纹遇到层理时沿着层理方向起裂需满足：

$$\frac{|\bar{\sigma}_{\bar{\theta}=0}|}{S_t^*} > \frac{|\sigma_{\theta=0}|}{S_t} \tag{6.16}$$

将式（6.12）和式（6.15）代入上式则得出裂纹遇到层理时沿着层理的起裂条件为

$$\frac{S_t^*}{S_t} < \cos^3 \frac{\beta}{2} + B\alpha \sin^2 \beta \tag{6.17}$$

在新坐标系下，若裂纹沿层理方向的周向应力与层理弱面的抗拉强度之比大于其他任意方向的周向应力与基质抗拉强度之比，则裂纹优先沿层理面扩展。即裂纹沿层理方向继续扩展则需满足：

$$\frac{|\bar{\sigma}_{\bar{\theta}=0}|}{S_t^*} > \frac{|\bar{\sigma}_{\bar{\theta}\max}|}{S_t} \tag{6.18}$$

将 $\bar{\sigma}_{\bar{\theta}=0}$ 和 $\bar{\sigma}_{\bar{\theta}\max}$ 具体应力表达式代入上式，并且将 $\bar{\sigma}_{\bar{\theta}}$ 取到最大值时的角度 $\bar{\theta}$（如图 6.2 所示，$\bar{\theta}$ 为新坐标系下相对于分叉裂纹的角度）记为扩展角 θ_0，则得出裂纹沿着层理方向扩展条件为

$$\frac{S_t^*}{S_t}<\frac{\cos^3\dfrac{\beta}{2}+B\alpha\sin^2\beta}{\cos^3\dfrac{\theta_0}{2}\left(\cos^3\dfrac{\beta}{2}+B\alpha\sin^2\beta\right)-\dfrac{3}{4}\cos\dfrac{\theta_0}{2}\sin\theta_0\left(\cos\dfrac{\beta}{2}\sin\beta-B\alpha\sin2\beta\right)+B\alpha\sin^2\theta_0} \tag{6.19}$$

按照上面的推导思路，同样可得出，不考虑 T 应力条件下Ⅰ型裂纹沿层理分叉裂纹尖端附近周向应力为

$$\bar{\sigma}_{\bar{\theta}}=\frac{K_{\mathrm{I}}}{\sqrt{2\pi r}}\left[\cos^3\frac{\beta}{2}\cos^3\frac{\bar{\theta}}{2}-\frac{3}{4}\cos\frac{\beta}{2}\sin\beta\cos\frac{\bar{\theta}}{2}\sin\bar{\theta}\right] \tag{6.20}$$

裂纹沿层理弱面起裂扩展条件分别为

$$\frac{S_t^*}{S_t}<\cos^3\frac{\beta}{2} \tag{6.21}$$

$$\frac{S_t^*}{S_t}<\frac{\cos^3\dfrac{\beta}{2}}{\cos^3\dfrac{\beta}{2}\cos^3\dfrac{\theta_0}{2}-\dfrac{3}{4}\cos\dfrac{\beta}{2}\sin\beta\cos\dfrac{\theta_0}{2}\sin\theta_0} \tag{6.22}$$

式（6.17）和式（6.19）关注裂纹起裂扩展条件，而止裂条件对工程实际也有重要的指导意义。根据岩石断裂力学理论，在均质岩石中Ⅰ型裂缝端部应力强度因子 K_{I} 大于或等于岩石断裂韧性 K_{Ic} 时开始起裂，反之则止裂。而页岩为层理性岩石，当裂纹接近邻近层理时，若层理面强度弱于岩石基体，则裂纹易转向层理面扩展，由纯Ⅰ型转变为Ⅰ-Ⅱ复合型裂纹。此时裂纹尖端的应力状态改变，层理方向分叉裂纹不仅要满足裂缝端部应力强度因子大于岩石断裂韧性，还要重新满足本书推导的起裂扩展条件时才能扩展，不满足则会止裂，且止裂效果随着层理面强度的增高而增强。

6.3 Ⅰ型裂纹遇层理弱面扩展规律解析分析

6.3.1 T 应力和层理倾角对扩展角的影响

θ_0 为沿层理的分叉裂纹尖端周向应力取得最大值的 $\bar{\theta}$。在给定 T 应力和层理角度条件下，可以计算出扩展角 θ_0。图 6.3 为不考虑 T 应力影响的扩展角 θ_0 随层理角度 β

的变化曲线图。由图可知，扩展角随着层理角度的增加而增加。

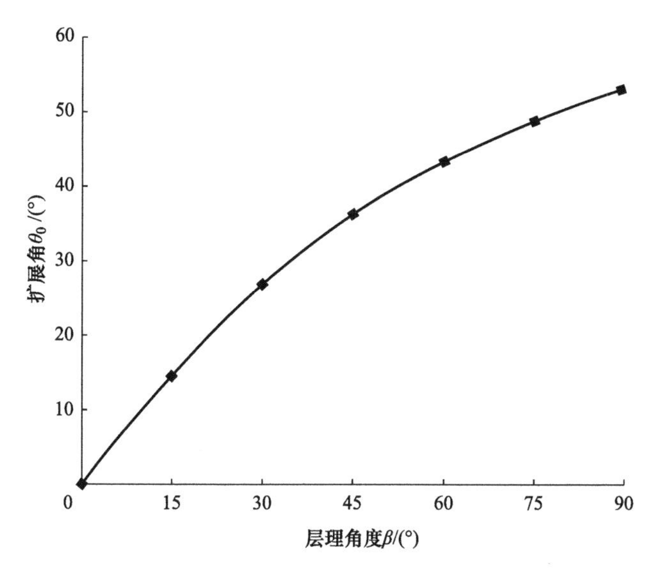

图 6.3　不考虑 T 应力影响的扩展角 θ_0 随 β 变化曲线

T 应力对Ⅰ型裂纹扩展角的影响，如图 6.4 所示。可以看出 $B\alpha = 0.375$ 是一个分界点，当 $B\alpha < 0.375$ 时，裂纹会沿预制裂纹方向持续扩展延伸，即此时裂纹扩展角为 0°，新裂纹尖端与原裂纹尖端方向一致，仍属于Ⅰ型开裂。当 $B\alpha > 0.375$ 时，裂纹扩展角发生变化，即裂纹扩展发生转向，并不会沿原始方向延伸，并且随着 $B\alpha$ 增加扩展角变大。

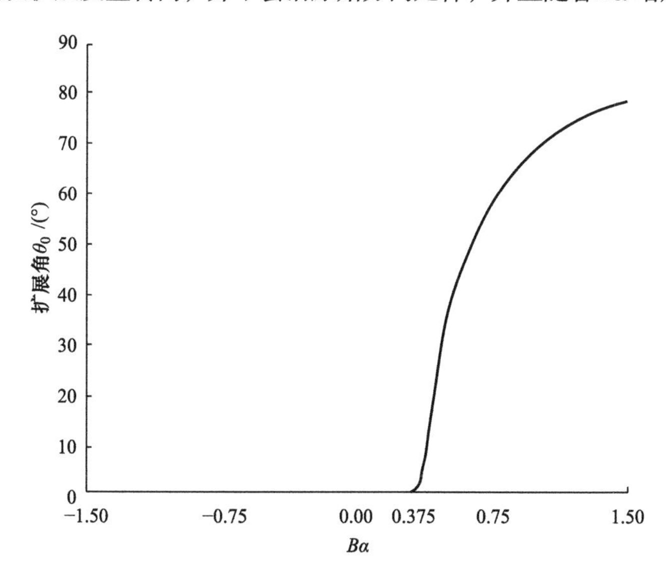

图 6.4　T 应力对Ⅰ型裂纹扩展角的影响

T应力影响下，扩展角θ_0随层理角度β的变化曲线图如图 6.5 所示。在$\beta=0$情况下，层理对Ⅰ型裂纹扩展无影响，但是T应力对扩展角有影响，当$B\alpha>0.375$时，扩展角偏离原点，并且随着$B\alpha$增加逐渐增大；在$\beta>0$情况下，沿着层理的分叉裂纹是Ⅰ-Ⅱ复合型裂纹，层理角度和T应力对其都有影响，当$B\alpha<0$时，扩展角随着层理角度的增加先增加后减小，当$B\alpha>0$时，扩展角随着层理角度的增加先增加最后趋于平缓。从图 6.5 还可以看出层理角度一定的情况下，随着$B\alpha$增大时，扩展角θ_0逐渐增大。

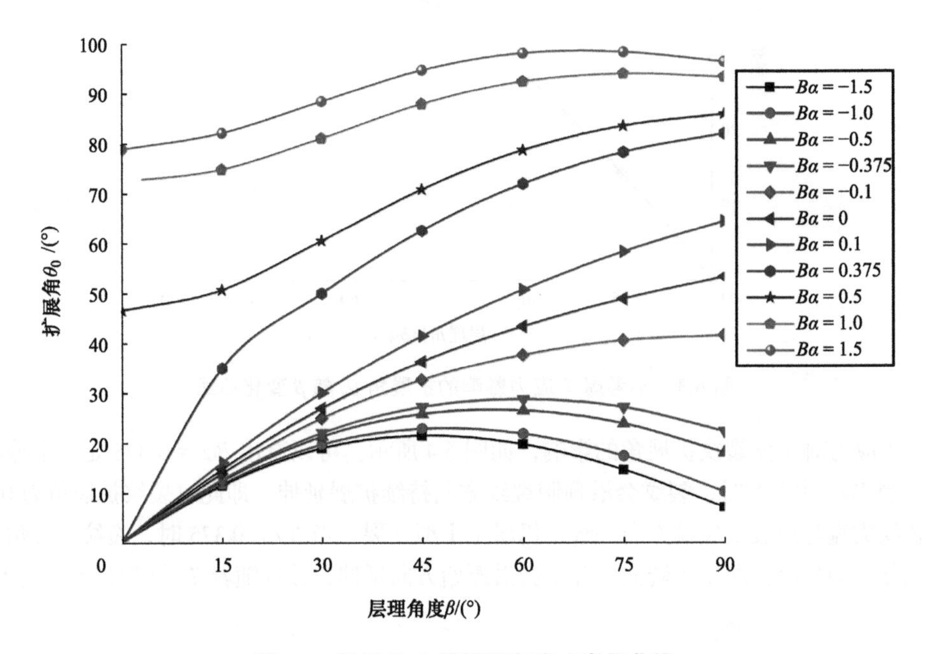

图 6.5　扩展角 θ_0 随层理角度 β 变化曲线

6.3.2　T 应力和层理倾角对起裂、扩展临界强度比的影响

定义层理弱面抗拉强度与页岩基质抗拉强度比为 $S_c(0<S_c<1)$，以下简称为强度比。定义裂纹在层理弱面处起裂临界强度比为 S_c^i，裂纹在层理弱面处扩展临界强度比为 S_c^e。S_c^i、S_c^e 为前面推导的起裂条件与扩展条件刚好满足时强度比 S_c 的临界值。S_c^i、S_c^e 值越小表示裂纹遇层理时在层理处起裂、扩展所需的层理弱面抗拉强度和岩石基体的抗拉强度比值越小，即层理起裂 $(S_c<S_c^i)$、扩展条件 $(S_c<S_c^e)$ 更难满足，S_c^i、S_c^e 值越大表示层理起裂、扩展条件更易满足。

不考虑 T 应力时，起裂临界强度比 S_c^i 随层理角度的变化曲线图如图 6.6 所示。扩展临界强度比 S_c^e 随着层理角度的变化曲线图如图 6.7 所示。可以看出，S_c^i 和 S_c^e 都随层理角度的增加而减小。

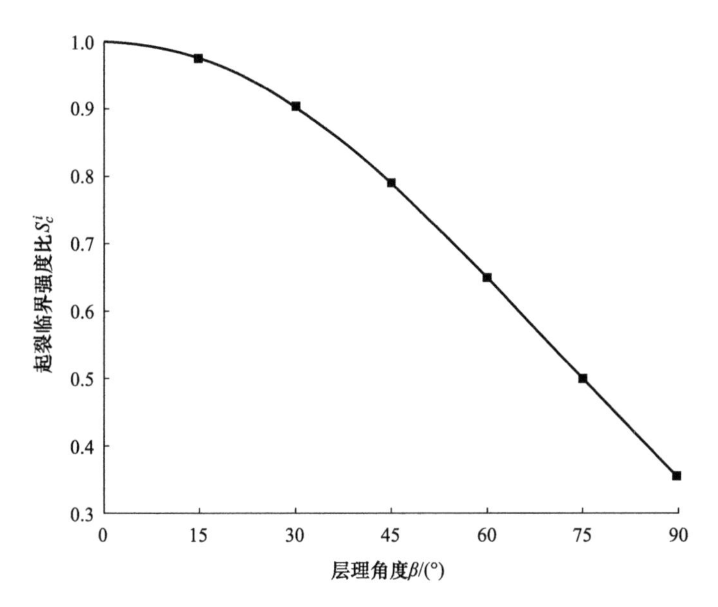

图 6.6　不考虑 T 应力的起裂临界强度比

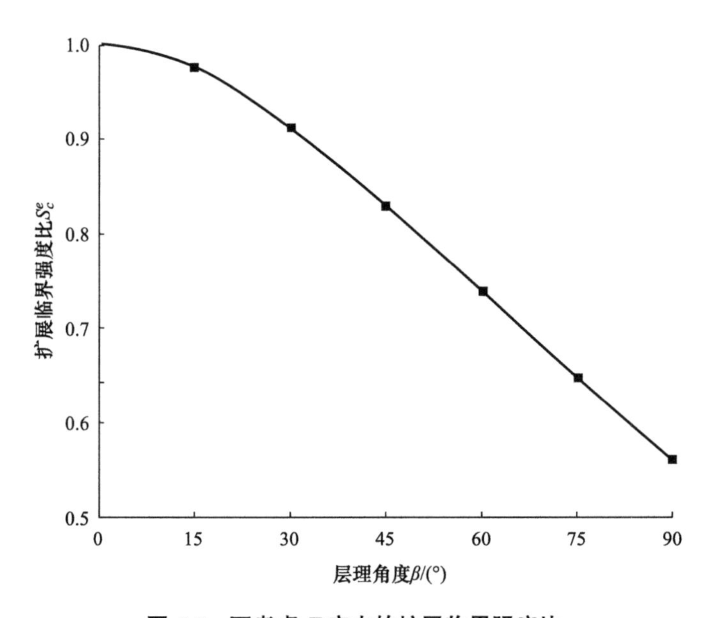

图 6.7　不考虑 T 应力的扩展临界强度比

考虑 T 应力时，层理角度 β 对起裂临界强度比 S_c^i 的影响如图 6.8 所示。在 $\beta=0$ 情况下，为 I 型裂纹起裂，T 应力对起裂临界强度比没有影响，计算结果表明 $S_c^i=1$；在 $\beta>0$ 情况下，当 $B\alpha>0.375$ 时，S_c^i 随着层理角度的增加先增加后减小，当

$B\alpha < -0.375$ 时，S_c^i 随着层理角度的增加先减小后增加，当 $-0.375 \leqslant B\alpha \leqslant 0.375$ 时，S_c^i 随着层理角度的增加而减小。

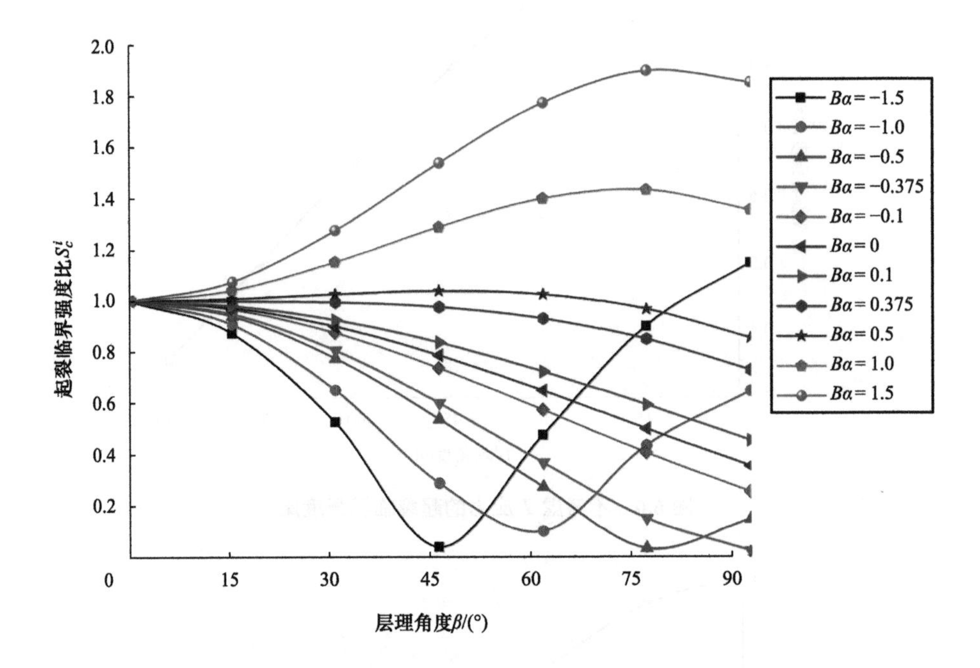

图 6.8　*T* 应力影响下层理角度对起裂临界强度比的影响

T 应力影响下层理角度 β 对扩展临界强度比 S_c^e 的影响如图 6.9 所示。在 $\beta = 0$ 情况下，*T* 应力对扩展过程中分叉裂纹具有明显的影响，即当 $B\alpha > 0.375$ 时，裂纹发生转向，扩展角逐渐增大，扩展临界强度比 S_c^e 初始点出现小于 1 的情况；在 $\beta > 0$ 情况下，其趋势与图 6.8 起裂临界强度比类似，但在 $B\alpha > 0.375$ 时，S_c^e 随着层理角度的增加先增加后减小的幅度更加明显。

图 6.10、图 6.11 分别为层理起裂和扩展临界强度比曲面，其更能直观地反映 *T* 应力、层理角度对裂纹遇到层理弱面时起裂、扩展的综合影响。曲面之上表示裂纹遇层理弱面时不会在层理处起裂和扩展，曲面之下表示裂纹遇层理弱面时在层理处发生起裂和扩展。

在应用水力压裂技术开采页岩气过程中，层理面对裂缝网络的形成以及运输效率具有关键性影响。水力压裂后的应力状态由原地应力与注水压以及地层渗透引起的孔隙压增量三者共同决定。由于页岩中层理弱面的存在，压裂裂纹扩展路径由压裂应力和层理面强度双因素共同控制。若压裂后满足本章推导的裂纹遇层理扩展条件，裂纹则沿层理面扩展，否则裂纹垂直最小地应力方向扩展。因此基于本章推导的裂纹遇层理扩展准则，根据地应力状态和实际地层层理方向，改变射孔角度来控制初始裂纹方向，使裂纹在实际应力状态下满足沿层理扩展条件，使其原始裂纹与层理分叉裂纹相互连接贯通，形成复杂缝网体系。裂缝的形成与连通将大大提高储层渗透性，为实际岩体工程提供理论指导。

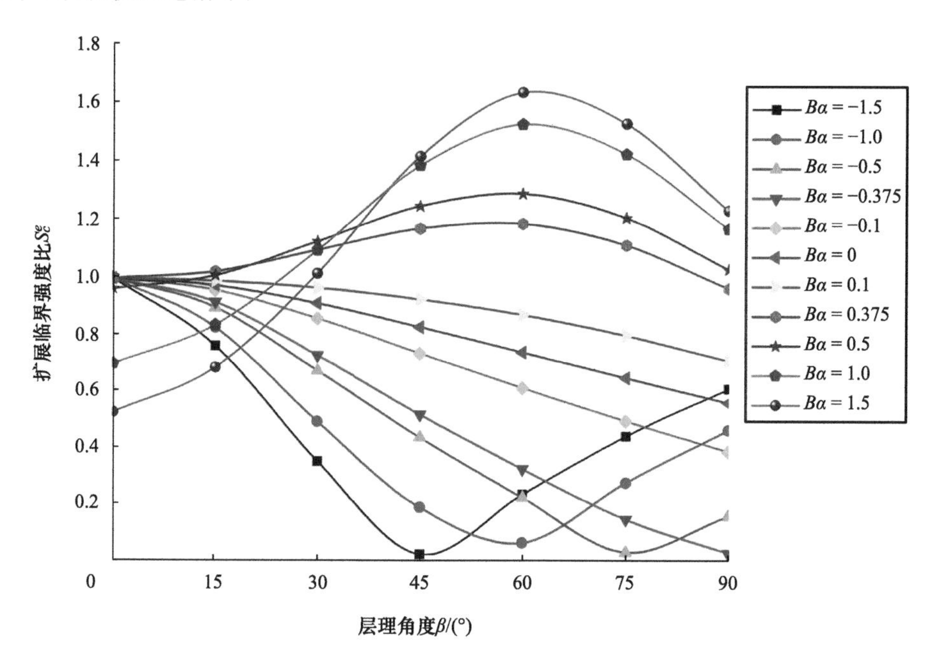

图 6.9 *T* 应力影响下层理角度对扩展临界强度比的影响

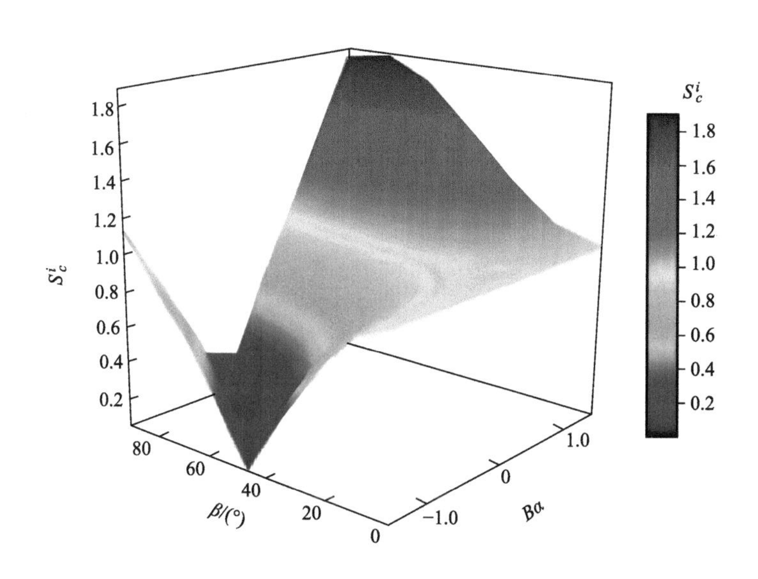

图 6.10 层理起裂临界曲面

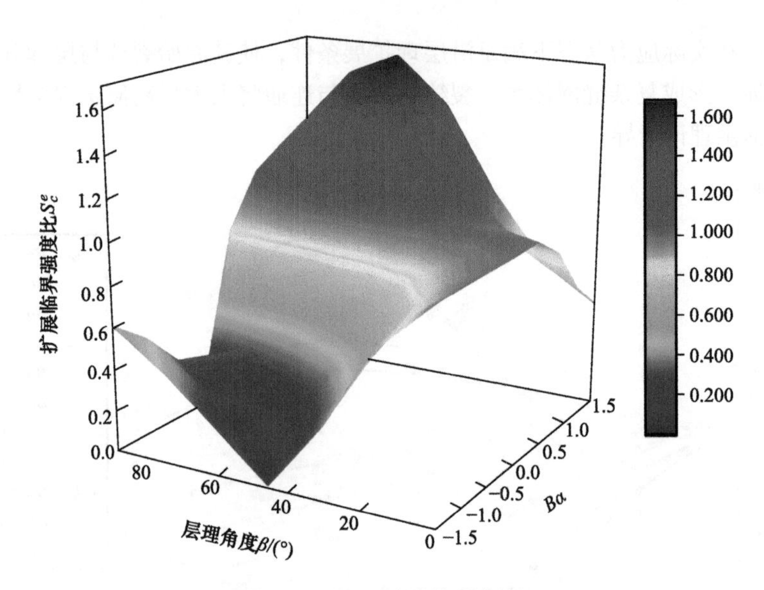

图 6.11　层理扩展临界曲面

材料的断裂韧度、断裂面形态、粗糙度都能综合反映材料的断裂力学特性[190]，而层理面在切应力的作用下易导致层理面上微凸体磨损或剪断，引起表面粗糙度发生改变，从而导致层理面的力学性质产生变化[191]。因此研究剪切强度、层理面粗糙度因素与本章起裂扩展准则的影响关系，并以此指导水力压裂过程、预防工程事故具有现实意义。

以下为剪切强度、层理面粗糙度因素与本章起裂扩展准则的关系讨论：

在基于连续性假设推导起裂扩展准则过程中，在初始裂纹受拉的情况下，分叉裂纹为Ⅰ-Ⅱ复合型裂纹，裂纹转为拉伸和剪切复合破坏。由裂纹尖端应力场可知，层理分叉裂纹尖端周向应力 $\bar{\sigma}_{\bar{\theta}}$ 由 $\bar{K}_{\text{I}}$ 和 $\bar{K}_{\text{II}}$ 组成，分叉裂纹的Ⅱ型应力强度因子 $\bar{K}_{\text{II}}$ 受切应力 $\sigma_{r,\theta=\beta}$ 影响。

$$\bar{\sigma}_{\bar{\theta}}=\frac{1}{\sqrt{2\pi r}}\cos\frac{\theta}{2}\left(\bar{K}_{\text{I}}\cos^2\frac{\theta}{2}-\frac{3}{2}\bar{K}_{\text{II}}\sin\theta\right)+T\sin^2\theta \tag{6.23}$$

而粗糙度是影响岩体剪切强度的主要因素，因此剪切强度与沿层理扩展时的层理面粗糙度 J_{RC} 的大小密切相关。Barton 和 Choubey 给出了岩石层理剪切强度的经验公式：

$$\tau=\sigma_y\tan\left(J_{RC}\cdot\log\frac{J_{CS}}{\sigma_y}+\varphi_b\right) \tag{6.24}$$

式中，J_{RC} 为层理粗糙度系数；σ_y 为有效正应力；φ_b 为岩石内摩擦角；J_{CS} 为层理壁面抗压强度。层理面粗糙度 J_{RC} 越小，层理面的剪切强度越小。当 σ_y 为某一时刻正应力时，此时的 τ 则为此时层理面切应力 $\sigma_{r,\theta=\beta}$。因此粗糙度 J_{CS} 与 $\bar{K}_{\mathrm{II}}$ 的关系为

$$\begin{aligned}\bar{K}_{\mathrm{II}} &= \lim_{r\to 0}\sqrt{2\pi r}\sigma_{r,\theta=\beta} \\ &= \lim_{r\to 0}\sqrt{2\pi r}\sigma_y \tan\left(J_{RC}\cdot\log\frac{J_{CS}}{\sigma_y}+\varphi_b\right)\end{aligned} \tag{6.25}$$

$\bar{K}_{\mathrm{II}}$ 会受到分叉裂纹粗糙度的影响，通过式（6.25）可以表明层理分叉裂纹尖端周向应力 $\bar{\sigma}_{\bar{\theta}}$ 的公式项中已经包含了表征剪切行为的参数，反映了粗糙度与该准则的影响关系。

6.4 扩展判据解析解试验验证

在页岩巴西劈裂试验中，层理角度为 0° 时，表现为层理张拉劈裂破坏，此时得到的抗拉强度为层理抗拉强度 S_t^*；层理角度为 90° 时，表现为基质张拉劈裂破坏，此时得到的抗拉强度为基质抗拉强度 S_t，由此计算出强度比 $S_c = 0.52$。根据试件参数可以通过数值模拟或计算的方法得出 Y 与 T^*（Y 是 Ⅰ 型裂纹的无量纲几何修正因子，T^* 是 T 应力的无量纲表示），通过公式计算得出 $B\alpha = -0.87$。根据不同的层理角度 β 计算出扩展角 θ_0，进而计算出临界扩展强度比 S_c^e，与试验结果的强度比 S_c 的值进行比较。

表 6.1 为考虑 T 应力影响下理论计算不同层理角度页岩的裂纹扩展规律与页岩三点弯曲试验结果的对比。其中 1 ~ 3 号岩样（$\beta \leqslant 45°$）：强度比小于临界扩展强度比，即 $S_c < S_c^e$，满足沿层理扩展条件；4 ~ 5 号岩样（$\beta \geqslant 60°$）：强度比大于临界扩展强度比，即 $S_c > S_c^e$，不满足沿层理扩展条件。可见与理论判据与页岩三点弯曲试验结果吻合。

表 6.1　考虑 T 应力解析解与试验结果对比

编号	β/(°)	扩展角 θ_0/(°)	强度比 S_c	临界扩展强度比 S_c^e	试验结果	解析解验证结果
1	15	12.0704	0.52	0.9437	转向层理	转向层理
2	30	22.4492	0.52	0.7898	转向层理	转向层理
3	45	30.0065	0.52	0.5382	转向层理	转向层理
4	60	33.8748	0.52	0.0091	不转向	不转向
5	75	32.2535	0.52	0.2147	不转向	不转向

第7章 基于离散元方法的页岩岩体力学参数的尺寸效应研究

本章分析柴达木盆地石炭系石灰沟地区页岩气潜力区的天然裂缝和层理特征，建立天然裂缝及层理共同作用下的页岩离散元数值模拟方法，开展页岩岩体尺寸效应及力学参数研究。

7.1 页岩天然裂缝和层理特征

1. 页岩天然裂缝特征

柴达木盆地位于青藏高原北部，油气资源丰富，是我国西部大型含油气盆地之一。盆地内除了有古近系—新近系油气田、第四系自生自储生物气藏外，地质工作者在石炭纪地层中还发现了油砂，证明盆地内东部石炭系地层具有一定的生烃潜力[192]。其中，欧龙布鲁克山西部的石灰沟剖面发育怀头特拉组、克鲁克组以及扎布萨嘎秀组地层等区石炭系页岩有机质未变质且丰度较高，热演化程度适中，是探寻页岩气极为有利的地区。

在页岩气勘探和开发阶段掌握储层的裂缝发育、分布情况是非常关键的。对于页岩内发育的规模较大的节理和断层可以通过地震信息确定其方位[193]，但对于中小型的裂缝群因其分布于岩体内部，只能通过岩芯和露头裂缝观测、测井成像等手段有限地获得这些裂缝群的几何参数信息（分布密度、长度、方位、张开度）。前人[194]对柴达木盆地东部石炭系石灰沟地区页岩 13 处露头 1000 条构造裂缝进行了实测并统计分析了裂缝特征。研究发现北东—南西、近东西向和南北向，其中优势倾向为北东—南西和近东西向两组，推测裂缝形成期次与柴东石炭系所经历的地质事件海西—印支期、燕山期和喜马拉雅期三次强烈的构造运动有关。

通过对页岩岩体露头观测确定岩体内部天然裂缝的具体分布，在理论和实践中都很难做到。研究发现，一般岩体内的裂缝多为透入性结构面，且其分布具有随机性，可以利用裂缝的几何参数统计规律进而采用 Monte-Carlo 随机模拟方法生成裂隙网络数学模型。实践证明这种方法生成的裂缝网络模型是比较接近真实地层的裂缝体系[195-198]。本书选择其中一处石灰沟地区石炭系发育较为典型的页岩露头实测裂缝数据，作为建立页岩岩体天然裂缝网络模型和离散元数值模型的基础。所选的露头如图 7.1 所示，其地理坐标经度为 N37°23′54.57″、纬度为 E96°06′05.06″。该露头为石炭系克鲁克组页岩，表面呈黄褐色下伏黑色煤层，厚约 50cm，露头剖面长 3.2m、高 1.4m。地层产状为 6° ∠ 46°(倾向∠倾角)，平均页理间距约为 10mm，在该露头中实测到 67 条裂缝，裂缝平直，少数被方解石脉充填。

图 7.1 柴达木盆地东部石炭系克鲁克组实测露头

对实测的裂缝进行统计分析，作出实测裂缝的分组极点图如图 7.2 所示。分组后选择 Fisher 分布函数来拟合每组裂缝的几何分布，确定分布函数中的未知参数；同时计算出露头剖面上每组裂缝的平均倾向和倾角、迹长、密度等几何参数及密度，经统

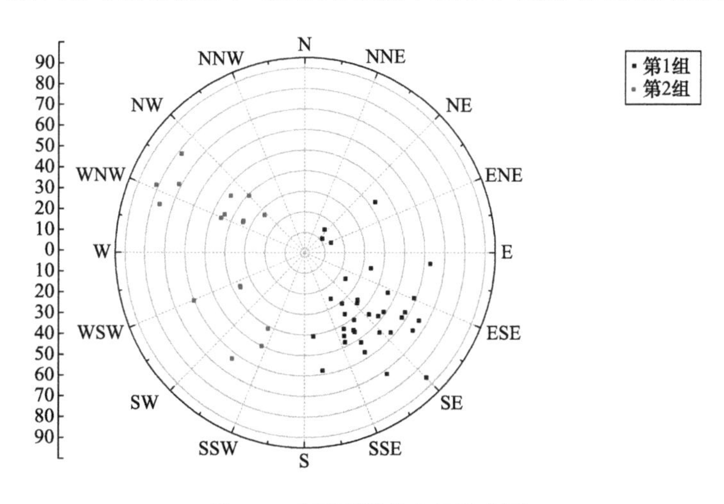

图 7.2 实测裂缝的分组极点图

计计算得到石灰沟露头岩石裂缝实测参数表如表 7.1 所示。结果显示裂缝产状大致可分为两组，一组北东—南西走向低倾角裂缝，共 46 条，另一组为近南北走向低倾角裂缝，共 21 条，统计结果与文献相同。

表 7.1 石灰沟克鲁克组露头页岩裂缝统计参数

测点名称	组别	每组条数	长度分布形式	产状分布形式	分布函数中的 κ 值	平均产状（倾向∠倾角）	一维密度 /（条 /m）	迹长均值 /m	迹长标差 /m	裂缝走向	裂缝倾角
测点 1	1	21	对数正态	Fisher	5.15	265.87° ∠ 41.61°	5.99	0.3310	0.1834	近南北走向	低倾角
测点 1	2	46	对数正态	Fisher	12.01	126.19° ∠ 40.85°	13.16	0.3120	0.1883	东北—西南向	低倾角

基于 Monte-Carlo 随机理论的离散裂隙网络（DFN）技术 [199]，可通过对实测节理裂隙产状、迹长、概率分布获得的统计参数来生成节理集合，模型中结构面的各种信息的概率分布与真实情况一致。本书对实测的柴达木盆地东部石灰沟测点 1 露头页岩的统计参数应用 3DEC 软件中 DFN 模块生成页岩岩体的三维裂隙网络模。DFN 模拟节理面时，将其转化为圆盘模型，节理数量转化为节理密度，节理的产状则使用分布函数模拟。

图 7.3a 为模拟实测露头 1 的三维裂隙网络模型，为了使模型更符合实际情况，这里选取的尺寸为比实测露头面尺寸略大的尺寸 5m × 5m × 5m。为了对所建立的三维裂隙网络模型合理性进行验证，对生成的三维节理岩体网络模型截取竖直方向剖面图如图 7.3b ~ e 所示。在生成的剖面图中随机布置 3 条测线，测量计算节理沿每条测线的线密度与平均迹长值，对 3 条测线的数据求平均值后，与实测线的线密度和平均迹长值进行对比，结果见表 7.2。可以看出实测裂缝与模拟裂缝在密度以及迹长上都十分接近，所建立的页岩三维裂隙网络模型可以输出比较接近真实页岩地层内部裂缝的几何参数信息，为进一步建立页岩储层的层理裂缝离散元数值模型打下基础。

2. 页岩层理特征

柴达木盆地石炭系页岩普遍发育水平层理，层理含有大量云母和常见的植物化石，并且在页岩中经常可见呈条带状和颗粒状聚集的黄铁矿 [200]。层理面胶结强度较低，往往会先于页岩基质体破坏。图 7.4a ~ d 是柴达木盆地石炭系克鲁克组泥页岩的层理构造特征图，层理以块状层理和潮汐层理为主。潮汐层理以波状复合层理、透镜状层理为主 [193]。试验和数值模拟结果表明可以采用横观各向同性本构表征页岩地层性质。

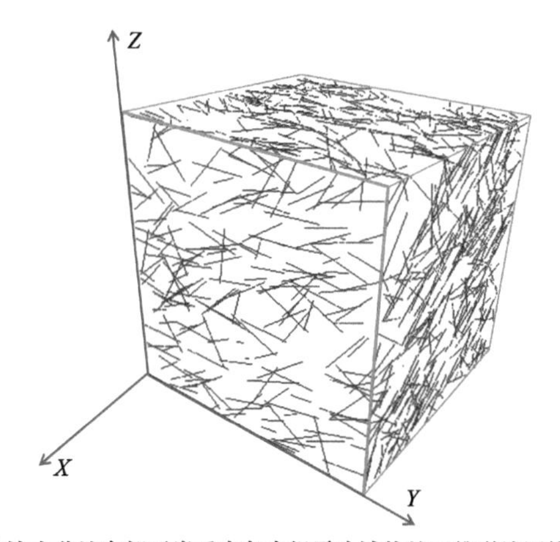

a) 柴达木盆地东部石炭系克鲁克组露头试件的三维裂缝网络块体模型
(试件尺寸为5m×5m×5m)

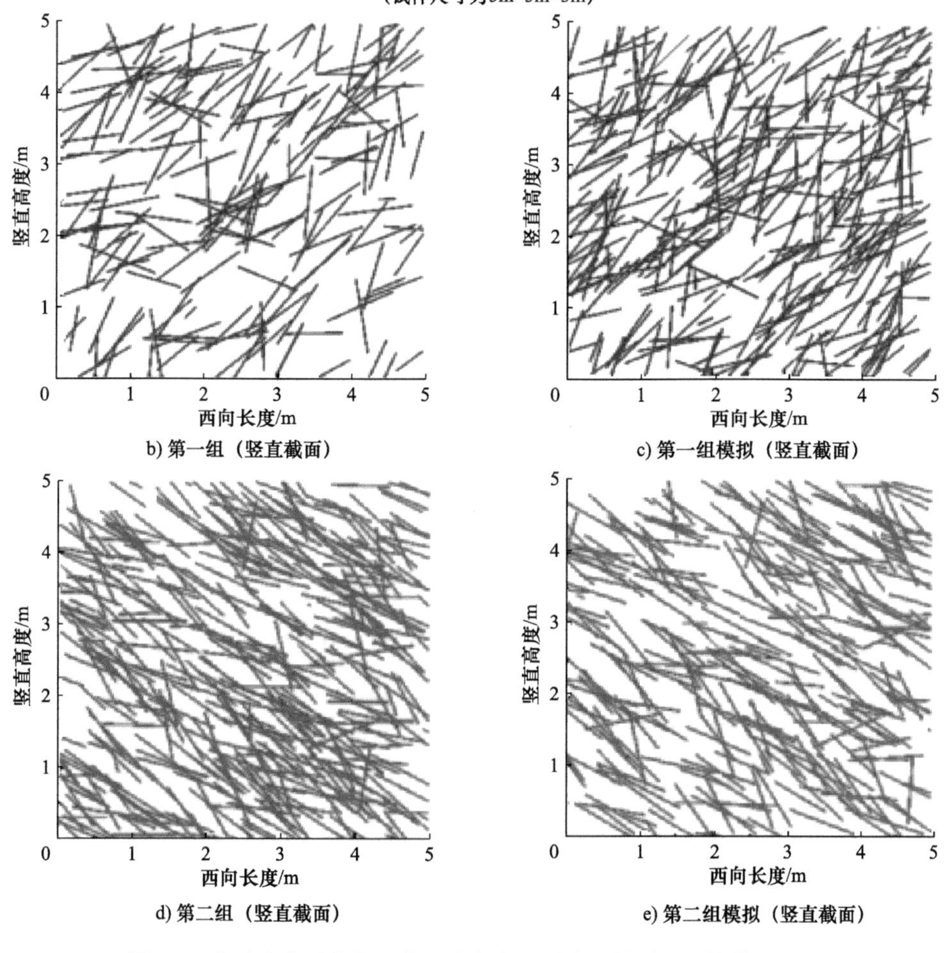

b) 第一组（竖直截面） c) 第一组模拟（竖直截面）

d) 第二组（竖直截面） e) 第二组模拟（竖直截面）

图 7.3　柴达木盆地东部石炭系克鲁克组露头 1 的裂隙网络模型剖面

表 7.2　石灰沟页岩露头裂缝实测数据和模拟数据对比

测点	分组	线密度实测值 /（条 /m）	线密度模拟值 /（条 /m）	平均迹长实测值 /m	平均迹长模拟值 /m
测点 1	1 组	5.99	5.36	0.3310	0.3015
	2 组	13.16	12.86	0.3120	0.3152

a) 块状层理，984.20m，柴页 2 井

b) 脉状层理，1048.50m，柴页 2 井

c) 波状复合层理，994.50m，柴页 2 井

d) 波状复合 - 透镜状层理，1046.90m，柴页 2 井

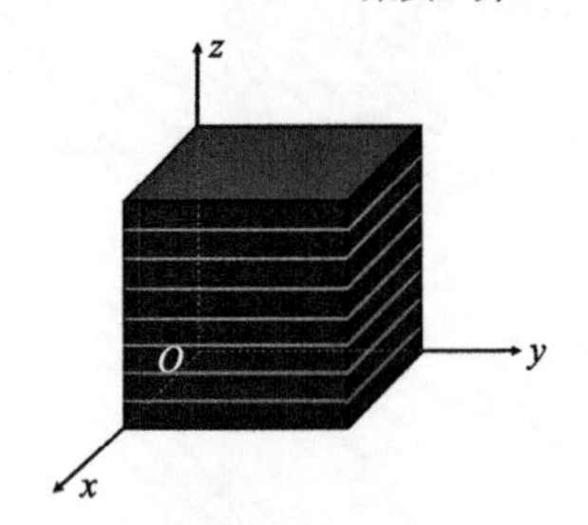

e) 层状页岩横观各向同性体模型表征

图 7.4　石炭系克鲁克组泥页岩构造特征图

层状页岩示意图及其方向坐标如图 7.4e 所示，假设 Oxy 面为其横观各向同性对称面。横观各向同性本构应力 - 应变关系满足：

$$\begin{Bmatrix}\varepsilon_x\\ \varepsilon_y\\ \varepsilon_z\\ \gamma_{xy}\\ \gamma_{yz}\\ \gamma_{zx}\end{Bmatrix}=\begin{bmatrix}\dfrac{1}{E_x} & -\dfrac{\mu_x}{E_x} & -\dfrac{\mu_z}{E_z} & 0 & 0 & 0\\ -\dfrac{\mu_x}{E_x} & \dfrac{1}{E_x} & -\dfrac{\mu_z}{E_z} & 0 & 0 & 0\\ -\dfrac{\mu_z}{E_z} & -\dfrac{\mu_z}{E_z} & \dfrac{1}{E_z} & 0 & 0 & 0\\ 0 & 0 & 0 & \dfrac{E_x}{2(1+\mu_x)} & 0 & 0\\ 0 & 0 & 0 & 0 & \dfrac{1}{G_z} & 0\\ 0 & 0 & 0 & 0 & 0 & \dfrac{1}{G_z}\end{bmatrix}\begin{Bmatrix}\sigma_x\\ \sigma_y\\ \sigma_z\\ \tau_{xy}\\ \tau_{yz}\\ \tau_{zx}\end{Bmatrix} \tag{7.1}$$

其中，有五个独立弹性常数：E_x，μ_x 分别为平行横观各向同性面的弹性模量和泊松比；E_z，μ_z 分别为垂直各向同性面的弹性模量和泊松比；G_z 为垂直层理方向的剪切模量。

Batugin 和 Nirenburg 等人通过数学方法[201]，得到了垂直于各向同性面的剪切模量的解法：

$$G_z = \frac{E_x E_z}{E_x + E_z + 2\mu_z E_x} \tag{7.2}$$

由以上分析知，通过对平行层理和垂直层理的页岩进行力学试验，可得到横观各向同性本构方程中的 5 个弹性常数。

7.2 页岩岩体三维离散元计算模型

前述分析发现页岩岩体广泛分布着天然裂缝系统，并且岩体中层理发育良好，两者共同控制页岩岩体的力学特征。本节将通过页岩实测天然裂缝统计分析和离散元模拟相结合，开展含天然裂缝的层理页岩岩体三维离散元模型的构建以及岩体力学参数尺寸效应等的研究。

1. 页岩岩体 REV 块体确定

为了确定天然裂缝和层理共同作用下页岩岩体的尺寸效应和 REV，需要对图 7.3a 所建立的块体在原始尺寸 5m × 5m × 5m 的基础上，由小到大切割出块体。为提高计算效率，块体的尺寸将采用平均分割的方法，即先切割出 0.8m × 0.8m × 0.8m、1.2m × 1.2m × 1.2m、1.6m × 1.6m × 1.6m、2.0m × 2.0m × 2.0m、2.4m × 2.4m × 2.4m、2.8m × 2.8m × 2.8m、3.2m × 3.2m × 3.2m、3.6m × 3.6m × 3.6m 的块体，基本确定 REV 的范围后，在缩小范围内再切割出更多的块体，从而确定 REV 的大小。由于不同位置、不同尺寸块体中的裂缝几何分布会对岩块的力学性质产生影响，尤其是当块体尺寸较小时，影响会更加明显。为提高计算精度，减小误差，对于每一个块体模型将选取 5 个不同位置分别进行计算，然后取该力学参数的均值作为最终结果。采用此方法在 5m × 5m × 5m 的块体中切割出 0.8m × 0.8m × 0.8m 的五个彩色小块体，如图 7.5 所示。

2. 模型参数赋值

根据上述分析，可将页岩假设为横观各向同性体，具体表现为平行于层理的力学参数与垂直于层理面的力学参数的不同。定义各向异性比 κ 为平行层理方向弹性模量与垂直层理方向弹性模量的比值。设置不同弹性模量比为 0.5、1.0、1.5、2.0，即 $E_x = 0.5E_z$，$E_x = 1.0E_z$，$E_x = 1.5E_z$，$E_x = 2E_z$，本节将研究不同 κ 对含天然裂缝页岩岩体的抗压强度、弹性模量、剪切强度、体积模量的影响规律。页岩横观各向同性相关参数参照了前人的研究成果[202]对页岩的相关力学参数进行合理取值，见表 7.3。其中，保持垂直层理方向的弹性模量 E_z = 24MPa 不变，平行层理方向的弹性模量 E_x 根据不同的各向异性比设置为 12MPa，24MPa，36MPa，48MPa。

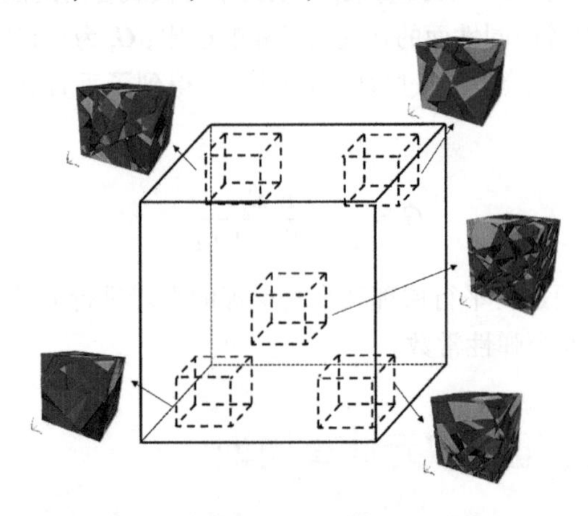

图 7.5 块体切割方式及不同位置块体示意图（块体尺寸 0.8m × 0.8m × 0.8m）

表 7.3 横观各向同性模型参数

参 数	数 值
x 方向弹性模量 E_x/GPa	27.905
z 方向弹性模量 E_z/GPa	23.99
泊松比 ν_{xy}	0.131
泊松比 ν_{xz}	0.1475
剪切模量 G_{xz}/GPa	11.13
密度 ρ/（kg/m^3）	2700
体积模量 K/GPa	8.809
内聚力 C/MPa	38.4
内摩擦角 φ/（°）	14.4

根据岩块是否可以切割成独立的岩块，岩块中的节理可分为贯通节理和非贯通节理。地质测量结果表明，页岩岩体中广泛存在非贯通节理。然而，离散元数值模拟程序只能识别贯通节理产生的多面体块体单元。DFN 技术可利用 Kulatilake 等人 [203-204] 开发的假节理程序来解决这一问题。如图 7.6 所示，虚构接缝与实际的非穿透接缝位于同一平面，两者结合形成穿透接缝。通过 DFN 代码的一系列处理流程，新生成的“穿透接头”可用于将域离散为多面体块。

本研究选取 DFN 方法建立了研究区页岩岩体天然裂缝网络模型，为了模拟裂隙的非贯通性，将真实裂隙外赋予虚拟节理参数。目前虚拟节理的力学参数多基于各向同性本构方程由离散元法数值试验确定，其针对的是均质性较好的岩石块体，对层理性页岩并不适用，本研究在此基础上提出了一种适用于横观各向同性体与 DFN 虚拟节理参数赋值解析方法。

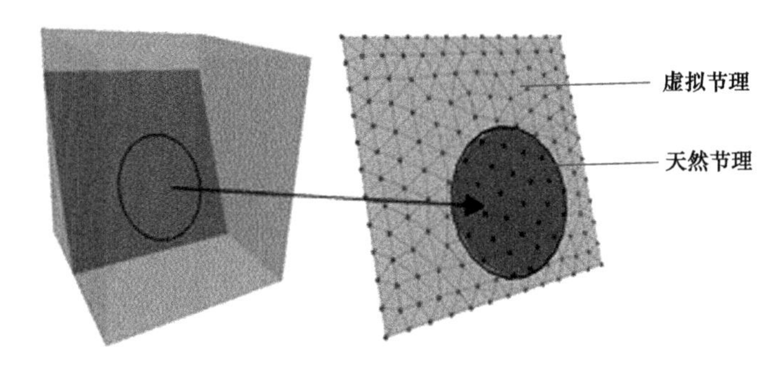

图 7.6　DFN 中的节理分配示意图

图 7.7 显示了符合 Fisher 分布的 DFN 接头，其中蓝色部分为实际的非贯通接头，绿色部分为虚构接头。在第 7.1 节中，利用 DFN 方法建立了研究区域页岩岩体的天然断裂网络模型。实际天然断裂的相关参数可根据参考文献[205]进行分配。模拟非贯通性裂缝，需要为实际裂缝之外的虚拟节理分配参数，见表 7.4。

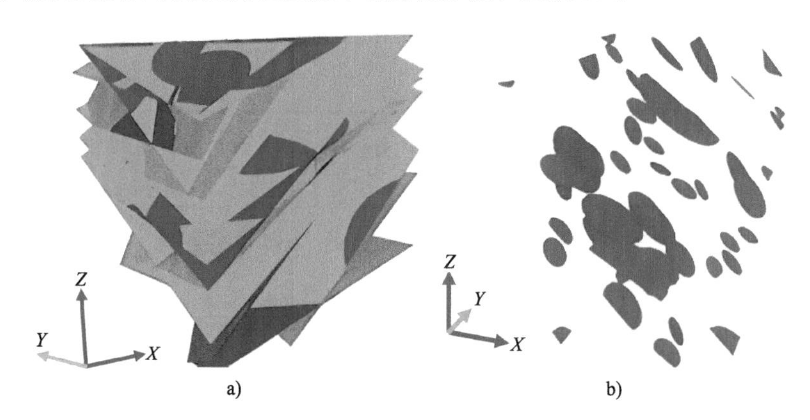

图 7.7　使用 DFN 建立符合 Fisher 分布的节理

表 7.4　裂缝及虚拟节理参数

力学参数	裂　缝	虚拟节理
切向剪切刚度 K_t/GPa	0.2	112
法向剪切刚度 K_n/GPa	1	1083
摩擦角 φ/(°)	25	14
黏聚力 C/MPa	0.15	38.4
抗拉强度 σ_t/MPa	0.2	20

首先分别建立了不存在虚拟节理（见图 7.8）和存在虚拟节理（见图 7.9）的双轴压缩力学模型，假设岩体地应力为水平 σ_2 和竖直方向 σ_1。模型中页岩层理横观各向同性面与竖直方向夹角为 α，与水平方向夹角为 β。

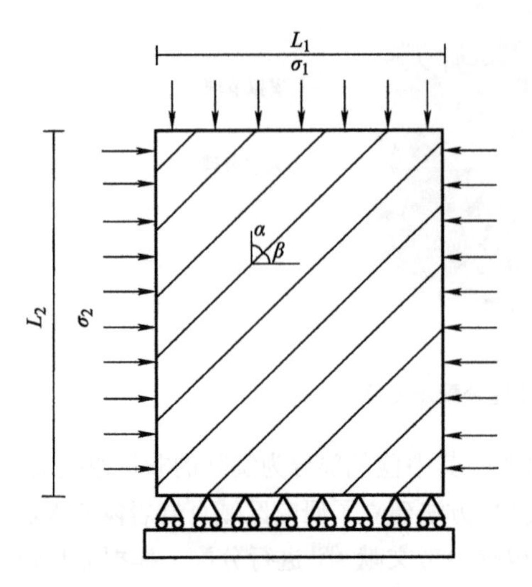

图 7.8　不存在虚拟节理的模型

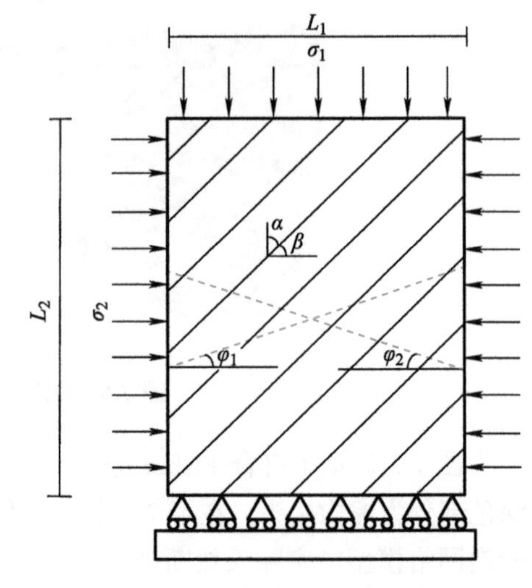

图 7.9　存在虚拟节理模型

根据坐标转换得出层理页岩弹性模量 E 和泊松比 ν 随层理倾角 α 的变化关系为

$$E_\alpha = \frac{1}{\frac{1}{E_1}\sin^4\alpha + \left(\frac{1}{G_2} - \frac{2\nu_2}{E_2}\right)\sin^2\alpha\cos^2\alpha + \frac{1}{E_2}\cos^4\alpha} \tag{7.3}$$

$$\nu_\alpha = -\left[\left(\frac{1}{E_1} + \frac{1}{E_2} + \frac{2\nu_2}{E_2} - \frac{1}{G_2}\right)\sin^2\alpha\cos^2\alpha - \frac{\nu_2}{E_2}\right]E_\alpha \tag{7.4}$$

根据弹性力学理论，对于不存在虚拟节理的模型（见图 7.8）的竖直方向变形 ΔL_{V} 和水平方向的变形量 ΔL_{H} 计算公式为

$$\Delta L_{\mathrm{V}} = \frac{\sigma_1 L_1}{E_\alpha} - \frac{\sigma_2 L_1}{E_\beta}\nu_\beta;\quad \Delta L_{\mathrm{H}} = \frac{\sigma_2 L_2}{E_\beta} - \frac{\sigma_1 L_2}{E_\alpha}\nu_\alpha \tag{7.5}$$

对于存在虚拟节理的模型（见图 7.9），由单条虚拟节理所产生的法向变形 S_{n} 和切向变形 S_{t} 可由计算得到，进而可得到模型竖直方向的变形 S_{V} 和水平方向的变形 S_{H} 计算公式（7.7）。

$$S_{\mathrm{n}} = \frac{\sigma_1\cos\varphi + \sigma_2\sin\varphi}{K_{\mathrm{n}}};\quad S_{\mathrm{t}} = \frac{\sigma_1\sin\varphi - \sigma_2\cos\varphi}{K_{\mathrm{t}}} \tag{7.6}$$

$$\begin{aligned} S_{\mathrm{V}} &= \frac{\sigma_2\cos^2\varphi + \sigma_1\sin\varphi\cos\varphi}{K_{\mathrm{n}}} + \frac{\sigma_2\sin\varphi\cos\varphi + \sigma_1\sin^2\varphi}{K_{\mathrm{t}}}; \\ S_{\mathrm{H}} &= \frac{\sigma_1\cos^2\varphi + \sigma_2\sin\varphi\cos\varphi}{K_{\mathrm{n}}} - \frac{\sigma_1\sin\varphi\cos\varphi - \sigma_2\cos^2\varphi}{K_{\mathrm{t}}} \end{aligned} \tag{7.7}$$

其中，K_{n}，K_{t} 分别为虚拟节理的法向刚度和切向刚度。

定义虚拟节理所引起岩体变形误差 η 为 S_V（S_H）与 ΔL_V（ΔL_H）之比，即

$$\eta=\frac{S_V}{\Delta L_V};\quad \eta=\frac{S_H}{\Delta L_H} \tag{7.8}$$

联立式（7.3）~ 式（7.8），得到存在单条虚拟节理时，虚拟节理法向刚度和切向刚度的表达式为

$$\begin{cases} K_n=\dfrac{a+\dfrac{bc}{d}}{\eta\left(\Delta L_V-\dfrac{b}{a}\Delta L_H\right)} \\ K_t=\dfrac{d}{\dfrac{c}{K_n}-\eta\Delta L_H} \end{cases} \tag{7.9}$$

其中 a, b, c, d 是为了便于计算引入的关于边界应力和节理倾角的参数，表达式为

$$\begin{cases} a=\sigma_2\cos^2\varphi+\sigma_1\sin\varphi\cos\varphi \\ b=\sigma_1\sin^2\varphi+\sigma_2\sin\varphi\cos\varphi \\ c=\sigma_1\cos^2\varphi+\sigma_2\sin\varphi\cos\varphi \\ d=\sigma_1\sin\varphi\cos\varphi-\sigma_2\cos^2\varphi \end{cases} \tag{7.10}$$

设模型中含有 N 条倾角为 $\varphi_1, \varphi_2, \varphi_3, \cdots, \varphi_N$ 的虚拟节理。因此对于整个模型，虚拟节理带来的总误差 η_{sum} 等于由单个虚拟节理所引起的误差值之和（其中 η_i 为第 i 条虚拟节理引起的变形误差），即

$$\eta_{sum}=\eta_1+\eta_2+\cdots+\eta_i+\cdots+\eta_N \tag{7.11}$$

为了便于计算引入平均误差 η_{avr}，即 $\eta_{avr}=\eta_{sum}/N$。为使虚拟节理的变形满足误差限定条件，则第 i 条虚拟节理的变形满足误差限定条件时法向刚度、切向刚度表达式为

$$\begin{cases} K_{ni}=\dfrac{N\left(a+\dfrac{bc}{d}\right)}{\eta\left(\Delta L_V-\dfrac{b}{a}\Delta L_H\right)} \\ K_{ti}=\dfrac{Nd}{\dfrac{c}{K_n}-\eta\Delta L_H} \end{cases} \tag{7.12}$$

如果岩体中非贯通节理较多，则虚拟节理数量也会很多，因此逐一对其赋值不现实，所以利用各条虚拟节理变形参数的均值，得到层理性页岩近似虚拟节理法向刚度和切向刚度公式为

$$\begin{cases} K_{\mathrm{n}} = \dfrac{\sum\limits_{i=1}^{N} K_{\mathrm{n}i}}{N} = \sum\limits_{i=1}^{N} \dfrac{a_i + \dfrac{b_i c_i}{d_i}}{\eta\left(\Delta L_{\mathrm{V}} - \dfrac{b_i}{a_i}\Delta L_{\mathrm{H}}\right)} \\ K_{\mathrm{t}} = \dfrac{\sum\limits_{i=1}^{N} K_{\mathrm{t}i}}{N} = \sum\limits_{i=1}^{N} \dfrac{d_i}{\dfrac{c_i}{K_{\mathrm{n}i}} - \eta\Delta L_{\mathrm{H}}} \end{cases} \tag{7.13}$$

以上分析可见，已知页岩横观各向同性变形参数、地应力，以及虚拟节理与地应力之间的夹角，在限定试验误差条件下就可以根据式（7.13）确定虚拟节理的刚度参数。推导的解析解使得应用DFN模拟页岩非贯通节理时建立的虚拟节理参数具有理论基础。

分析层理角度对页岩岩体力学参数的影响，页岩层理角度分别设置成0°、45°、90°。由式（7.13）计算不同各向异性比下、不同层理下的虚拟节理值法向刚度 K_{n} 和剪切刚度 K_{t} 见表7.5。从表中数据可以看出：①当 $\kappa<1$ 时，K_{n} 随层理角度增大而增大，K_{t} 随层理角度增大而减小；②当 $\kappa>1$ 时，K_{n} 随层理角度增大而减小，K_{t} 随层理角度增大而增大；③随块体尺寸增大，K_{n}、K_{t} 均减小；④随着层理角度 K 增大，K_{n}、K_{t} 均增大。

表7.5　不同层理角度和各向异性比下页岩虚拟节理参数值

块体尺寸/m×m×m	各向异性比 κ	层理角度0°		层理角度45°		层理角度90°	
		K_{n}/GPa	K_{t}/GPa	K_{n}/GPa	K_{t}/GPa	K_{n}/GPa	K_{t}/GPa
0.8×0.8×0.8	0.5	35269	9771	63301	6280	358501	4441
	1.0	92169	10685	92169	10685	92169	10685
	1.5	199408	12136	108693	14066	74707	20374
	2.0	476765	13488	119395	16642	68242	36938
1.2×1.2×1.2	0.5	23512	5961	42200	4190	205667	2960
	1	61446	7160	61446	7160	61446	7160
	1.5	132939	8239	72462	9377	49805	13582
	2.0	317843	9436	79597	11095	45495	24625
1.6×1.6×1.6	0.5	17634	4937	31650	3144	154250	2218
	1.0	46085	5372	46085	5372	46085	5372
	1.5	99704	6232	54346	7033	37353	10187
	2.0	238381	7540	59698	8320	34121	18500
2.0×2.0×2.0	0.5	14107	4306	25302	2511	43447	1776
	1.0	36868	4296	36868	4296	36868	4296
	1.5	79763	5276	43447	5626	29882	8150
	2.0	190706	5972	47758	6657	27297	14775

（续）

块体尺寸/m×m×m	各向异性比 κ	层理角度 0°		层理角度 45°		层理角度 90°	
		K_n/GPa	K_t/GPa	K_n/GPa	K_t/GPa	K_n/GPa	K_t/GPa
2.4×2.4×2.4	0.5	12756	3846	21101	2085	102833	1481
	1.0	30723	3580	30723	3580	30723	3580
	1.5	66469	4119	36231	4689	24902	6791
	2.0	158921	4952	39799	5547	22747	12313
2.6×2.6×2.6	0.5	11381	3271	19304	1856	94617	1328
	1.0	27412	3319	27412	3319	27412	3319
	1.5	60843	3750	33481	4371	22837	6260
	2.0	14256	4472	37260	5062	20429	11093
2.8×2.8×2.8	0.5	10077	2863	18086	1795	88143	1269
	1.0	26334	3069	26334	3069	26334	3069
	1.5	56974	3466	31055	4019	21345	5821
	2.0	136219	4187	34113	4755	19498	10554
3.0×3.0×3.0	0.5	9542	2516	16947	1645	82551	1186
	1.0	25114	2835	25114	2835	25114	2835
	1.5	52653	3166	27581	3726	19038	5419
	2.0	12432	3823	32059	4413	18276	9628
3.2×3.2×3.2	0.5	8817	2355	15825	1571	77125	1100
	1.0	23042	2685	23042	2685	23042	2685
	1.5	49852	2951	24173	3517	18677	5093
	2.0	119191	3672	29849	4161	17060	9233
3.6×3.6×3.6	0.5	7837	2061	14067	1369	68556	987
	1.0	20482	2387	20482	2387	20482	2387
	1.5	44313	2520	24173	3126	18677	4258
	2.0	105938	2792	26532	3697	15165	8208

7.3 基于 Fish 语言的加载路径设计

为了获得页岩岩体力学参数，本书根据参考文献[206]设计三种不同的数值试验方案计算岩体的抗压强度、弹性模量、剪切模量和体积模量，并利用 3DEC 内置的 Fish 语言实现了三种加载路径。

（1）方案 1 为单轴压缩数值模拟实验。如图 7.10a 所示，首先在块体 x、y 和 z 三个轴方向上施加压应力 σ_x、σ_y、σ_z（远小于抗压强度），让岩块处于稳定状态。然后保持边界应力不变，在 z 轴方向施加 0.05m/s 的加载速度，加压直至模型破坏。在块体表面布置位移监测点，记录块体在加载过程中的位移和应力，绘制应力 - 应变曲线，曲线的峰值强度即为抗压强度，利用 50% 抗压强度在应力 - 应变曲线中的斜率计算块体的弹性模量。

（2）方案 2 为纯剪切数值模拟实验。如图 7.10b 所示，首先在块体 x、y 和 z 三个轴方向上施加压应力 σ_x、σ_y、σ_z（远小于抗压强度），让岩块处于稳定状态。保持边界应力不变，然后在任意相邻的块体表面施加速度进行模拟加载，在块体表面布置监测点，记录块体在加载过程中的应力，通过内置的 Fish 语言编写计算剪切位移的程序，计算切应变，绘制应力 - 应变曲线，曲线的峰值强度即为块体剪切强度，利用 50% 剪切强度在应力 - 应变曲线中的斜率计算块体的剪切模量。

（3）方案 3 为三轴压缩数值模拟实验。如图 7.10c 所示，首先在块体 x、y 和 z 三个轴方向上施加压应力 σ_x、σ_y、σ_z（远小于抗压强度），让岩块处于稳定状态。然后保持边界应力不变，在三个方向同时加载相同的速度，利用表面上的监测点计算体积应变，获取模型压缩强度与块体体积之间的关系曲线，应力 - 应变曲线的斜率即为体积模量。

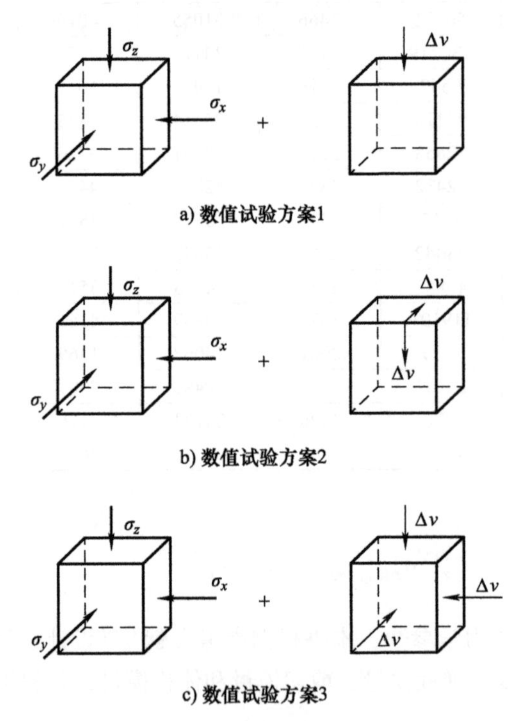

图 7.10　数值试验方案示意图

由于在加载过程中，块体表面各点的应力分布不均匀，而且随着块体尺寸增加，应力分布不确定性增加。另外对于裂缝较多的岩块，在加载过程中容易出现应力集中现象，给计算结果带来很大的误差。为减小以上因素带来的误差，将根据块体尺寸设立不同数量的监测点，用来监测块体应力和应变。块体尺寸分别为 $L = 0.5 \sim 1.0\text{m}$、$L = 1.0 \sim 2.0\text{m}$、$L = 2.0 \sim 5.0\text{m}$，监测点布置示意图如图 7.11 所示。

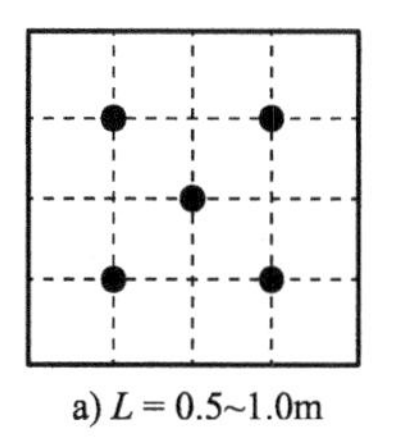

a) $L = 0.5$~1.0m

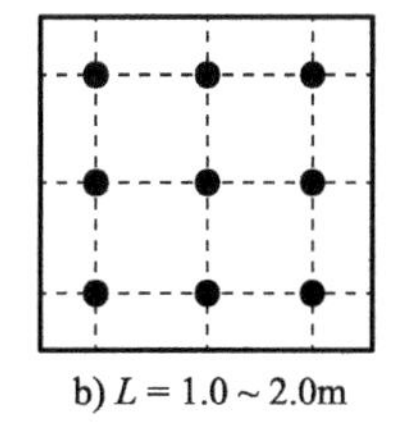

b) $L = 1.0 \sim 2.0$m

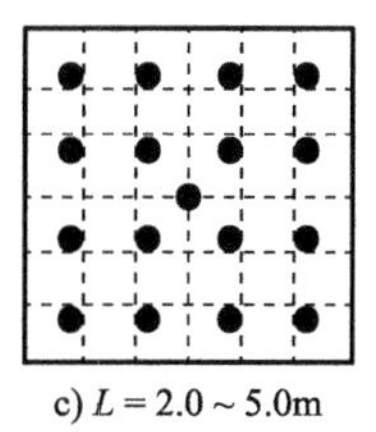

c) $L = 2.0 \sim 5.0$m

图 7.11 不同尺寸块体的监测点示意图

7.4 页岩岩体三维离散元数值试验结果

利用上节数值试验方案，得到了块体的单轴压缩试验单轴压缩应力-应变曲线（见图 7.12a）、剪切应力-应变曲线（见图 7.12b）和体积应力-应变曲线（见图 7.12c）。以此为基础可得到不同尺寸、不同各向异性比、不同层理角度的石灰沟露头页岩块体的抗压强度、弹性模量、剪切强度和体积模量。

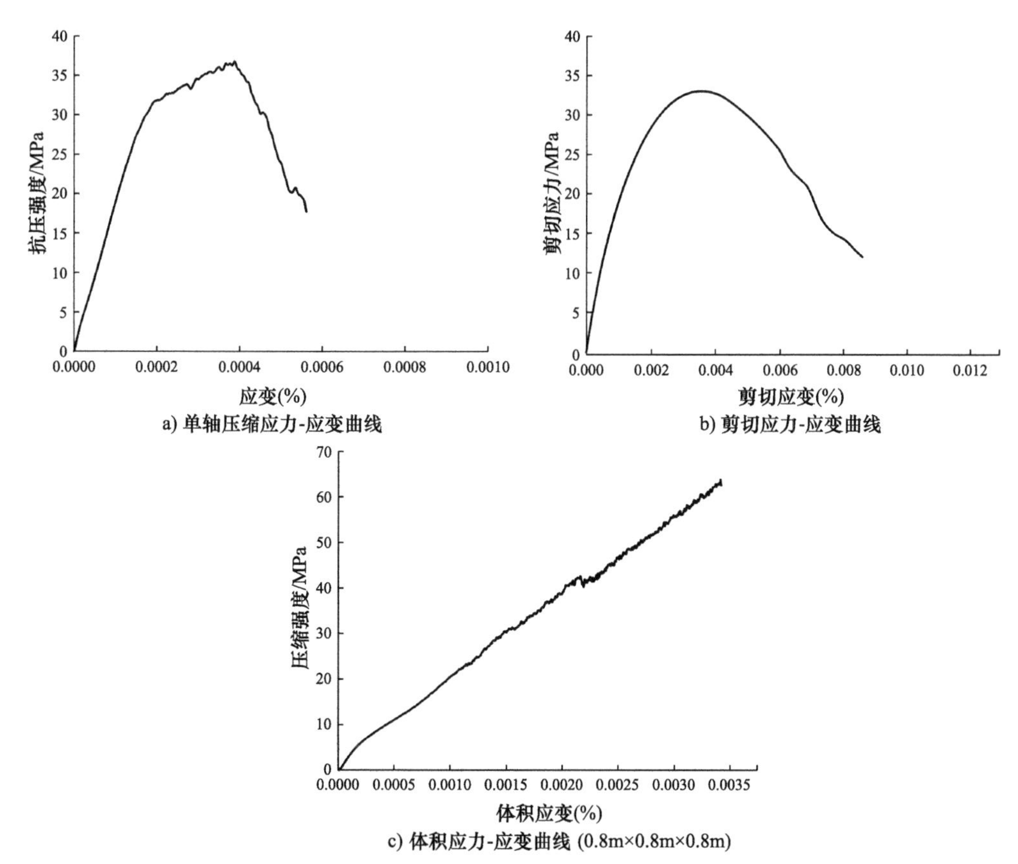

a) 单轴压缩应力-应变曲线

b) 剪切应力-应变曲线

c) 体积应力-应变曲线 (0.8m×0.8m×0.8m)

图 7.12 数值试验的应力-应变曲线（块体尺寸为 0.8m × 0.8m × 0.8m）

7.4.1 不同各向异性比对页岩岩体力学参数及 REV 的影响

图 7.13 为同一层理角度下，岩块力学参数随各向异性比系数及块体尺寸的变化规律。图中显示，随着各向异性比系数的增大，同一尺寸块体的压缩强度、弹性模量、体积模量和剪切模量均随之增大，并且这些参数随块体尺寸的增加而逐渐减小，直至稳定。当各向异性比为 1，即 $E_H = E_V$ 时，四种参数所确定的表征单元体尺寸均最小。因为在这种情况下，块体基质可以近似看作均质体，由层理带来的各向异性影响较小，可以看作只有天然裂缝作用下的表征单元体尺寸。当各向异性比系数不为 1，即 $E_H \neq E_V$ 时，块体表征单元体尺寸均有所增大，这说明层理带来的各向异性对块体表征单元体尺寸有一定的影响，使岩体力学性质更加复杂。

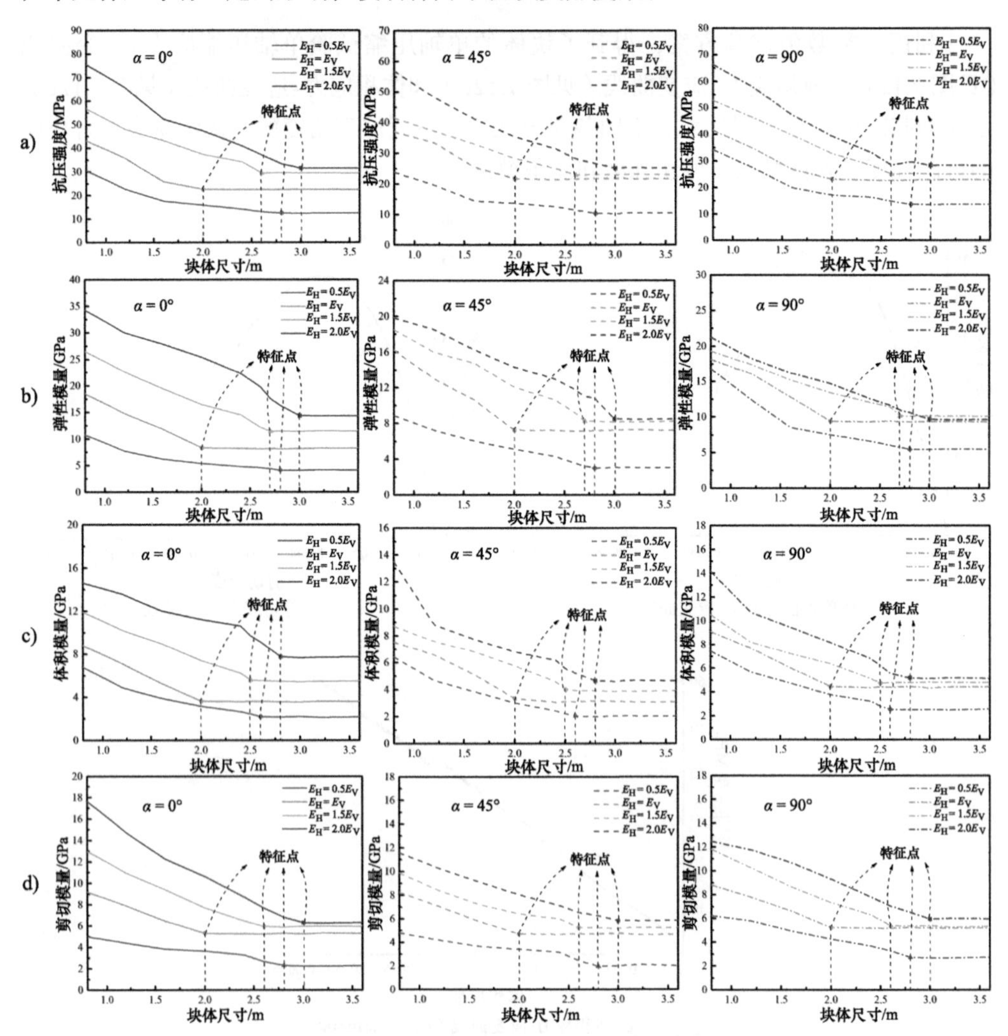

图 7.13 力学参数随各向异性比系数及块体尺寸的变化

对于四种参数，$E_H = 2.0E_V$、$E_H = 0.5E_V$、$E_H = 1.5E_V$ 情况所确定的表征单元体尺寸依次减小，$E_H = 2.0E_V$ 所确定的表征单元体尺寸最大。其主要原因是，虽然前两种情况的各向异性比系数是不同的，但是块体的各向异性程度相近且都较强，块体均质化过程需要更多的裂缝参与，对应的表征单元体尺寸也就较大，$E_H = 1.5E_V$ 块体的各向异性程度小于前两种情况，表征单元体尺寸略小。

7.4.2 页岩层理角度对页岩岩体力学参数及 REV 的影响

图 7.14 ~ 图 7.17 为同一各向异性比系数下，页岩岩体力学参数随层理角度和块体尺寸的变化图。根据图中显示，分析得到如下结论：

（1）不同层理角度下各块体力学参数随块体尺寸的增加逐渐减小，直至稳定。对比不同层理角度对各参数的影响，发现无论各向异性比是多少，45° 层理角度下，各个块体尺寸下的各参数值都是最小的，是因为模拟的页岩岩体中裂缝的平均角度在 40° 左右，45° 层理角度与天然裂缝方位相近使得岩体性质劣化增强，因此强度和变形模量最小。

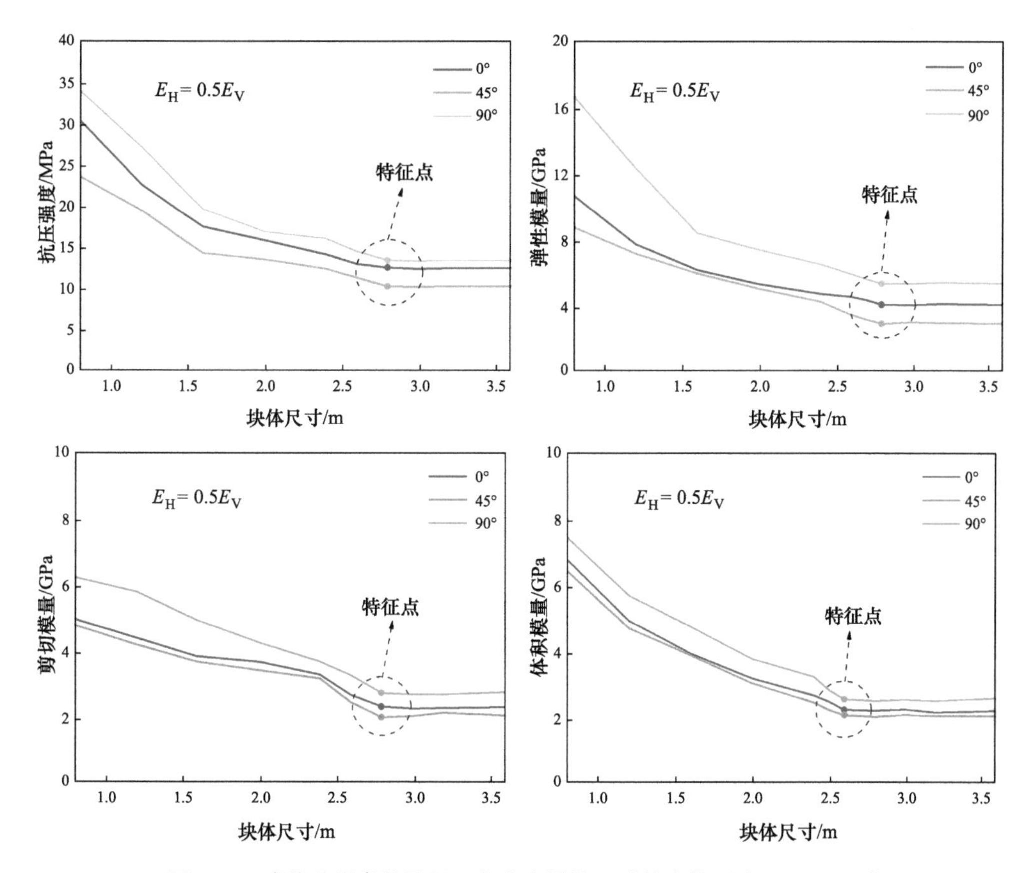

图 7.14 岩体力学参数随层理角度和块体尺寸的变化图（$E_H = 0.5E_V$）

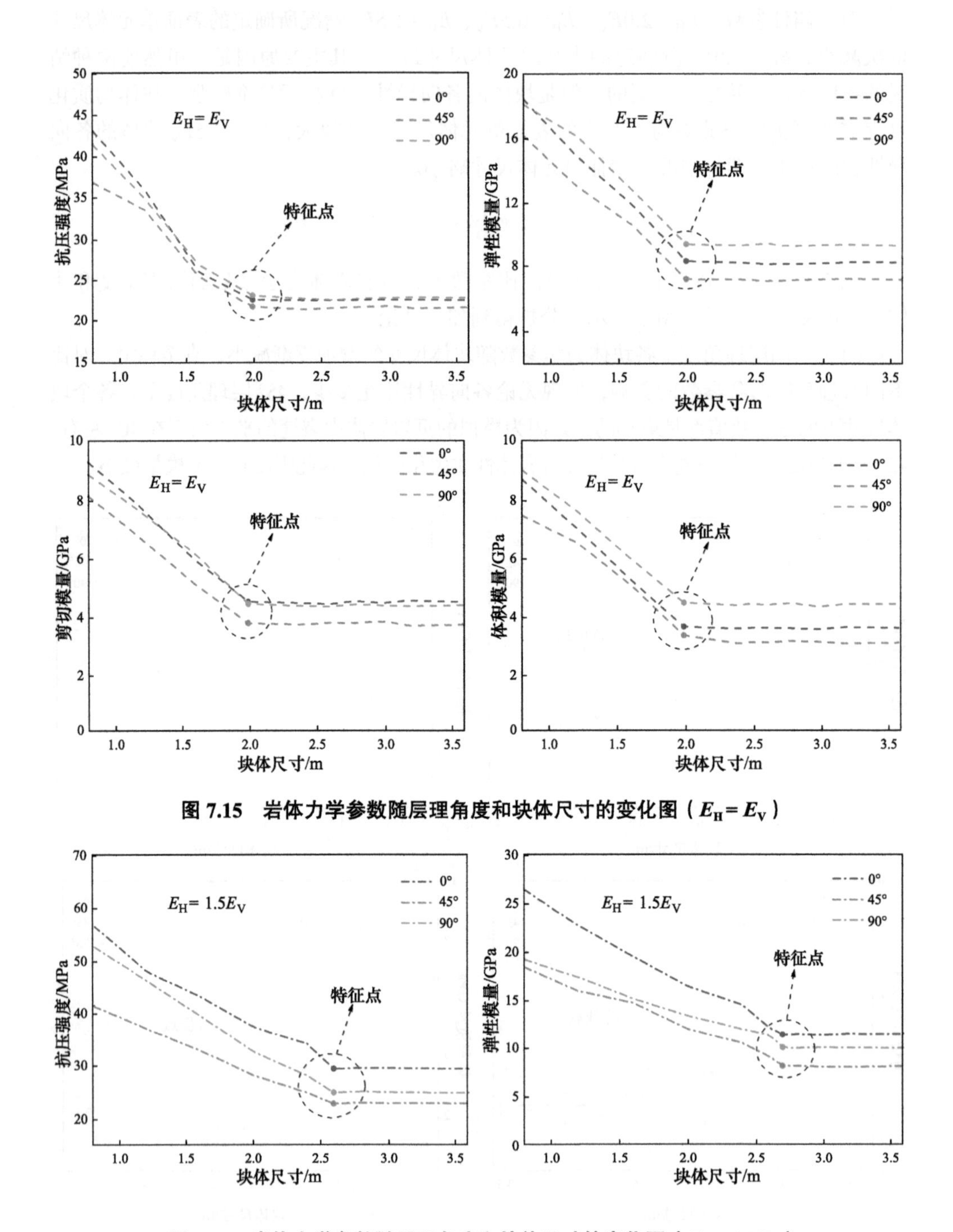

图 7.15 岩体力学参数随层理角度和块体尺寸的变化图（$E_H = E_V$）

图 7.16 岩体力学参数随层理角度和块体尺寸的变化图（$E_H = 1.5E_V$）

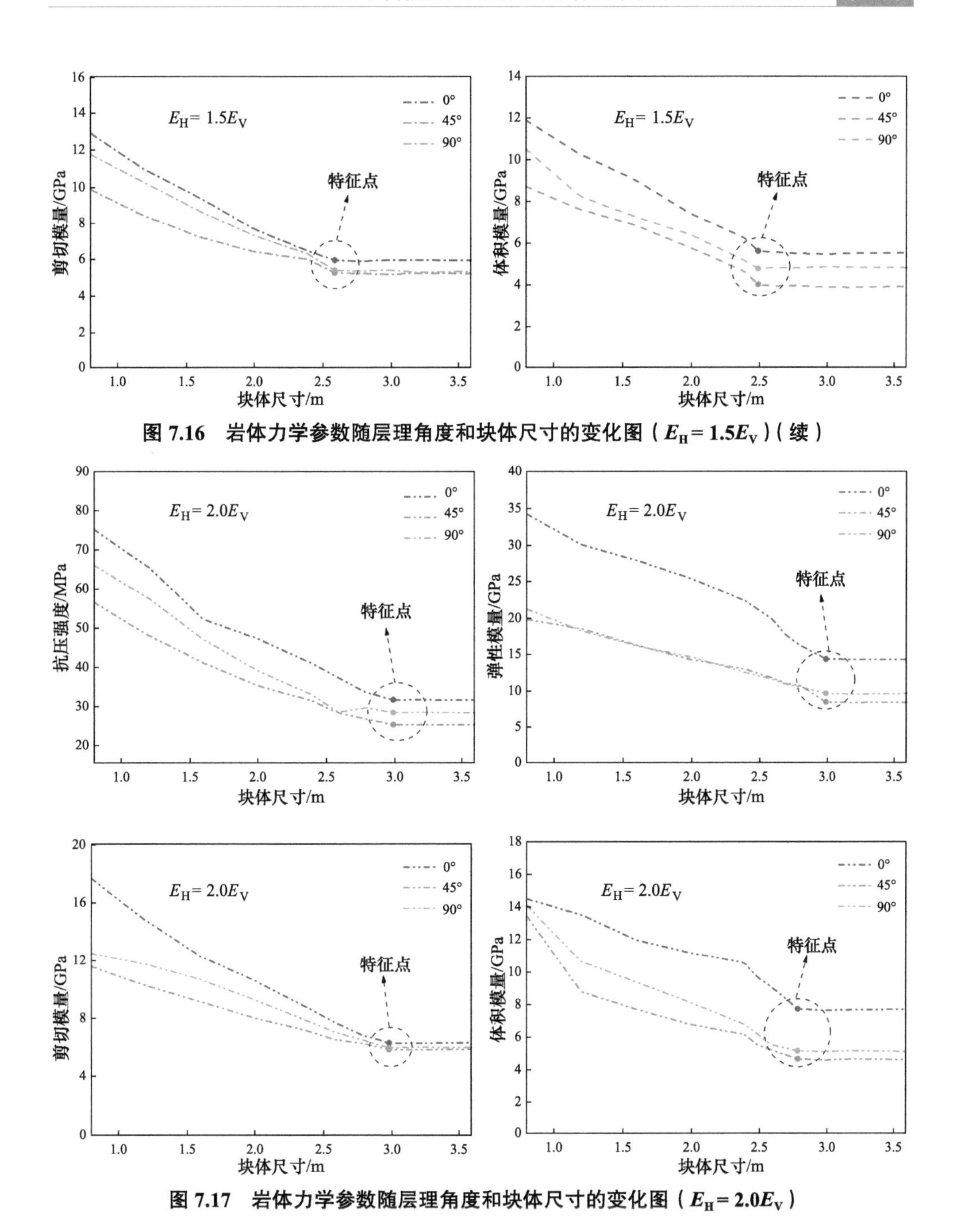

图 7.16 岩体力学参数随层理角度和块体尺寸的变化图（$E_H = 1.5E_V$）（续）

图 7.17 岩体力学参数随层理角度和块体尺寸的变化图（$E_H = 2.0E_V$）

（2）各向异性比越大，层理角度对块体力学性质的影响越明显。当各向异性比系数为 1，即 $E_H = E_V$ 时，各参数随层理角度的也发生变化，因为这种情况下泊松比在水平和竖直方向仍存在差异造成了各参数随层理角度的差异。当 $E_H = 0.5E_V$ 时，90° 层理角度的相应的各块体力学参数最大，$E_H = 1.5E_V$ 和 $E_H = 2.0E_V$ 时 0° 层理角度的相应的各块体力学参数最大，这说明层理面的力学性质对岩块力学参数具有一定的控制作用。

（3）对于同一岩体力学参数，只要各向异性比一定，随着层理角度的变化，REV 尺寸几乎没有发生变化。分析可能是因为随着岩块尺寸的增加，岩块会包含更多的裂缝，这些裂缝的存在使岩块呈现出均质化状态，弱化了层理各向异性对 REV 尺寸的影响。

综上所述，页岩岩体表征单元体尺寸的影响因素主要有两个。一是起决定性因素的块体本身的天然裂缝。二是各向异性比对岩体的 REV 尺寸有一定的影响，各向异性度越高，表征单元体尺寸越大。页岩层理角度对 REV 尺寸影响不大，但是层理角度对岩体力学参数有一定的影响。页岩岩体的力学参数除了受到天然裂缝几何分布特征影响，页岩本身的各向异性和层理角度对其都产生了较大的影响。

7.5 层理和天然裂缝共同作用对 REV 的影响

从理论上讲，采用能够全面表述页岩力学特性的本构关系以及建立同时包含层理和裂缝的数值模型，所得到的结果是最精确的。但实际上，现阶段没有能够满足上述要求的本构关系，并且同时包含层理和天然裂缝的数值模型的计算需要花费相当长时间，所以本书基于研究区页岩的特点，采用横观各向同性本构模型表征层理页岩，在保证计算结果精度的同时，大幅度提高了计算效率。另外，基于裂隙网络模拟技术建立页岩岩体的天然裂缝，虽然与实际裂隙结构面不是一一对应的，但由于结构面网络模拟技术本身蕴含着“概率等效”的思想，用于研究岩体宏观力学参数，该技术为分析岩体内的结构面应用到工程岩体稳定分析提供了有效的途径。

页岩的各向异性比对块体单元体尺寸影响较大，前面数值试验结果显示岩块力学参数的变化基本处于 0.8 ~ 2.4m 之间，当块体尺寸增大至大于 2.4m 时，这些参数不再发生明显的减小，可以确定该岩体的 REV 尺寸为 2.4m。

研究区页岩岩体等效单元体尺寸较小（通常等效单元体尺度越大，说明岩体越破碎），这与模拟所选择的裂缝有关，本书的研究区裂缝均长在 0.3 ~ 0.4m 之间，主要考虑了石炭系页岩中发育的构造缝，石炭系页岩中发育的裂缝类型除了构造缝，还有成岩收缩缝、有机质演化异常压力缝、层间页理缝等多种裂缝类型，裂缝尺度可能也呈现多级别，从研究区获取的岩芯的裂缝观察，发现一部分裂缝被方解石充填，并没有闭合，因此这些裂缝都会对岩体力学性质产生影响，本书所选的裂缝数量有限，将造成等效单元体尺寸偏小。

本节采用离散元方法详细探讨了裂缝与层理共同作用下页岩的力学特性，与现阶段大量从微观角度分析页岩力学性质的方法相比，本文是从宏观角度对页岩整体力学参数进行把握，其中蕴含着非连续性转化为等效连续性的思想，因此等效单元体尺寸下的岩体力学参数应为页岩水平井壁稳定性分析的力学参数。

图 7.18 为不同层理角度和不同各向异性比下的等效单元体的抗压强度、弹性模量、剪切模量、体积模量等四个参数分布情况。可以看出，各层理角度下，当各向异性比 $\kappa = 0.5$ 时，等效岩体力学参数是最小的，随着各向异性比增加，岩体力学参数增大，当各向异性比 $\kappa = 2.0$ 时，等效岩体力学参数最大。这与本书中对各向异性比的定义有关，当 $\kappa > 1$ 时是保持一个方向弹性模量不变，增加另一个方向的弹性模量来增加各向异性比，另一个方向弹性模量增加导致了整体岩体力学强度和变形能力增强。在同一个各向异性比之下，层理角度 45° 时等效单元体的岩体力学参数最小，因为 45° 层理与研究区天然裂缝方位相近导致岩体力学相关参数弱化更严重。由于各向异性比 $\kappa = 0.5$ 时比较接近实际情况，研究结果发现在 $\kappa = 0.5$ 时页岩岩体的力学性质在裂缝与层理的共同作用下，其等效单元体岩体的力学性质弱化的最多，与初始块体相比，抗压强度最大弱化了 50%；弹性模量最大弱化了 50%；剪切模量最大弱化了 50%；体积模量最大弱化了 50%。这也解释说明了为什么标准试件页岩的抗压强度等参数很大，但实际页岩井壁时常发生大段坍塌的原因。因此层理和天然裂缝的共同作用在页岩井壁稳定性分析中不容忽视。

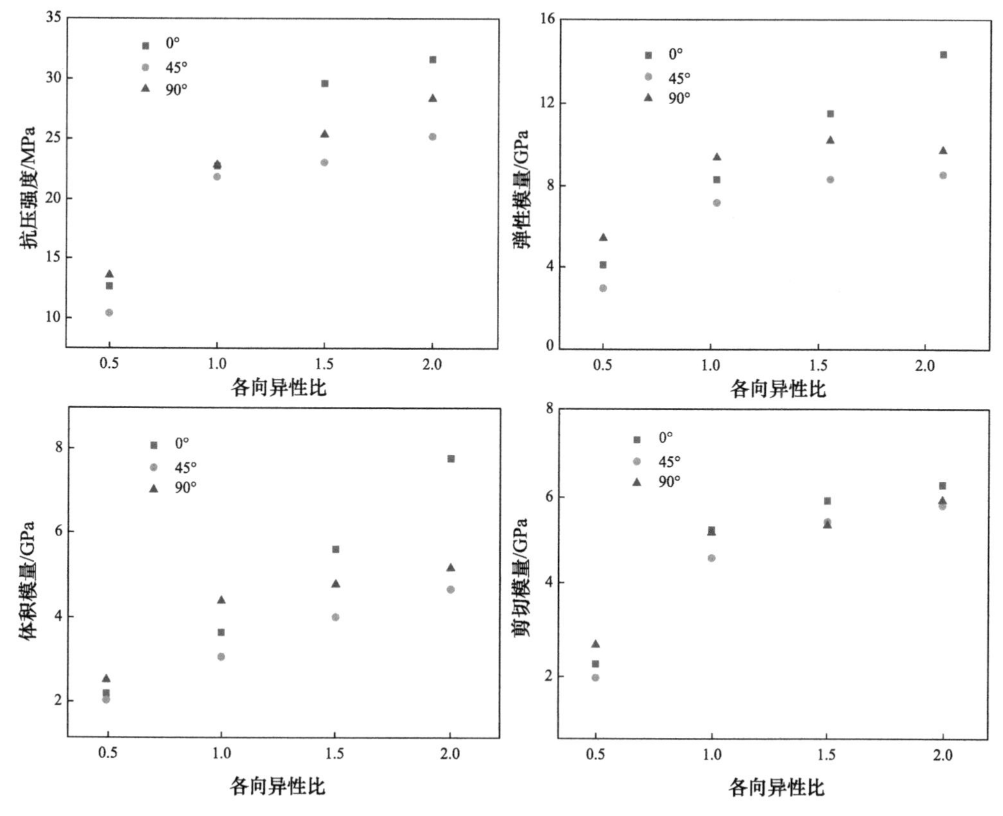

图 7.18 不同各向异性比及层理角度下的力学参数变化

参考文献

[1] ULM F-J, ABOUSLEIMAN Y. The nanogranular nature of shale [J]. Acta geotechnica, 2006, 1(2): 77-88.

[2] ULM F-J, DELAFARGUE A, CONSTANTINIDES G.Experimental microporomechanics [M]// Applied Micromechanics of Porous Materials. Vienna: Springer, 2005: 207-288.

[3] 韩强，屈展，叶正寅．页岩多尺度力学特性研究现状 [J]. 应用力学学报，2018, 35(3): 564-568.

[4] 兰恒星，包含，孙巍锋，等．岩体多尺度异质性及其力学行为 [J]. 工程地质学报，2022, 30(1): 38-49.

[5] YUAN B, ZHENG D, MOGHANLOO R G, et al. A novel integrated workflow for evaluation, optimization, and production predication in shale plays [J]. International Journal of Coal Geology, 2017, 180: 18-28.

[6] MOKHTARI M, TUTUNCU A N. Characterization of anisotropy in the permeability of organic-rich shales [J]. Journal of Petroleum Science and Engineering, 2015, 133: 496-506.

[7] MA Y, PAN Z, ZHONG N, et al. Experimental study of anisotropic gas permeability and its relationship with fracture structure of Longmaxi Shales, Sichuan Basin, China [J]. Fuel, 2016, 180: 106-115.

[8] TAN Y, PAN Z, LIU J, et al. Experimental study of permeability and its anisotropy for shale fracture supported with proppant [J]. Journal of Natural Gas Science and Engineering, 2017, 44: 250-264.

[9] KUILA U, DEWHURST D N, SIGGINS A F, et al. Stress anisotropy and velocity anisotropy in low porosity shale [J]. Tectonophysics, 2011, 503(1-2): 34-44.

[10] LI X , LEI X, LI Q. Response of velocity anisotropy of shale under isotropic and anisotropic Stress fields [J]. Rock Mechanics and Rock Engineering, 2017, 51(3): 695-711.

[11] BONNELYE A, SCHUBNEL A, DAVID C, et al. Elastic wave velocity evolution of shales deformed under uppermost crustal conditions [J]. Journal of Geophysical Research: Solid Earth, 2017, 122(1): 130-141.

[12] KIM H, CHO J W, SONG I, et al. Anisotropy of elastic moduli, P-wave velocities, and thermal conductivities of Asan Gneiss, Boryeong Shale, and Yeoncheon Schist in Korea [J]. Engineering Geology, 2012, 147(5): 68-77.

[13] 于永军，梁卫国，毕井龙，等．油页岩热物理特性试验与高温热破裂数值模拟研究 [J]. 岩石力学与工程学报，2015, 34(6): 1106-1115.

[14] 崔景伟，侯连华，朱如凯，等．鄂尔多斯盆地延长组长 7 页岩层段岩石热导率特征及启示 [J]. 石油实验地质，2019, 41(2): 280-288.

[15] XU F, YANG C, GUO Y, et al. Effect of bedding planes on wave velocity and AE characteristics of the Longmaxi shale in China [J]. Arabian Journal of Geosciences, 2017, 10(6): 140-149.

[16] WANG J, XIE L, XIE H, et al. Effect of layer orientation on acoustic emission characteristics of anisotropic shale in Brazilian tests [J]. Journal of Natural Gas Science and Engineering,

2016, 36: 1120-1129.
[17] ZHANG S W, SHOU K J, XIAN X F, et al. Fractal characteristics and acoustic emission of anisotropic shale in Brazilian tests [J]. Tunnelling and Underground Space Technology, 2018, 71: 298-308.
[18] JIN Z, LI W, JIN C, et al. Anisotropic elastic, strength, and fracture properties of Marcellus shale [J]. International Journal of Rock Mechanics and Mining Sciences, 2018, 109: 124-137.
[19] 姜德义，谢凯楠，蒋翔，等．页岩单轴压缩破坏过程中声发射能量分布的统计分析 [J]. 岩石力学与工程学报，2016, 35(A2): 3822-3828.
[20] CAO H, GAO Q, YE G, et al. Experimental investigation on anisotropic characteristics of marine shale in Northwestern Hunan, China [J]. Journal of Natural Gas Science and Engineering, 2020, 81: 1-8.
[21] YANG S Q, YIN P F, LI B, et al. Behavior of transversely isotropic shale observed in triaxial tests and Brazilian disc tests [J]. International Journal of Rock Mechanics and Mining Sciences, 2020, 133: 1-20.
[22] CHO J W, KIM H, JEON S, et al. Deformation and strength anisotropy of Asan gneiss, Boryeong shale, and Yeoncheon schist [J]. International Journal of Rock Mechanics and Mining Sciences, 2012, 50: 158-169.
[23] QUAN G, TAO J, HU J, et al. Laboratory study on the mechanical behaviors of an anisotropic shale rock [J]. Journal of Rock Mechanics and Geotechnical Engineering, 2015, 7(2): 213-219.
[24] LI C, XIE H, WANG J. Anisotropic characteristics of crack initiation and crack damage thresholds for shale [J]. International Journal of Rock Mechanics and Mining Sciences, 2020, 126: 1-9.
[25] HU J, GAO C, XIE H, et al. Anisotropic characteristics of the energy index during the shale failure process under triaxial compression [J]. Journal of Natural Gas Science and Engineering, 2021, 95: 1-15.
[26] DUAN Y, LI X, ZHENG B, et al. Cracking evolution and failure characteristics of Longmaxi shale under uniaxial compression using real-time computed tomography scanning [J]. Rock Mechanics and Rock Engineering, 2019, 52(9): 3003-3015.
[27] ZHI G, CHEN M, YAN J, et al. Experimental study of brittleness anisotropy of shale in triaxial compression [J]. Journal of Natural Gas Science and Engineering, 2016, 36: 510-518.
[28] YANG S Q, YIN P F, RANJITH P G. Experimental study on mechanical behavior and brittleness characteristics of Longmaxi formation shale in Changning, Sichuan Basin, China [J]. Rock Mechanics and Rock Engineering, 2020, 53(5): 2461-2483.
[29] AMANN F, BUTTON E A, EVNAS K F, et al. Experimental study of the brittle behavior of clay shale in rapid unconfined compression [J]. Rock Mechanics and Rock Engineering, 2011, 44(4): 415-430.
[30] 侯振坤，杨春和，魏翔，等．龙马溪组页岩脆性特征试验研究 [J]. 煤炭学报，2016, 41(5): 1188-1196.
[31] YUAN B, DA Z, MOGHANLOO R G, et al. A novel integrated workflow for evaluation, opti-

mization, and production predication in shale plays [J]. International Journal of Coal Geology, 2017, 180: 18-28.

[32] YUAN B, MOGHANLOO R G. Analytical model of well injectivity improvement using nanofluid preflush [J]. Fuel, 2017, 202: 380-394.

[33] RAOOF G, VAMEGH R, BERNT A, et al. Application of in situ stress estimation methods in wellbore stability analysis under isotropic and anisotropic conditions [J]. Journal of Geophysics and Engineering, 2015, 12(4): 657-673.

[34] REN L, SU Y, ZHAN S, et al. Modeling and simulation of complex fracture network propagation with SRV fracturing in unconventional shale reservoirs [J]. Journal of Natural Gas Science and Engineering, 2016, 28: 132-141.

[35] 侯振坤 . 龙马溪组页岩水力压裂试验及裂缝延伸机理研究 [D]. 重庆 : 重庆大学 , 2018.

[36] 殷鹏飞 . 川南龙马溪组页岩力学特性及水力压裂机理研究 [D]. 徐州 : 中国矿业大学 , 2020.

[37] 黄家国 , 许开明 , 郭少斌 , 等 . 基于 SEM、NMR 和 X-CT 的页岩储层孔隙结构综合研究 [J]. 现代地质 , 2015, 29(1): 198-205.

[38] 陈天宇 , 冯夏庭 , 张希巍 , 等 . 黑色页岩力学特性及各向异性特性试验研究 [J]. 岩石力学与工程学报 , 2014, 33(9): 1772-1772.

[39] 侯振坤 , 杨春和 , 郭印同 , 等 . 单轴压缩下龙马溪组页岩各向异性特征研究 [J]. 岩土力学 , 2015, 36(009): 2541-2550.

[40] JOSH M, ESTEBAN L, PIANE C D, et al. Laboratory characterisation of shale properties [J]. Journal of Petroleum Science and Engineering, 2012, 88(2): 107-124.

[41] ZHANG Jizhen, TANG Youjun, HE Daxiang, et al. Full-scale nanopore system and fractal characteristics of clay-rich lacustrine shale combining FE-SEM, nano-CT, gas adsorprion and mercury intrusion porosimetry [J]. Applied Clay Science, 2020, 196: 571-587.

[42] 鲍衍君 , 张鹏辉 , 梁杰 , 等 . 加拿大魁北克省奥陶系 Utica 海相页岩矿物分析及孔隙结构特征 [J]. 海洋地质前沿 , 2020, 36(10): 57-67.

[43] 尹晓萌 , 晏鄂川 , 王鲁男 , 等 . 各向异性片岩的微观组构信息定量提取与断面形貌特征分析 [J]. 岩土力学 , 2019, 40(7): 2617-2627.

[44] WANG Y, LIU D Q, ZHAO Z H, et al. Investigation on the effect of confining pressure on the geomechanical and ultrasonic properties of black shale using ultrasonic transmission and post-test CT visualization [J]. Jouranal of Petroleum Science and Engineering, 2020, 185: 341-353.

[45] 伍宇明 , 兰恒星 , 黄为清 . 龙马溪页岩弹性各向异性与矿物分布之间的关系探讨 [J]. 地球物理学报 , 2020, 63(5): 1856-1866.

[46] 刘兴华 , 郑颖人 . 岩石损伤的 CT 实验观测 [J]. 贵州工业大学学 , 1997, 26 (增 1): 120-122.

[47] 葛修润 , 任建喜 , 蒲毅彬 , 等 . 岩石细观损伤扩展的 CT 实时试验 [J]. 中国科学 E 辑 : 技术科学 , 2000, 30(2): 104-111.

[48] 李术才 , 李廷春 , 王刚 , 等 . 单轴压缩作用下内置裂隙扩展的 CT 扫描试验 [J]. 岩石力学与工程学报 , 2007, 26(3): 484-492.

[49] 刘俊新 , 杨春和 , 冒海军 , 等 . 基于 CT 图像处理的泥页岩裂纹扩展与演化研究 [J]. 浙江工

业大学学报 . 2015, 43(1): 66-72.

[50] 马天寿 , 陈平 . 基于 CT 扫描技术研究页岩水化细观损伤特性 [J]. 石油勘探与开发 , 2014, 41(2): 227-233.

[51] MA Tianshou, YANG Chunhe, CHEN Ping, et al. On the damage constitutive model for hydrated shale using CT [J].Journal of Natural Gas Science and Engineering, 2016(28): 204-214.

[52] 王萍 , 屈展 , 张炯 , 等 . 脆硬性泥页岩细观损伤裂纹的分形研究 [J]. 科技通报 , 2015, 31(1): 20-22.

[53] HOU B, CHEN M, LI Z M, et al. Propagation area evaluation of hydraulic fracture networks in shale gas reservoirs [J]. Petroleum Exploration Development, 2014, 41(6): 833-838.

[54] DUAN Y T, YANG B. How does structure affect the evolution of cracking and the failure mode of anisotropic shale [J]. Geomechanics and Geophysics for Geo-Energy and Geo-Resources, 2022, 8(1): 25-37.

[55] 刘圣鑫 , 王宗秀 , 张林炎 , 等 . 页岩微观组构特征对复杂裂缝网络形成的影响 [J]. 采矿与安全工程学报 , 2019, 36(2): 420-428.

[56] GUPTA N, MISHRA B. Experimental investigation of the influence of bedding planes and differential stress on microcrack propagation in shale using X-ray CT scan [J]. Geotechnical and Geological Engineering, 2020, 39(1): 213-236.

[57] CHEN H, DI Q, ZHANG W, et al. Effects of bedding orientation on the failure pattern and acoustic emission activity of shale under uniaxial compression [J]. Geomechanics and Geophysics for Geoenergy and Georesources, 2021, 7(1):20-32.

[58] 毛灵涛 , 毕玉洁 , 刘海洲 , 等 . 基于 CT 成像和数字体图像相关法的岩石内部变形场量测方法的研究进展 [J]. 科学通报 , 2022, 68(4): 380-398.

[59] LENOIR N, BORNERT M, DESRUES J, et al. Volumetric digital image correlation applied to X-ray microtomography images from triaxial compression tests on argillaceous rock [J]. Strain, 2007, 43(3): 193-205.

[60] 毛灵涛 , 袁则循 , 连秀云 , 等 . 基于 CT 数字体相关法测量红砂岩单轴压缩内部三维应变场 [J]. 岩石力学与工程学报 , 2015, 34(1): 21-30.

[61] 毛灵涛 , 连秀云 , 郝耐 , 等 . 基于数字体散斑法煤样内部三维应变场的测量 [J]. 煤炭学报 , 2015, 40(1): 65-72.

[62] 袁则循 , 毛灵涛 , 彭瑞东 , 等 . CT 孔隙岩石内部三维变形场数字试验 [J]. 辽宁工程技术大学学报 (自然科学版), 2014, 33(8): 1080-1085.

[63] RASSOULI F S, LISABETH H. Analysis of time-dependent strain heterogeneity in shales using X-ray microscopy and digital volume correlation [J]. Journal of Natural Gas Science and Engineering, 2021, 92: 1100-1118.

[64] SAIF T, LIN Q, GAO Y, et al. 4D in situ synchrotron X-ray tomographic microscopy and laser-based heating study of oil shale pyrolysis [J]. Applied Energy, 2019, 235(FEB.1): 1468-1475.

[65] ZHANG X H, SUN L J, PAN B. Effect of the number of projections in X-ray CT imaging on image quality and digital volume correlation measurement [J]. Measurement, 2022, 194:591-603.

[66] 桑宇，杨胜来，赵飞，等．南方海相页岩各向异性及压裂破坏特征研究 [J]. 钻采工艺，2015, 38(2): 71-74.

[67] 衡帅，杨春和，张保平，等．页岩各项异性特征的试验研究 [J]. 岩土力学，2015, 36(3): 609-616.

[68] GUO H, AZIZ N I, SHMIDT L C. Rock fracture toughness determination by the Brazilian test [J]. Engineering Geology, 1993, 33(3): 177-178.

[69] 张盛，王启智．用 5 种圆盘试件的劈裂试验确定岩石断裂韧度 [J]. 岩土力学，2009, 30(1): 12-18.

[70] 宫凤强，李夕兵．巴西圆盘劈裂试验中拉伸模量的解析算法 [J]. 岩石力学与工程学报，2010, 29(5): 881-891.

[71] HOBBS D W. An assessment of a technique for determining the tensile strength of rock [J]. British Journal of Applied Physics, 1965, 16(2): 259-268.

[72] HUDSON J A, BROWN E T, RUMMEL F. The controlled failure of rock discs and rings loaded in diametral compression [J]. International Journal of Rock Mechanics and Mining Sciences & Geomechanics Abstracts, 1972, 9(2): 241-248.

[73] CHEN C S, HSU S C. Measurement of indirect tensile strength of anisotropic rocks by the ring test [J]. Rock Mechanics and Rock Engineering, 2001, 34(4): 293-321.

[74] 陈天宇，冯夏庭，张希巍，等．黑色页岩力学特性及各向异性特性试验研究 [J]. 岩石力学与工程学报，2014, 33(9): 1772-1779.

[75] 刘俊新，刘伟，杨春和，等．不同应变速率下泥页岩力学特性试验研究 [J]. 岩土力学，2014, 35(11): 3093-3099.

[76] 刘运思，傅鹤林，饶军应，等．不同层理方位影响下板岩各向异性巴西圆盘劈裂试验研究 [J]. 岩石力学与工程学报，2012, 31(4): 785-791.

[77] 杨志鹏，何柏，谢凌志，等．基于巴西劈裂试验的页岩强度与破坏模式研究 [J]. 岩土工程学报，2015, 36(12):3447-3456.

[78] 谭鑫，KONIETZKY H. 含层理构造的非均质片麻岩巴西劈裂试验及离散单元法数值模拟研究 [J]. 岩石力学与工程学报，2014, 33(5): 938-946.

[79] CHO J W, KIM H, JEON S, et al. Deformation and strength anisotropy of Asan gneiss, Boryeong shale, and Yeoncheon schist [J]. International journal of rock mechanics & mining sciences, 2012, 50(1): 158-169.

[80] 邓华锋，张小景，张恒宾，等．巴西劈裂法在层状岩体抗拉强度测试中的分析与讨论 [J]. 岩土力学，2016, 37(S2): 309-315.

[81] SIMPSON N D J, STROISZ A, BAUER A, et al. Failure mechanics of anisotropic shale during Brazilian tests[C]//ARMA US Rock Mechanics and Geomechanics Symposium. Minneapolis: American Rock Mechanics Association.

[82] 衡帅，杨春和，郭印同，等．层理对页岩水力裂缝扩展的影响研究 [J]. 岩石力学与工程学报，2015, 34(2): 228-237.

[83] 杨仁树，许鹏，景晨钟，等．冲击载荷下层状砂岩变形破坏及其动态抗拉强度试验研究 [J]. 煤炭学报，2019, 44(7): 2039-2048.

[84] 李江腾，王慧文，林杭．横观各向同性板岩层理角度与抗压强度及断裂韧度的相关规律[J]. 湖南大学学报(自然科学版), 2016, 43(7): 126-131.

[85] WARPINSKI N R, CLARK J A, SCHMIDT R A, et al. Laboratory Investigation on the Effect of In-Situ Stresses on Hydraulic Fracture Containment [J]. Society of Petroleum Engineers Journal, 1982, 22(3): 333-340.

[86] ANDERSON G D. Effects of Friction on Hydraulic Fracture Growth Near Unbonded Interfaces in Rocks [J]. Society of Petroleum Engineers Journal, 1981, 21(1): 21-29.

[87] BLAIR S C, THORPE R K, HEUZE F E, et al. Laboratory observations of the effect of geological discontinuities on hydrofracture propagation [C]//Proceedings of the 30th US Symposium on Rock Mechanics.Morgantown: [s. n.], 1989: 433-450.

[88] 周扬一，冯夏庭，徐鼎平，等．受弯条件下薄层灰岩的力学响应行为试验研究[J]. 岩土力学, 2016, 37(7): 1895-1902.

[89] 程建龙，杨圣奇，殷鹏飞，等．复合岩层变形及强度特性卸围压试验研究[J]. 中国矿业大学学报, 2018, 47(6): 1233-1242.

[90] 代树红，王召，马胜利，等．裂纹在层状岩石中扩展特征的研究[J]. 煤炭学报, 2014, 39(2): 315-321.

[91] 孙可明，张树翠．水力裂缝遇斜交层理弱面的扩展规律解析分析[J]. 岩石力学与工程学报, 2016, 35(增2): 3535-3539.

[92] 王永辉，刘玉章，丁云宏，等．页岩层理对压裂裂缝垂向扩展机制研究[J]. 钻采工艺, 2017, 40(5): 39-42.

[93] GRIFFITH A A. The phenomena of rupture and flow in solids [J]. Philosophical Transactions of the Royal Society A: Mathematical, Physical and Engineering Sciences, 1920, 221(4): 163-198.

[94] HUSSAIN M A, PU S L, UNDERWOOD J H. Strain energy release rate for a crack under combined mode I and mode II [C]. West Conshohocken: ASTM International, 1973: 1-27.

[95] SURESH S, SHIH C F. Plastic near-tip fields for branched cracks [J]. International Journal of Fracture, 1986, 30(4): 237-259.

[96] SHEN M, HERMAN S M. Direction of crack extension under general plane loading [J]. International Journal of Fracture, 1994, 70(1): 51-58.

[97] SIH G C. Strain energy density factor applied to mixed mode crack problems [J]. International Journal of Fracture, 1974, 10(3): 305-321.

[98] GOPE P C, SHARMA S P, SRIVASTAVA A K. Prediction of crack initiation direction for inclined crack under biaxial loading by finite element method [J]. Journal of Solid Mechanics, 2010, 2(3): 257-266.

[99] HOEK E, BIENIAWSKI Z T. Brittle Fracture Propagation in Rock Under Compression [J]. International Journal of Fracture, 1965, 1(3): 137-155.

[100] 黎立云，刘大安，史孝群，等．多裂纹类岩体的双压实验与正交各向异性本构关系[J]. 中国有色金属学, 2002, 12(1): 165-170.

[101] SEWERYN A. A non-local stress and strain energy release rate mixed mode fracture initiation

and propagation criteria [J]. Engineering Fracture Mechanics, 1998, 59(6): 737-760.

[102] ALIHA M R M, AYATOLLAHI M R. Mixed mode I/II brittle fracture evaluation of marble using SCB specimen[J]. Procedia Engineering, 2011, 10(1): 311-318.

[103] AYATOLLAHI M R, PAVIER M J, SMITH D J. Determination of T-stress from finite element analysis for mode I and mixed mode I/II loading [J]. International Journal of Fracture, 1998, 91: 283-298.

[104] AYATOLLAHI M R, SMITH D J, PAVIER M J. Crack-tip constraint in mode II deformation [J]. International Journal of Fracture, 2002, 113: 153-173.

[105] TANG B Q, TANG G J, LI X F. Effect of T-stress on branch angle of moving cracks [J]. Mechanics Research Communications, 2014, 56: 26-30.

[106] 赵艳华，陈晋，张华 . T 应力对 I-II 复合型裂纹扩展的影响 [J]. 工程力学，2010, 27(4): 5-12.

[107] SMITH D J, AYATOLLAHI M R, PAVIER M J. The role of T-stress in brittle fracture for linear elastic materials under mixed-mode loading [J]. Fatigue and Fracture of Engineering Materials and Structures, 2001, 24(2): 137-150.

[108] Curtis J B. Fractured shale-gas systems [J]. Aapg Bulletin, 2002(11): 1921-1938.

[109] 张金川，金之钧，袁明生 . 页岩气成藏机理和分布 [J]. 天然气工业，2004(07): 15-18.

[110] BOWKER K A. Barnett shale gas production, fort worth basin: issues and discussion [J]. Aapg Bulletin, 2007, 91(4): 523-533.

[111] LI Y, LI X, WANG Y, et al. Effects of composition and pore structure on the reservoir gas capacity of Carboniferous shale from Qaidam Basin, China [J]. Marine & Petroleum Geology, 2015, 62: 44-57.

[112] 丁文龙，李超，李春燕，等 . 页岩裂缝发育主控因素及其对含气性的影响 [J]. 地学前缘，2012, 19(2): 212-220.

[113] 张金川，薛会，张德明，等 . 页岩气及其成藏机理 [J]. 现代地质，2003(04): 466.

[114] 聂海宽，唐玄，边瑞康 . 页岩气成藏控制因素及中国南方页岩气发育有利区预测 [J]. 石油学报，2009, 30(04): 484-491.

[115] CIPOLLA C L, WARPINSKI N R, MAYERHOFER M J, et al. The Relationship Between Fracture Complexity, Reservoir Properties, and Fracture-Treatment Design[C]. Society of Petroleum Engineers Production and Operations, 2008, 25(4): 438-452.

[116] Nelson R A. Geologic analysis of naturally fractured reservoirs [M]. Boston: Gulf Professional Publishing, 200l: 89-94.

[117] HILL D G, LOMBARDI T E, MARTIN J P. Fractures shale gas potential in New York [J]. Northeastern Geology and Environment Science, 2004, 26(8): 1-41.

[118] GALE J F W, REED R M, HOLDER J. Natrural fractures in the Barnett Shale and their importance for hydraulic fracture treatments [J]. AAPG Bulletin, 2007, 91(4): 603-622.

[119] 陈剑平 . 岩体随机不连续面三维网络数值模拟技术 [J]. 岩土工程学报，2001, 23(4): 397-402.

[120] 贾洪彪，马淑芝，唐辉明 . 岩体结构面网络三维模拟工程应用研究 [J]. 岩石力学与工程学报，2002, 21(7): 976-979.

[121] 邬爱清，周火明，任放．岩体三维网络模拟技术及其在三峡工程中的应用 [J]. 长江科学院院报，1998, 15(6): 15-18.

[122] 于青春，刘丰收．岩体非连续裂隙网络三维面状渗流模型 [J]. 岩石力学与工程学报，2005, 24(4): 662-668.

[123] WU Q, KULATILAKE P. Application of equivalent continuum and discontinuum stress analyses in three-dimensions to investigate stability of a rock tunnel in a das site in china [J]. Computers and Geotechnics, 2012, 46(4): 48-68.

[124] WU J H, OHNISHI Y, NISHIYAMA S. Simulation of the mechanical behavior of inclined jointed rock masses during tunnel construction using discontinuous deformation analysis(DDA) [J]. International Journal of Rock Mechanics and Mining Sciences, 2004, 41(5): 731-743.

[125] TSESARSKY M, HATZOR Y H. Tunnel roof deflection in blocky rock masses as a funcrion of joint spacing and friction-a parametric study using discontinuous deformation analysis (DDA) [J].Tunnelling and underground space technology, 2006, 21(1): 29-45.

[126] FU X, SHENG Q, ZHANG Y, et al. Investigations of the sequential excavation and reinforcement of an underground cavern complex using the discontinuous deformation analysis method[J]. Tunnelling and Underground Space Technology, 2015, 50: 79-93.

[127] BHASON R, HOEG K. Parametric study for a large cavern in jointed rock using a distinct element modol(UDEC-BB) [J]. International Journal of Rock Mechanics and Mining Sciences, 1998, 35(1): 17-29.

[128] VARDAKOS S, GUTIERREZ M S, BARTON N R. Back analysis of Shimizu tunnel no. 3 by distinct element modelling [J]. Tunnelling and underground space technology, 2007, 22(4): 401-413.

[129] SOLAK T. Ground behavior evaluation for tunnelling in blocky rock masses [J]. Tunnelling and underground space technology, 2009, 24(3): 323-330.

[130] KULATILAKE P, UCPIRTI H,WANG S. Use of the Distinct Element Method to Perform Stress Analysis in Rock with Non-persistent Joints and to Study the Effect of Joint Geometry Parameters on the Strength and Deformability of Rock Masses [J]. Rock Mechanics and Rock Engineering, 1992, 25(4): 253-274.

[131] KULATILAKE P, PANDA B B. Effect of block size and joint geometry on jointed rock hydraulics and REV [J]. Journal of engineering mechanics, 2000, 126(8): 850-858.

[132] KULATILAKE P, PARK J, UM J. Estimation of rock mass strength and deformability in 3-D for a 30m cube at a depth of 485m at Aspo Hard Rock Laboratory [J]. Geotechnical and Geological Engineering, 2004, 22(3): 313-330.

[133] WU Qiong, KULATILAKE P. REV and its properties on fracture system and mechanical properties, and an orthotropic constitutive model for a jointed rock mass in a dam [J]. Computers and Geotechnics, 2012, 43(3): 124-142.

[134] WU Qiong, KULATILAKE P. Application of equivalent continuum and discontinuum stress analyses in three-dimensions to investigate stability of a rock tunnel in a das site in china [J].

Computers and Geotechnics, 2012, 46(4): 48-68.

[135] KULATILAKE P, WANG S, STEPHANSSON O. Effect of finite size joints on the deformability of jointed rock in three dimensions [J]. International Journal of Rock Mechanics and Mining Science and Geomechanics Abstracts 1993, 30(5): 479-501.

[136] 郑松青，姚志良．离散裂缝网络随机建模方法 [J]. 石油天然气学报，2009, 31(4): 06-110.

[137] 狄圣杰，单治刚．节理玄武岩强度特性 H 维离散元压缩模拟试验 [J]. 中南大学学报（自然科学版），2013, 44(7): 2093-2096.

[138] 王贺，高永涛，金爱兵．节理岩体刚度参数选取与三维离散元模拟 [J]. 岩石力学与工程学报，2014, 33(1): 2894-2900.

[139] 吴琼．基于三维离散元仿真试验的复杂节理岩体力学参数尺寸效应及空间各向异性研究 [J]. 岩石力学与工程学报，2014, 33: 2421-2432.

[140] 葛云峰，唐辉明，等．大数量非贯通节理岩体离散元数值模拟实现方法研究 [J]. 岩石力学与工程学报，2017, 36: 3760-3773.

[141] 李玉梅，吕炜，宋杰，等．层理性页岩气储层复杂网络裂缝数值模拟研究 [J]. 石油钻探技术，2016, 44(4): 108-113.

[142] ZHANG Z Y, SUN N J, HE Z Y, et al. Local concentration of middle and heavy rare earth elements on weathered crust elution-deposited rare earth ores [J]. Journal of Rare Earths, 2018, 36(5): 552.

[143] WEI J, CHU X, SUN X Y, er al. Machine learning in materials science [J]. InfoMat, 2019, 1: 338-358.

[144] JIAO Yu, QIU Kehui, ZHANG Peicong, et al. Process mineralogy of Dalucao rare earth ore and design of beneficiation process based on AMICS [J]. Rare Metals, 2020, 39(8): 959-966.

[145] 段新国，仙永凯，苑保国，等．渝东南地区五峰组-龙马溪组页岩草莓状黄铁矿形成机制、生成环境及对储层的影响 [J]. 成都理工大学学报（自然科学版），2020, 47(05): 513-521.

[146] LIU Xiwu, GUO Zhiqi, LIU Cai, et al. Anisotropy rock physics model for the Longmaxi shale gas reservoir, Sichuan Basin, China [J]. Applied Geophysics, 2017, 14(1): 21-30.

[147] 鲍衍君，张鹏辉，梁杰，等．加拿大魁北克省奥陶系 Utica 海相页岩矿物分析及孔隙结构特征 [J]. 海洋地质前沿，2020, 36(10): 31-41.

[148] 姚光华，陈乔．渝东南下志留统龙马溪组层理性页岩力学特性试验研究 [J]. 岩石力学与工程学报，2015, 34(增 1): 3313-3319.

[149] 李洪涛，左建平，李辉．Hoek-Brown 强度准则的断裂力学理论研究 [J]. 岩土工程学报，2004, 26(2): 212-215.

[150] 马天寿，陈平．基于 CT 扫描技术研究页岩水化细观损伤特性 [J]. 石油勘探与开发，2014, 41(02): 227-233.

[151] ZUO J P, LI H T, XIE H P, et al. A nonlinear strength criterion for rock-like materials based on fracture mechanics [J]. International Journal of Rock Mechanics and Mining Sciences, 2008, 45: 594-599.

[152] ZUO J P, LIU H H, LI H T. A theoretical derivation of the Hoek-Brown criterion for rock ma-

terials [J]. Journal of Rock Mechanics and Geotechnical Engineering, 2015, 7: 361-366.

[153] 高岳 . 各向异性多孔材料的强度与断裂问题研究 [D]. 北京 : 清华大学 , 2018.

[154] HOU C, JIN X, FAN X, et al. A generalized maximum energy release rate criterion for mixed mode fracture analysis of brittle and quasi-brittle materials[J]. Theoretical and Applied Fracture Mechanics, 2019, 100: 78-85.

[155] WILLIAMS M L. On the stress distribution at the base of a stationary crack [J]. Journal of Applied Mechanics, 1956, 24: 65-74.

[156] WANG Y, LI C H, HU Y Z. Experimental investigation on the fracture behavior of black shale by acoustic emission monitoring and CT image analysis during uniaxial compression [J]. Geophysical Journal International, 2018, 213(1): 660-675.

[157] 贾长贵 , 陈军海 , 郭印同 , 等 . 层状页岩力学特性及其破坏模式研究 [J]. 岩土力学 , 2013, 34(z2): 57-61.

[158] 何柏 , 谢凌志 , 李凤霞 , 等 . 龙马溪页岩各向异性变形破坏特征及其机理研究 [J]. 中国科学 (物理学力学天文学), 2017, 47(11): 103-114.

[159] 桑宇 , 杨胜来 , 赵飞 , 等 . 南方海相页岩页岩各向异性及压裂破坏特征研究 [J]. 钻采工艺 , 2015, 38(2): 71-74.

[160] LEE Y, PIETRUSZCZAK S. Application of critical plane approach to the prediction of strength anisotropy in transversely isotropic rock masses [J]. International Journal of Rock Mechanics and Mining Science, 2008, 45(4): 513-23.

[161] 代延辉 . 基于医用 CT 与数字体图像相关方法的椎骨内部变形测量研究 [D]. 昆明 : 昆明理工大学 , 2022.

[162] 毛灵涛 , 袁则循 , 连秀云 , 等 . 基于 CT 数字体相关法测量红砂岩单轴压缩内部三维应变场 [J]. 岩石力学与工程学报 , 2015(A01): 11-20.

[163] HONG S, LIU P, ZHANG J, et al. Interior fracture analysis of rubber-cement composites based on X-ray computed tomography and digital volume correleation [J]. Construction and Building Materials, 2020, 259: 471-488.

[164] YANG J, HAZLETT L, LANDAUER A, et al, Augmented Lagrangian Digital Volume Correlation (ALDVC) [J]. Experimental Mechanics, 2020, 60(9): 1205-1223.

[165] 张艳博 , 徐跃东 , 刘祥鑫 , 等 . 基于 CT 的岩石三维裂隙定量表征及扩展演化细观研究 [J]. 岩土力学 , 2021, 42(10): 2659-2671.

[166] DUAN Y, LI X, ZHENG B, et al. Cracking Evolution and Failure Characteristics of Longmaxi Shale Under Uniaxial Compression Using Real-Time Computed Tomography Scanning [J]. Rock Mechanics and Rock Engineering, 2019, 52: 3003-3015.

[167] 齐龙强 . 基于全场变形的硬化水泥浆体干缩研究 [D]. 南京 : 东南大学 , 2020.

[168] 张庆 . 物体内部三维变形场分析的数字图像体相关算法研究 [D]. 南京 : 南京航空航天大学 , 2020.

[169] 李莹莹 . 基于 μCT 可视化的受载煤体裂隙动态演化规律研究 [D]. 焦作 : 河南理工大学 , 2020.

[170] YAMAGUSHI I. A laser-speckle strain gauge [J]. Journal of Physics: E, 1981, 14(11): 1270-1273.

[171] PETERS W H. RANSON W F. Digital image techniques in experimental mechanics [J]. Optical Engineering, 1982, 21(3): 427-431.

[172] 马少鹏 , 金观昌 , 潘一山 . 岩石材料基于天然散斑场的变形观测方法研究 [J]. 岩石力学与工程学报 , 2002, 21(6): 792-796.

[173] 潘一山 , 杨小彬 , 马少鹏 . 岩石变形破坏局部化的白光数字散斑相关方法研究 [J]. 岩土工程学报 , 2002, 24(1).

[174] 马少鹏 . 数字散斑相关方法在岩石破坏测量中的发展与应用 [J]. 岩石力学与工程学报 , 2004(8): 1410-1410.

[175] MA S P, ZHAO Y H, JIN G C. Geo-DSCM system and its application to deformation measurement of rock mechanics [J]. International Journal of Rock Mechanics and Mining Sciences, 2004, 41(3): 411-412.

[176] 宋义敏 , 马少鹏 , 杨小彬 , 等 . 岩石变形破坏的数字散斑相关方法研究 [J]. 岩石力学与工程学报 , 2011(1): 170-175.

[177] 李元海 , 靖洪文 , 刘刚 , 等 . 数字照相量测在岩石隧道模型实验中的应用研究 [J]. 岩石力学与工程学报 , 2006, 26(08): 1684-1690.

[178] AMADEI B, ROGERS J D, GOODMAN R E.Elastic constants and tensile strength of anisotropic rocks[C]//ISRM Congress. ISRM, 1983: 030.

[179] 崔振东 , 刘大安 , 安光明 , 等 . 岩石 I 型断裂韧度测试方法研究进展 [J]. 测试技术学报 , 2009. 23(3): 189-196.

[180] CHONG K P, KURUPPU M D. New specimen for fracture toughness determination for rock and other materials [J]. 1984, 26(2): 59-62.

[181] KURUPPU M D, OBARA Y, AYATOLLAHI M R, et al. ISRM-Suggested Method for Determining the Mode I Static Fracture Toughness Using Semi-Circular Bend Specimen [J]. Rock Mechanics and Rock Engineering, 2014, 47(1): 267-274.

[182] LIMI L, JOHNSTON I W, CHOI S K, et al. Fracture testing of a soft rock with semi-circular specimens under three-point bending. Part 1-mode I [J]. International Journal of Rock Mechanics and Mining Science and Geomechanics Abstracts, 1994, 31: 185-197.

[183] 董雪 , 刘润涛 . 基于 Voronoi 图的空间区域划分算法 [J]. 哈尔滨商业大学学报 (自然科学版), 2011(6): 103-116.

[184] WILLIAMS M L. On the Stress Distribution at the Base of a Stationary Crack [J]. Journal of Applied Mechanics Journal of Applied Mechanics, 1957, 24(1): 109-114.

[185] COTTERRELL B, RICE J R. Slightly curved or kinked cracks [J]. International Journal of Fracture, 1980, 16(2): 155-169.

[186] LEEVERS P S, RADON J C, CULVER L E. Fracture trajectories in a biaxially stressed plate [J]. Journal of the Mechanics and Physics of Solids, 1976, 24(6): 381-395.

[187] LEEVERS P S, RADON J C, CULVER L E. Inherent stress biaxiality in various fracture specimen geometries [J]. International Journal of Fracture, 1982, 19: 311-325.

[188] NUISMER R J. An energy release rate criterion for mixed mode fracture [J]. International Journal of Fracture, 1975, 11: 245-250.

[189] 张明明 . T 应力对岩石断裂韧性及裂纹起裂的影响 [D]. 四川 : 西南石油大学 , 2017.

[190] 管辉 , 黄炳香 , 冯峰 . 灰岩试样三点弯曲断裂特性试验研究 [J]. 煤炭科学技术 , 2012, 40(7): 5-9.

[191] 夏才初 , 宋英龙 , 唐志成 , 等 . 反复直剪试验节理强度与粗糙度变化的研究 [J]. 中南大学学报 : 自然科学版 , 2012, 43(9): 3589-3594.

[192] WENG X, KRESSE O. COHEN C, et al. Modeling of hydraulic-fracture-network propagation in a naturally fractured formation [J]. SPE Production and Operations, 2011. 26(04): 368-380.

[193] WU Q. The mechanical parameters of jointed rock mass: scale-effect research and its engineering application[J]. Wuhan: China University of Geosciences, 2012.

[194] KULATILAKEP, PARK J, UM J. Estimation of rock mass strength and deformability in 3-D for a 30 m cube at a depth of 485 m at Aspo hard rock laboratory [J]. Geotechnical and Geological Engineering, 2004, 22: 313-330.

[195] ZHANG C, JIA L, LI Y J, et al. Study on three-dimensional fracture network models of Carboniferous shale in Eastern Qaidam Basin [J]. Earth Science Frontiers, 2016, 23(5): 184-192.

[196] LI Y, SUN Y, ZHAO Y, et al. Prospects of Carboniferousshale gasexploitation in the eastern Qaidam Basin [J]. Acta Geologica Sinica-English Edition, 2014, 88(2): 620-634.

[197] YU Q C. LIU F S. Yuzo O. Three-dimensional planar model for fluid flow in discrete fracture network of rock masses [J]. Yanshilixue Yu Gongcheng Xuebao/Chin. J. Rock Mech. Eng., 2005, 24(4): 662-668.

[198] CHENJP. 3-Dnetworknumerical modeling techniqueforrandomdiscontinuities ofrock mass [J]. Chinese Journal of Geotechnical Engineering, 2001, 23(4): 397-402.

[199] KANFAR M F, CHEN Z, RAHMAN S S. Effect of material anisotropy on time-dependent wellbore stability [J]. International Journal of Rock Mechanics and Mining Sciences, 2015, 78: 36-45.

[200] Itasca Consulting Group Inc. 3DEC (3 dimensional distinct element code) Constitutive Models [R]. ltasca Consulting Group Inc. 2013.

[201] BATUGIN S A, NIRENBURG R K. Approximate relation between the elastic constants of anisotropic rocks and the anisotropy parameters [J]. Soviet Mining, 1972, 8(1): 5-9.

[202] LI YJ. YU QC. Study on the reservior andpermeation fluid characteristics of Carboniferous shale in the Eastern Qaidam Basin,China [M]. Tianjin Science and Technology Press.Tianjin. 2017.

[203] MIN K-B, JING M. Numerical determination of the equivalent elastic compliance tensor for fractured rock masses using the distinct element method [J]. International Journal of Rock Mechanics and Mining Sciences, 2003, 40(6): 795-816.

[204] WANG S, KULATILAKE P H S W. Linking between joint geometry models and a distinct element method in three dimensions to perform stress analyses in rock masses containing finite size joints [J]. Soils and Foundations, 1993, 33(4): 88-98.

[205] WU Q, TANG H, WANG L, et al.Three-dimensional distinct element simulation of size effect and spatial anisotropy of mechanical parameters of jointed rock mass [J]. Chinese Journal of

Rock Mechanics and Engineering, 2014, 33(12): 2419-2432.

[206] WANG Y, LIU D Q, ZHAO Z H, et al. Investigation on theeffect of confining pressure on the geomechanical and ultrasonic properties of black shale using ultrasonic transmission and post-test CT visualization [J]. Journal of Petroleum Science and Engineering, 2020, 185: 97-116.